防雷工程专业技术人员从业资格考试参考用书

防雷工程检测验收及雷电灾害风险评估

肖稳安 主编

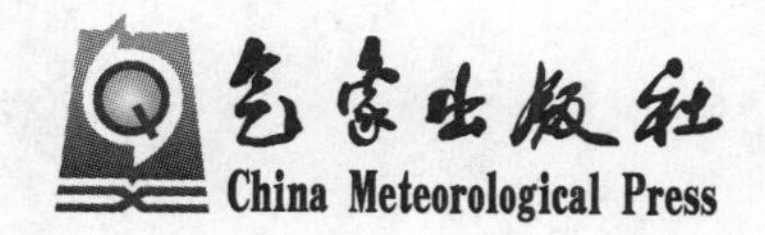

图书在版编目(CIP)数据

防雷工程检测验收及雷电灾害风险评估/肖稳安主编；杨仲江等编著.—北京：气象出版社，2009.11
防雷工程专业技术人员从业资格考试参考用书
ISBN 978-7-5029-4882-5

Ⅰ.防… Ⅱ.①肖…②杨… Ⅲ.①防雷-工程验收-工程技术人员-资格考核-自学参考资料②雷击火-气象灾害-风险分析-工程技术人员-资格考核-自学参考资料 Ⅳ.P427.32

中国版本图书馆 CIP 数据核字(2009)第 214226 号

出版发行：气象出版社	
地　　址：北京市海淀区中关村南大街 46 号	**邮政编码：**100081
总 编 室：010-68407112	**发 行 部：**010-68409198
网　　址：http://www.cmp.cma.gov.cn	**E-mail：**qxcbs@263.net
责任编辑：吴晓鹏	**终　　审：**周诗健
封面设计：博雅思企划	**责任技编：**吴庭芳
印　　刷：北京中新伟业印刷有限公司	
开　　本：700 mm×1000 mm 1/16	**印　　张：**12.75
字　　数：243 千字	
版　　次：2009 年 12 月第 1 版	**印　　次：**2009 年 12 月第 1 次印刷
印　　数：1—5000	**定　　价：**26.00 元

本书如存在文字不清、漏印以及缺页、倒页、脱页等，请与本社发行部联系调换

编委会

主　　编　肖稳安

参与编写　王冰梅　杨仲江　梅卫群　张小青
彭海燕　易秀成　张雪萍

前　言

雷电是自然界最为壮观的大气现象之一。其强大的电流、炙热的高温、猛烈的冲击波以及强烈的电磁辐射等物理效应能够在瞬间产生巨大的破坏作用，常常导致人员伤亡，击毁建筑物、供配电系统、通信设备，造成计算机信息系统中断，引起森林火灾，仓库、炼油厂、油田等燃烧甚至爆炸，威胁人们的生命和财产安全。雷电灾害已成为联合国公布的10种最严重的自然灾害之一。据统计，我国有21个省(区、市)年雷暴日在50天以上，最多的可达149天。雷暴给人们生活带来了极大的安全隐患。尤其是近年来，我国社会经济、信息技术特别是计算机网络技术发展迅速，城市高层建筑日益增多，雷电危害造成的损失也越来越大。

防雷减灾已成为国家保护人民生命财产的重要内容，受到各级政府的高度重视。1999年10月31日，第九届全国人大常委会第二次会议审议通过的《中华人民共和国气象法》中明确提出："各级气象主管机构应当加强对雷电灾害防御工作的组织管理，并会同有关部门指导对可能遭受雷击的建筑物、构筑物和其他设施安装的雷电灾害防护装置的检测工作。"这是雷电防护工作重要的法律依据和保障，在《气象法》的指导下，防雷事业得到迅速发展。

防雷减灾是国家赋予的使命，急迫需要高水平的防雷工程专业技术人员，需要加快对全国在职防雷工程专业技术人员进行技术培训。近年来，全国各省市根据《防雷减灾管理办法》、《防雷工程专业资质管理办法》等规定制定了对从事防雷活动的专业技术人员实行资格管理制度。全国各地举办了各种类型的防雷技术培训班和资格培训，积累了很多经验。本书在江苏省气象学会、江苏省防雷中心的大力支持下，吸纳高校防雷教学，江苏、安徽、湖北、山东等省市防雷工程专业技术人员技术培训以及实际防雷工作的经验编写而成。书中介绍了防雷产品SPD的检测、防雷工程的设计、审核、施工与技术评价，防雷工程的检测、验收和雷电灾害风险评估等内容，附录中还介绍了雷电防护标准与规范概况及防雷相关名词、术语，可作为防雷工程专业技术人员从业资格考试参考用书，也可供正在从事雷电与防护的业务人员使用及相关专业学生学习和参考。

本书在编写的过程中得到了气象出版社、南京菲尼克斯电气有限公司、杭州易龙电气技术有限公司的大力支持，南京信息工程大学王振会教授给予了热心支持和指导，在此表示衷心的感谢！

由于作者水平有限，书中错误难免，敬请广大读者批评指正！

作者

2009年10月1日

目 录

第 1 章　防雷产品 SPD 的检测

防雷产品应该包括所有的外部和内部防雷装置，但这里的防雷产品主要指用于电源系统、天馈系统、通信系统、接地系统等的各种场合的电涌保护器。

过电压保护装置通常用来保护电源系统、天馈系统、通信系统，尤其是保护由微电子芯片组成的高灵敏度的电气设备，以防止闪电对其产生不利影响。这种保护在网络化迅猛发展的当今社会显得尤为重要。过电压保护装置可以永久地安装在电气设备上，也可以分级插入邻近被保护装置的电源设备、天馈设备、通信设备等的上面。

图 1.1 是电源系统过电压保护装置的安装示例。

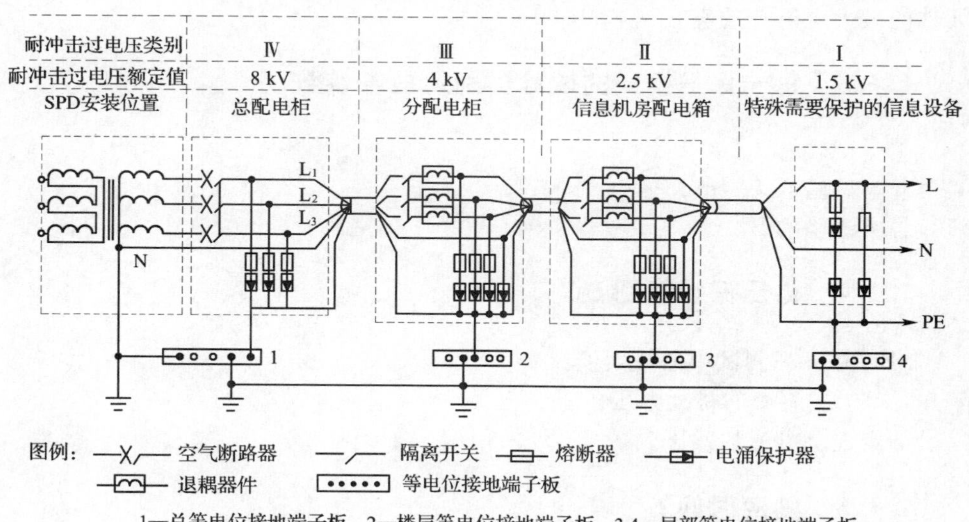

图 1.1　多级 SPD 保护的连接之一例

过电压保护装置的结构是多种多样的。它们可以由火花间隙、氧化锌压敏电阻(非线性变阻器)，气体放电管、快速二极管(瞬态抑制二极管)、电感，电容器等组成，或者是上面元件的组合体以及其他各种保护元件等。应在建筑物的不同防雷区(LPZ)界面和所需的特定位置上设置电涌保护器(SPD)，目的在于当电涌来临时,箝压和泄流以及暂态均压。SPD 的可靠性将直接关系到雷电防护工程的有效性。因此,在电涌保护器被研制出来后对它们进行试验是至关重要的。通过试验可以检测电涌保护器的设计指标、保护性能和产品质量,为它们的安装和使用提供可靠参数。

防雷技术人员应该了解 SPD 性能要求及测试方法,掌握 SPD 安装要求及检查方法,能进行 SPD 部分参数的现场测量。

1.1 SPD 的主要技术参数

1.1.1 标称电压 U_n

与被保护系统的额定电压相符,在信息系统中此参数表明了应该选用的 SPD 的类型,它标出交流或直流电压的有效值。

1.1.2 最大持续运行电压 U_C(一种保护模式一个值)

能长久施加在保护器的指定端,而不引起 SPD 特性变化和启动(激活)保护元件的最大电压有效值。

1.1.3 每一保护模式的试验类别及放电参数

Ⅰ类试验的 I_{imp} 和 I_n

Ⅱ类试验的 I_{max} 和 I_n

Ⅲ类试验的 U_{oc}

1.1.4 电压保护级别 U_p

SPD 在下列测试中的最大值:

1 kV/μs 斜率的跳火电压;

额定放电电流的残压。

1.1.5 响应时间 t

主要反映在 SPD 里的特殊保护元件的动作灵敏度、击穿时间,在一定时间内的变化取决于 du/dt 或 di/dt 的斜率。

1.1.6 数据传输速率 V_s

表示在一秒内传输多少比特值,单位:bps;是数据传输系统中正确选用 SPD

的参考值,SPD的数据传输速率取决于系统的传输方式。网络SPD尤其关心该指标。SPD的接入应不导致网络的速度有明显下降。

1.1.7　插入损耗A_e

在给定频率下过电压保护器插入前和插入后的电压、电流、功率等的比率。在天馈和信号线路上串接SPD时此参数很重要。SPD的接入不应导致收、发信号衰减过多而影响通信。

1.1.8　回波损耗A_r

表示前沿波在保护设备(反射点)被反射的比例,是直接衡量保护设备同被保护系统阻抗是否兼容的参数。

1.1.9　残压U_{res}

当冲击电流通过SPD时,在其端子处呈现的电压峰值,其值与冲击电流的波形及幅值有关。

1.2　SPD的测试

1.1列举的许多参数一般只能在实验室进行型式等检验,而在SPD运行期间,会因长时间工作或因处在恶劣环境中而老化,也可能因受雷击电涌而引起性能下降、失效等故障。其击穿电压可能降低。由于这个原因它们可能会被电源电压自身破坏,它们可能完全停止工作而丧失保护功能。

因此,需定期进行动态试验和静态试验。如试验结果表明SPD劣化,或状态指示器指出SPD失效,应及时更换。确保防雷装置的有效性。下面先介绍几个可在SPD安装现场测试的几个参数的测量方法。然后再介绍实验室内进行的雷电冲击实验方法。

1.2.1　SPD安装现场常规测试

(1)压敏电压(U_{1mA})的测试

本测试主要适用于金属氧化物压敏电阻(MOV)元件的SPD,无其他并联元件。主要测量在MOV通过1 mA直流电流时,其两端的电压值。压敏电压的测试属于静态测试,能说明在连续的工作电压下SPD是否工作正常。

测试仪可以如防雷元件测试仪、Eurotest 61557等,可以使用50到1800 V左右的测试电压对压敏电阻过电压保护装置进行非破坏性的测试。

测量原理如图 1.2 所示。

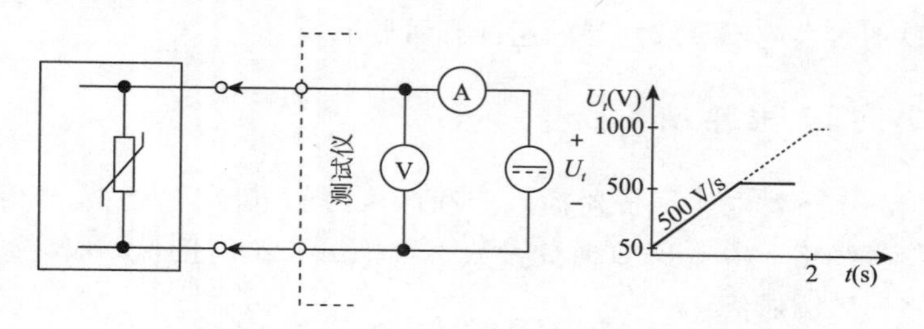

图 1.2　压敏电阻过电压保护装置测量原理

直流发电机以一定的斜率(例如 500 V/s)增加测试电压,此时安培表测量正向电流。一旦电流值到达 1 mA(阈值电流)时,发电机停止产生测试电压,并显示最后的电压(击穿电压)。

使用者应该将显示的测试电压与 SPD 器件外壳上标注的额定电压比较,如果需要,必须更换过电压保护设备。

如果出现下列情况,可以断定保护装置存在故障:

①如果已经开路。表示保护功能已经全部丧失。

②如果显示的击穿电压过高(例如显示值是标称压敏电压的两倍)。表示保护装置已经被部分破坏,它可能允许更高的过载电压。

③如果显示的击穿电压太低(显示值接近额定的电源电压)。表示在不久的将来,电源电压将会导致保护装置全部损坏。

具体的合格判定原则:当 U_{1mA} 值为交流电路中 U_0 值 1.86～2.2 倍时,在直流电流中为直流电压 1.33～1.6 倍时,在脉冲电流中为脉冲初始峰电压 1.4～2.0 倍时,可判定为合格。也可与生产厂提供的允许公差范围表对比判定。

应该注意的是,因为实际上只能对元器件进行测试,所以测试时应将 SPD 的可插拔模块取下测试,或将不可插拔式 SPD 两端连线拆除。对内部带有滤波或限流元件的 SPD,应不带滤波器或限流元件进行测试。按测试仪器说明书连接进行测试。由于 SPD 的测试会加上高电压,必须将试品连接在测试夹钳上确保连接无误后方可测试,否则可能会由于空载造成测试仪表内部由于电压不断升高而打火,损坏设备。同时应注意安全,防止人身遭到电击。

(2)泄漏电流 I_{le} 的测试

除放电间隙外,SPD 在并联接入电网后都会有微安级的电流通过,如果此值偏大,说明 SPD 性能劣化,应及时更换。否则,有可能发热使 SPD 温度上升,促使漏电流进一步增大形成恶性循环,最终导致热击穿。这也是要在 SPD 内部或外部前端加装熔断器或断路器的原因之一。

可使用防雷元件测试仪对限压型 SPD 的 I_{le} 值进行静态试验。规定在 0.75 U_{1mA} 下测试。专门的防雷元件测试仪可在测量压敏电压的同时测量泄漏电流。

首先应取下可插拔式 SPD 的模块或将线路上两端连线拆除。

合格判定：当实测值大于生产厂标称的最大值时，或者年上升率较大时可判定为不合格，如生产厂未标定出 I_{le} 值时，一般不应大于 20 μA。

还可使用精密钳形漏流表进行 SPD 在线漏电流测试，正常值也应该是微安级漏电流。

(3)限制电压的测试(小型测试)

限制电压是规定放电电流下的残压，属于动态测试。例如，可用雷电电涌测试仪，一般采用能模拟雷击产生高能量电涌的仪器进行动态测试，其测试波形为混合波(开路电压(U_{oc})波形为 1.2/50 μs，短路电流(I_{sc})波形为 8/20 μs)。掌握 SPD 残压的变化情况，确保残压低于系统的绝缘水平。

①检测方法有以下几种

(a)对于含开关型元件的 SPD 用 1.2/50 μs 冲击电压测量放电(点火)电压。

以每个冲击电压幅值对 SPD 施加四次冲击，其中正负极性各二次。每次冲击的间隔时间应足以使试品冷却至环境温度，一般不应小于 5 min。冲击发生器的输出电压值设定从生产厂标称值 U_c 起，以 10%的幅度递增，直至放电发生。记录实测开关型 SPD 放电电压值。

(b)对Ⅲ级分类试验的产品可用混合波测限制电压。

用开路电压(U_{oc})波形为 1.2/50 μs，短路电流(I_{sc})波形为 8/20 μs 的混合波发生器产生冲击对 SPD 进行测试。在 SPD 上分别进行正负极性冲击各一次，记录其残压值，取其最大值为实测限制电压。

当用 8/20 μs 冲击电流测量残压时，将可插拔式 SPD 的模块拔下测试，如果不是可插拔式 SPD，应将 SPD 两端连线拆除，按测试仪器说明书连接进行测试。冲击电流峰值选择为 SPD 标称值 I_n 的 0.1 和 0.2 倍。在 SPD 上分别施加上述电流峰值的冲击电流(8/20 μs)正负极性各进行一次。注意在冲击试验中，相邻冲击的间隔时间应足以使试品冷却至环境温度，一般不应小于 5 min。

记录每次冲击时的电压和电流波形，或使用仪器直接读残压值。残压值为注入 I_n 时 SPD 两端的电压值，或根据记录绘制的“放电电流残压绝对值”曲线对应电流范围内残压最高值。

②检测判断依据

(a)参照 IEC61643—11 中关于试验前后限制电压变化不得超过额定值±10%的规定，用仪器测出的 SPD 实测限制电压与生产厂标称值比较，当误差大于±10%时，可判定 SPD 失效。

(b)3 kA 下 SPD 的残压比一般取 1.6～2.0，大于 2.0 者可判为不合格。

(4)SPD 绝缘电阻测试(IEC61643:2002 连接至低压配电系统的电涌保护器第 1 部分性能要求及试验方法 7.9.7)。

在潮湿箱中放置 48 小时，施加 500 V 直流电压，5 秒后测量绝缘电阻带电部件与可触及到的 SPD 金属部件（外露导电部分）之间应不小于 5 MΩ；SPD 主电路与辅助电路（如有的话）之间应不小于 2 MΩ。

若在 SPD 安装现场测试，其绝缘电阻应大大高于相应的允许值。

1.2.2 SPD 实验室测试

电涌保护器在实验室内可进行的测试可以分为以下三类：

（1）型式试验

一种新型式的 SPD 设计开发完成时所进行的试验，通常用来确定典型性能，并用来证明它符合有关标准。试验完成后一般不需要再重复进行试验，但当时即改变以致影响其性能时，只需作相关项目试验。

（2）常规试验

按要求对每个 SPD 或其部件和材料进行的试验，以保证产品符合设计规范。

（3）验收试验

经供需双方协议，对定购的 SPD 或其典型样品所做的试验。

由于目前绝大部分防雷检测机构不能进行防雷产品的雷电冲击测试，故此部分内容不作详细介绍。

第2章 防雷工程设计方案的审核

2.1 防雷设计方案编制的一般要求

在对防雷工程建设方案(包括图纸)进行审核时,有必要先对防雷工程设计方案的编制方法和要求有一个基本的了解。

防雷环境要求较高的任何一项建筑工程在做《工程建设可行性研究报告》时,都要考虑防雷系统的建设,应将"防雷工程设计方案"作为工程建设设计方案的一部分。应在新建建筑物的设计阶段就认真研究防雷装置如何利用建筑物的金属结构而得到最大的效益。这样,将使防雷装置的设计和施工与建筑物的设计和施工结合成一体,能以最少的人工和花费建造最高效的防雷装置。

防雷工程涉及建筑土建、设备布置、通信方式、供配电系统以及综合布线等工程,还涉及地理、地质、气候特点以及雷电活动规律。完善的防雷工程包括外部防雷和内部防雷,其设计方案应具备系统性和可操作性。并应对防雷设计方案进行严格审核。

2.1.1 防雷设计方案主要内容

(1)概述

①防雷设计方案概述中应详细地描述拟建建筑物所在地的周边环境、地理地貌、地质情况。

这些资料的获取一般需要到现场进行实地勘察,要求高的可能需要请专门的地质勘察研究部门来进行此项工作。

周边环境一方面是指拟建建筑物与周围其他建筑物的关系。比如是否是孤立突出的建筑物,这与计算该建筑物的年预计雷击次数,确定建筑物防雷等级有关;是否与其他建筑物距离较近,其地上距离和地下距离会涉及保护范围的计算、地上和地下安全距离的计算以及由此引起的是否需要考虑防止地电位反击,是否需要将这些建筑物的接地装置联结在一起形成一个联合接地装置等问题。周边环境另一方面是指是否有容易引起防雷装置腐蚀的有害气体、潮湿的周边环境等，据此可以决定要不要加大防雷装置的规格尺寸。

地理地貌、地质情况主要是指拟建建筑物所在地的地形、土壤水分、土壤电阻率、地下水位、地下有否金属矿藏等。地形是平地还是山地或是湖河边、土壤电阻率有否突变的地方、地下有否金属矿藏等因素与雷击的选择性有关，也即与年预计雷击次数，确定建筑物防雷等级有关。此外，土壤水分、土壤电阻率、地下水位等因素在考虑如何充分利用建筑物基础作为自然接地体，需否加设人工辅助接地体时很有用。例如，当土壤含水率大约为4%以上时，就可以利用建筑物基础中的钢筋作为自然接地体，否则，需要采取包括填埋化学降阻剂等方法来改善接地条件。对有深桩基础的高层建筑，若土壤电阻率及土壤含水率不理想，但深桩能够达到地下水位时，也应很好地利用桩基础作为接地体。这种情况在干旱的北方经常会遇到。

浅层土壤水分、不同深度的土壤电阻率的粗略分布情况可以直接通过测量获得，更精确的数据包括地下水位等需要钻孔取样分析才能获得。

防雷工程设计人员应获得这些基本资料。

②防雷设计方案概述中应详细地描述拟建建筑物所在地气候和灾害性天气特点以及雷电活动规律。

根据由当地气象部门提供的诸如年平均雷暴日、初雷日、终雷日、发生雷暴的强度和时间分布规律、雷暴移动路径以及风速等的统计资料，可以帮助确定建筑物防雷类别、外部防雷装置的安装位置和抗风等级、内部防雷装置尤其是SPD的型式和主要技术指标。

值得注意的是，由于城市的建设规模越来越大，其对局地气候和灾害性天气特点以及雷电活动规律有影响，上述的统计资料逐年在变，防雷工程设计人员应注意分析近十年来这些统计资料的变化趋势，以使设计的防雷技术措施能在较长的时间内均有效。

③防雷设计方案概述中应详细地描述拟建建筑物的使用性质、重要性并阐述对拟建建筑工程进行雷电防护建设的必要性。

重要性有政治意义和经济意义之分，所以有国家级、省部级和普通建筑物之分；使用性质主要看建筑物是否具有爆炸和火灾危险环境。这些也是选择防雷装置的形式及其布置的重要因素。综合以上所有基本情况，若可能的话，再结合同类建筑物的继往雷击史就可以清晰地阐明对拟建建筑工程进行雷电防护建设的必要性。可以着重强调雷击可能引起的后果，不仅是直接的经济上的损失，更重要的是对社会生产生活的影响。

④防雷设计方案概述中应详细地描述建筑物的建筑结构、高度、建筑面积、布局，设备布置、通信通讯方式、供配电系统（供配电制式、高低压电力线路的架设方案、自备油机发电机组、UPS等）以及综合布线等情况。

建筑物的建筑结构决定主要的外部防雷装置能否将其利用。例如,采用浇注桩和承台结构的基础可作为自然接地体;框架结构建筑物结构柱中的钢筋可作为引下线;剪力墙结构的房间是具有较好雷电电磁脉冲防护能力的空间等。

建筑物的高度、建筑面积、布局等也与雷击的选择性有关,在计算雷击有效截收面积时也有用,因而也决定防雷装置的形式及其布置。

设备布置关系到重要设备能否放置在防雷的有效安全空间内。一般可提出作为设备布置的防雷参考意见,若无法采纳,则应有针对性地加强防雷技术措施。

通信方式主要是有线无线、工作频率、带宽、接口型号、工作电压、传输电平等参数,需要防雷设计人员搞清楚,这关系到防雷装置尤其是 SPD 的设计和选择。例如,一些雷达或卫星等的微波通讯设备的波长为几厘米,如采用普通的金属避雷针作为防直击雷的保护装置,其针杆的直径与工作电磁波波长同一数量级,有可能影响设备的正常工作。这时,应该考虑采用高强度玻璃钢杆身的避雷针(其引下线用够一定截面积的铜缆)来代替传统的金属避雷针。

供配电系统主要是指对高、低压电力线路的架设方案、供配电制式、自备油机发电机组、UPS 等的描述。供配电系统的防雷是内部防雷装置中最主要的部分之一。高、低压电力线路的架设方案直接决定了如何选择电源系统的第一级防电涌保护器,包括不同试验波形下的通流量。例如,是架空进线还是埋地电缆引入,会有较大区别。一般情况下,防雷技术人员应要求尽可能采用埋地电缆引入方式。

供配电制式也是必须描述清楚的重要内容,因为针对不同的供电制式,一般要选择不同型式的 SPD,其接线方式也不一样。例如,对 TT 供电制式,其接线方式为相线与中性线间加装普通模块,中性线与保护地之间一般要加装通流量较大的 N-PE 模块。

对自备油机发电机组、UPS 等设备的描述有助于确定多级电源 SPD 防雷系统中各级 SPD 的安装位置。重要部门重要系统的设备配置常常采用多套备份的冗余结构,为的是确保系统运行不会中断。其防雷系统的设计应适应这种要求。

综合布线是雷电防护更是电磁兼容技术的基本内容,它是防止各种电磁干扰的重要技术手段。防雷工程设计人员应了解建筑物内综合布线情况,相互配合,设计出最佳的防雷方案。

(2)设计依据

防雷设计方案应清晰地写明设计依据。由于防雷技术发展的历史并不长,防雷技术并不完善,需要应对的电磁环境越来越复杂,所以,防雷技术不断在改进,防雷技术标准不断在修订,因而应掌握和使用被引用标准的最新版本,以保证引用标准和使用本标准的先进性。一般应以现行国家标准和行业标准为依据，鼓励采用IEC标准。

设计方案中所采取的技术措施及施工工艺，一般应以相关技术标准或规范为依据。也就是说，除了要写明依据的雷电防护标准外，还应写明引用的其他标准。例如，一般电源系统SPD的安装需要与电气装置相互配合，所以必须符合GB50054—1995《低压配电设计规范》、GB682—86《剩余电流动作保护器》以及断路器、熔断器、建筑施工等方面标准或规范的要求。

在做防雷设计方案时，要充分考虑拟安装设备对雷电防护方面的技术要求，但不应与相应的技术标准相矛盾，有时可能需要与设备厂家协商。

对于雷电防护产品生产厂家宣称的产品功能，防雷工程设计人员只能将其作为参考资料，在做具体的防雷设计时，仍应按有关标准确定技术指标。例如，一些避雷针生产厂家宣称其产品运用某种先进的原理，保护范围如何如何大，但防雷工程设计人员仍应将其按普通避雷针对待，按《建筑物防雷设计规范》规定的防雷类别来确定滚球半径，计算保护范围。

(3)防雷设计总体说明

设计方案总体说明中要明确该雷电防护方案保护的空间范围、建(构)筑物及主要设备等，应列出被保护的主要设备清单。

在防雷设计总体说明中应对概述中介绍的详细资讯进行综合分析，进而对建筑物进行防雷分类的划定。必要时需在进行雷击风险评估后才能确定建筑物的防雷类别。

应写出外部、内部防雷设计总的原则和总的要求以及一些通用的做法，在建筑工程图纸中的总体设计说明、电气施工图和结构施工图中适当的地方应有反映这些要求的文字说明。

(4)分项防雷设计方案

具体的防雷分项设计，可按外部和内部防雷的一定顺序针对不同的保护对象进行设计描述。如：建筑物、建筑物顶天线及到机房的电缆、传输系统、供配电系统、等电位连接系统和接地系统及其他装置的防雷。具体内容可以如下：

①外部防雷措施：外部防雷方案的选择，包括天线(如果有的话)和建筑物的防护措施；具体保护范围的计算等。通常，建筑设计院已经考虑了建筑物本身的雷电防护措施，但对于诸如天线等高出避雷网带的金属设备或构件，并未考虑雷电防护措施。这就要求防雷工程设计人员根据实际情况选择或加设外部防雷方案、计算具体的保护范围、设计天线底座以及为此增设的避雷针支座。此项工作一般都需要与建筑设计院协商，以确定安装位置和载荷等。保护范围应有多个视图直观的表示。

②内部防雷措施：包括防止静电干扰和电磁脉冲干扰的屏蔽措施；天馈系统、传输及通信系统的防电涌保护措施；等电位连接系统；接地方法与接地装置；

低压配电系统的电涌保护;专用设施的雷电保护等。

防雷工程设计人员应根据设备自身的抗扰度以及雷电保护区的划分要求,提出各种电磁屏蔽技术方案。

在电磁屏蔽措施较为完善的场合,雷电过电压对内部电子设备的损害主要是沿线路引入。因而天馈、传输、通信系统及电源系统需加强防雷电电涌措施,主要对策为安装各种 SPD。SPD 的选择和安装应注意多方面,尤其是 SPD 的安装应有详细说明并画出电涌保护(SPD)电路原理图和 SPD 安装位置示意图等。

等电位也是最基本最重要的防雷技术措施之一,在接地系统的地电阻不易做得较小时尤为重要。国家建筑标准设计图集《等电位联结安装》对建筑物的等电位联结具体做法作了详细介绍。许多应该预留的等电位连接端子一定要在图纸上标出其位置和做法。

等电位连接网络既用于电气安全的等电位连接,也用于信息系统从直流至高频的功能等电位连接,但网络型式不太一样。通常,Ss 或 Ms 等电位连接网络可用于相对较小、限定于局部的系统,当数字电路的频率达 MHz 级时应采用 Mm 型等电位连接网络。应根据机房主要设备的频率等特性选择合适的等电位连接网络类型。

(5)相关的图纸、资料

防雷设计方案应提供的有关图纸、资料包括:所属区域的年均雷暴日分布图;近十年来各种雷暴统计资料的变化趋势分析;雷暴移动路径图;建筑物平面布局图、立面图,如有可能附效果图;直击雷防护的避雷针、避雷带等接闪器的保护范围示意图;主要设备分布位置图;供配电系统图;电涌保护(SPD)电路原理图;SPD 安装位置示意图;等电位连接、均压环、电力干线及接地平面图;各层弱电平面图;配筋图;相应的工程施工图(主要是电施图);所选主要防雷器件的技术参数、性能指标(附表说明)等。

这些图纸大部分应由建筑设计单位根据防雷设计方案的防雷要求绘制,其余的由防雷工程设计人员提供。所以,在进行防雷工程设计时,必须与建筑设计单位多次会审图纸。

(6)防雷工程预算

防雷工程设计方案中工程预算应包括材料费(包括主材料费和辅助材料费)、施工费、工程管理费,以及设计费、检测费、税金等。费率比例应符合有关规定。

2.1.2　工程质量管理

防雷工程设计方案对工程质量管理要有具体措施,包括施工监理,各阶段检测要求等。另外,应提供能说明设计,施工,监理单位能力、水平的有关详细资料。

2.1.3 与建设单位以及建筑施工方的协调

任何一项防雷工程都只是某建设工程的一部分，尤其是涉及大量土建工程时，大部分防雷技术措施都要在土建工程中实施，所以，离不开与建设方及建筑公司的配合施工。防雷工程设计方案中应有防雷工程对施工方的具体实施要求。在编制防雷工程设计方案过程中应与建筑设计单位多次协调、修改，将防雷技术纳入到工程的结构施工图和电施图中去。防雷工程设计师、建筑工程师和建设方之间定期商议是重要的。

2.2 电气识图与防雷工程设计方案审核

防雷设计方案的审核应根据国家标准《建筑物防雷设计规范》(GB50057—1994)及相关的其他标准进行审核。审核的要点与防雷设计方案的编制要求相同。防雷设计方案的审核需要审核技术人员掌握多学科的知识，尤其应掌握基本的建筑制图、建筑识图，特别是要掌握电气识图能力。

电工电气图纸是根据电气工作原理或安装、配线等电力电气工程的要求，按电源、各电气设备和负载之间连接的关系而绘制的图纸。它是从事电气工程的技术人员进行技术交流和生产活动所必须掌握的语言。能识图是防雷工程图纸审核的基本功。审核技术人员应能看懂电气图纸，掌握识图的基本知识，了解电路图的构成、种类、特点以及在工程中的作用。要熟练地掌握各种电气符号，包括文字符号、图形符号所代表的含义和回路标号的标注原则。学会识图的基本方法、步骤以及电工电气图纸中的有关规定。

防雷工程图纸一般包括建筑物平面布局图(位置图)、立面图、效果图、结构施工图、基础平面图、主要设备分布位置图、供配电系统图、电涌保护(SPD)电路原理图、SPD 安装位置示意图、等电位连接、均压环、电力干线及接地平面图、各层弱电平面图、配筋图、电气施工图、水暖施工图等。

相关内容可参见《房屋建筑制图统一标准》GB/T50001—2001、《总图制图标准》GB/T50103—2001、《建筑制图标准》GB/T50104—2001、《建筑结构制图标准》GB/T50105—2001 以及《电气制图》GB/6988、《电气技术用文件的编制》GB/T6988—1997、《电气简图用图形符号》GB/T4728 等标准。下面简单介绍电气制图与读图中的基本常识和建筑电气安装平面图知识。

2.2.1 电气识图的基本知识

电工电气图纸应遵循国标 GB6988.5—86《电气制图，接线图和接线表》的规则，图形符号应符合国标 GB4728《电气图用图形符号》的要求，文字符号包括项目代号应符合 GB5094《电气技术中的项目代号》和 GB7159—87《电气技术中的文字符号制订通则》的要求。

电气工程中设备、元件、装置的连接线很多，结构类型千差万别，安装方法多种多样。在按简图形式绘制的电气工程图中，元件、设备、装置、线路及其安装方法等，都是借用图形符号、文字符号和项目代号来表达的。图形符号、文字符号和项目代号犹如电气工程语言中的“词汇”。分析电气工程图，首先要了解和熟悉这些符号的形式、内容、含义，以及它们之间的相互关系。“词汇”掌握得越多，看图越方便。

1. 文字符号

电气文字符号用来表示电气设备、装置和元器件的种类和功能的代号，文字符号在电气工程图中，标注在电气设备、装置和元器件上或其近旁，用以标明电气设备、装置和元器件的名称、功能、状态和特征。文字符号可以作为限定符号与一般图形符号组合使用，派生新的电气图形符号。文字符号还可以作为项目代号，提供电气设备、装置或元器件的种类字母代码和功能字母代码。

文字符号分为基本文字符号和辅助文字符号。

(1)基本文字符号可用单字母符号或双字母符号表示。表 2.1 给出了常见的电气图用文字符号。

例如：“K”代表继电器，“KA”代表电流继电器，“KV”代表电压继电器；“Q”代表电力开关，“QS”代表隔离开关，“QF”代表断路器；“T”代表变压器，“TA”代表电流互感器，“TV”代表电压互感器等。

一般应优先采用单字母符号，只有当单字母符号不能满足要求，需要将大类进一步划分，才采用双字母符号，以便更详细、更具体地表示电气设备、装置和元器件。

(2)辅助文字符号

辅助文字符号常加于基本文字符号之后进一步表示电气设备装置和元器件的功能、特征及状态等。例如“RD”表示红色，“GN”表示绿色。

若辅助文字符号由两个以上字母组成时，一般只允许用其第一个字母与单字母符号进行组合。如 RD 为红色，H 表示信号灯，则红色信号灯用 HRD。

辅助文字符号也可以单独使用，如“ON”表示闭合。辅助文字符号也可以标注在图形符号处。

2. 项目代号

GB5094—85《电气技术中的项目代号》中提出了项目代号的新概念，在较复杂的电气工程图上标注项目代号，使我国的电气技术文件进一步国际化，为了能更好地阅读电气工程图，要了解项目代号的含义和组成。

表 2.1　主要电气设备文字符号

文字符号	中文名称	文字符号	中文名称
A	放大器	G	发电机、振荡器
AV	电压调节器	GB	蓄电池
C	电容器	GM	励磁机
EL	照明灯	GS	同步发电机
F	过电压放电器件、避雷器	HA	声响指示器(蜂鸣器、电铃、警铃)
FR	热继电器	HL	指示灯、光字牌、信号灯
FU	熔断器	HLG	绿色指示灯
HLR	红色指示灯	R	电阻、电位器、变阻器
HLY	黄色指示灯	RP	电位器
KA	电流继电器	SA	控制开关、选择开关
KM	中间继电器、接触器	SB	按钮开关
KT	时间继电器	TA	电流互感器
KV	电压继电器	TAN	零序电流互感器
L	电感、电感线圈、电抗器、消弧线圈	TM	电力变压器
M	电动机	TV	电压互感器
N	绕组、线圈、中性线	U	变流器、整流器
PA	电流表	V	二极管、三极管、稳压管、晶闸管、各种晶体管
PE	保护导体、保护线	X	接线柱
PV	电压表	XB	连接片、切换压板
Q	电力开关	XT	端子板、端子排
QF	断路器	YA	电感铁线圈
QL	负荷开关	YAN	合闸电磁铁
QS	隔离开关	YAF	跳闸电磁铁

(1)项目与项目代号

项目是指在电气技术文件中出现的各种电气设备、器件、部件、功能单元、系统等。在图上通常用一个图形符号表示。项目可大可小，灯、开关，电动机、某个系统都可以称为项目。

用以识别图、表格中和设备上的项目种类，并提供项目的层次关系、实际位置等信息的一种特定的代码，称为项目代码。通过项目代号可以将不同的图或其他技术文件上的项目(软件)与实际设备中的该项目(硬件)一一对应和联系在一起。如某照明灯的代码为“＝4＋102－H3”。则表示可在“4”号楼、“102”号房间找到照明灯“H3”。

(2)项目代号的组成

项目代号是由拉丁字母、阿拉伯数字、特定的前缀符号等并按照一定的规律组成。

一个完整的项目代号由 4 个代号段组成。即高层代号、位置代号、种类代号、端子代号。在每个代号段之前还有一个前缀符号,作为代号段的特征标记。表 2.2 是项目代号的形式及符号。

表 2.2　项目代号的形式及符号

段别	名称	前缀符号	示例
第一段	高层代号	＝	＝S2
第二段	位置代号	＋	＋12B
第三段	种类代号	－	－A1
第四段	端子代号	:	:5

(a)种类代号　用以识别项目种类的代号称为种类代号。种类代号段是项目代号的核心部分。种类代号由字母和数字组成,其中字母代号必须是规定的文字符号。

其格式为:

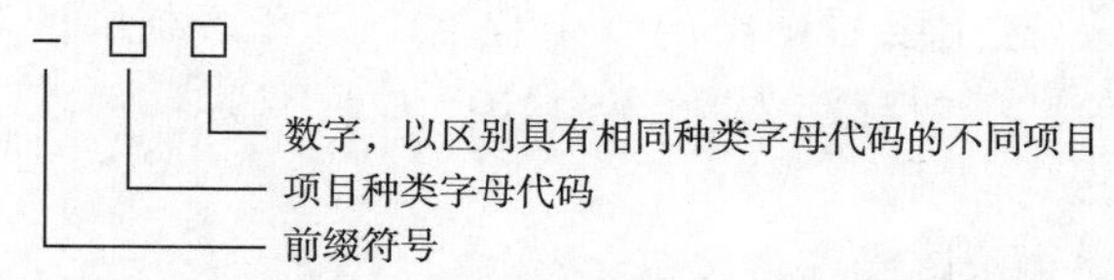

如－KA1 表示第一个电流继电器,－S2 表示第二个电力开关。

(b)高层代号　系统或设备中任何较高层次的项目代号,称为高层代号。例如某电力系统中的一个变电所的项目代号中,其中的电力系统的代号可称为高层代号;若此变电所中的一个电气装置的项目代号,其中变电所的代号可称为高层代号。

其格式如下:

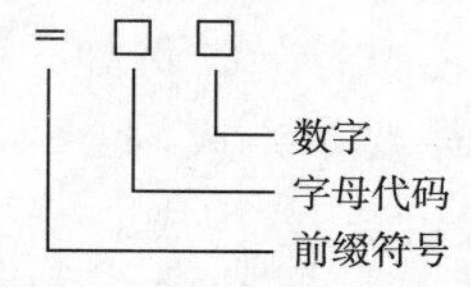

高层代号与种类代号同时标注时。通常高层代号在前,种类代号在后,如"＝2－Q1"表示 2 号变电所中的开关 Q1。

高层代号可以叠加或简化,如"＝S1＝P1"可简化成"＝S1P1"。

如果整个图面均属于同一高层代号,则可将高层代号写在围框的左上方,以简化图面。

(c)位置代号　项目在组件、设备、系统或建筑物中的实际位置的代号叫位置代号。位置代号一般由自行选定的字符或数字表示，其格式如下：

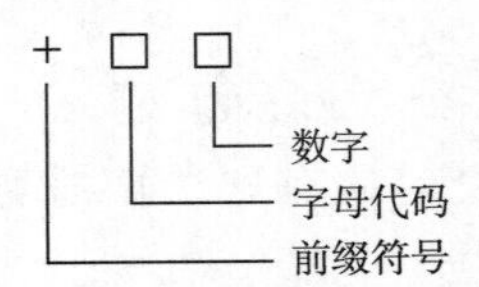

例如：电动机 M1 在某位置 3 中，可表示为"＋3－M1"；102 室 A 列第 4 号低压柜的位置代号可表示为"＋102＋A＋4"。

(d)端子代号　端子代号是用以同外电路进行电气连接的电器导电件的代号。端子代号一般采用数字或大写字母表示，其格式如下：

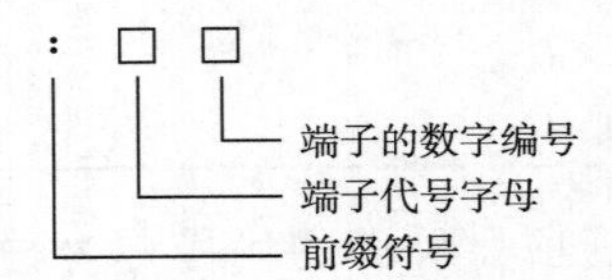

如：端子板 X 的 5 号端子，可标注为"－X：5"；继电器 K2 的 C 号端子，可标注为"—K2：C"。一般端子代号只与种类代号组合即可。

项目代号是用来识别项目的特定代码，一个项目可由一个代号段组成，也可用几个代号段组成，这主要看图纸的复杂程度。如 S 系统中的开关 Q2 在 H10 位置，其中的 B 号端子，可标注为"＝S＋H10－Q2：B"。

3. 图形符号

图形符号用来表示电气设备或概念。

电气图用的图形符号由方框符号、符号要素、一般符号和限定符号组成。

(1)方框符号　用以表示元件、设备等的组合及其功能，既不给出元件、设备的细节，也不考虑所有连接的一种简单的图形符号，如正方形、长方形等图形符号，称为方框符号。常见的框图、流程图等均是仅由几个方框符号组成的电气图。

(2)符号要素　符号要素是一种具有确定意义的简单图形，必须同其他图形组合以构成一个设备或概念的完整符号。例如一个间热式阴极二极管，它是由外壳、阴极、阳极和灯丝四个符号要素组成，如图 2.1 所示。符号要素一般不能单独使用，只有按照一定的方式组合，才构成一个完整的符号。符号要素的不同组合，可构成不同的符号内容。

图 2.1　符号要素组成的图形符号

(3)一般符号 一般符号是用来表示某一大类的设备、器件和元件,通常是一种很简单的符号,如电阻、电机、开关等一般符号,见图 2.2。

(4)限定符号 是一种附加在其他符号上的符号,一般不代表独立的设备、器件和元件,用来说明某些特征、功能和作用等。限定符号一般不能单独使用,当在一般符号上分别加上不同的限定符号,可分别得到不同的专用符号。如图 2.3 所示,在开关的一般符号上加上不同的限定符号,可分别得到隔离开关,断路器、接触器、按钮开关、转换开关。须指出的是,有的一般符号可作为限定符号使用。

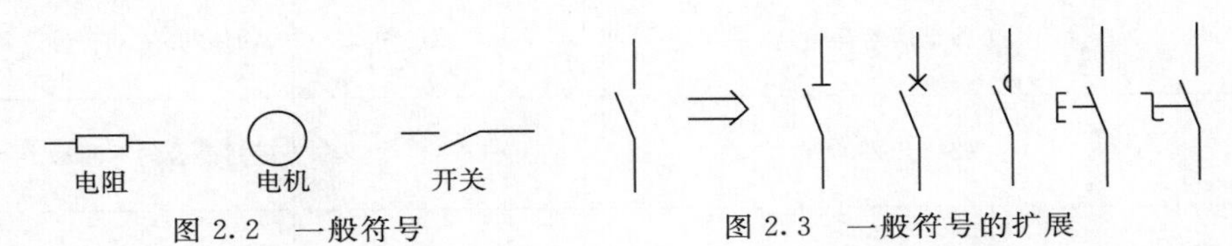

图 2.2 一般符号　　图 2.3 一般符号的扩展

表 2.3 和表 2.4 分别是常用一次电气设备和二次电气设备的图形符号。

表 2.3 常用一次电气设备的图形符号

图形	名称	图形	名称
或	三相感应电动机	或	电流互感器
或	双绕组变压器	或	电压互感器
或	电抗器		熔断器
	避雷器	或	刀熔开关
或	隔离开关 刀开关	或	断路器
或	负荷开关		接触器

表 2.4 常用二次电气设备的图形符号

图形符号	符号说明	图形符号	符号说明
或	开关电器一般符号	或	操作器件或继电器的绕组(线圈)

（续表）

图形符号	符号说明	图形符号	符号说明
	动断（常闭）触点		热继电器
或	动合（常开）触点		熔断器
	手动开关	或	延时闭合的动合触点
	接触器动合触点	或	延时断开的动合触点
	按钮开关（动合）	或	延时闭合的动断触点
	按钮开关（动断）	或	延时断开的动断触点
Ⓜ----	电动机操作		热执行器操作（如热继电器、热过电流保护）
	电钟操作		无噪声接地（抗干扰接地）
	接地一般符号 注：如表示接地的状况或作用不够明显，可补充说明。		保护接地 注：本符号可用于代替符号 02-15-01，以表示具有保护作用，例如在故障情况下防止触电的接地
形式 1 形式 2 ⊥	接机壳或接底板	形式 1 ⊤ 形式 2 ⊤	导线的连接
11 12 13 14 15 16	端子板（示出带线端标记的端子板）	⌀	可拆卸的端子
PE	保护线		在专用电路上的事故照明灯
PEN	保护和中性共用线	N	中性线

（续表）

图形符号	符号说明	图形符号	符号说明
3	导线、导线组、电线、电缆、电路、传输通路（如微波技术）、线路、母线（总线）一般符号 注：当用单线表示一组导线时，若需示出导线数可加小短斜线或一条杠斜线加数字表示 示例：三根导线	−110 V 2×120 mm^2 Al 3N ～50 Hz380 V 3×120＋1×50	示例：直流电路。110 V，两根铝导线，导线截面积为 120 mm^2 示例：三相交流电路，50 Hz。380 V，三根导线截面积均为 120 mm^2，中性线截面积为 50 mm^2
	电缆直通接线盒（示出带三根导线） 多线表示 单线表示		电缆连接盒，电缆分线盒（示出带三根导线 T 形连接） 多线表示 单线表示
	电缆穿管保护 注：可加注文字符号表示其规格数量		电缆旁设置防雷消弧线
	电缆上方敷设防雷排流线		电缆预留
	动力或动力—照明配电箱 注：需要时符号内可标示电流种类符号		事故照明配电箱（屏）
	信号板、信号箱（屏）		多种电源配电箱（屏）
	照明配电箱（屏） 注：需要时允许涂红		电源自动切换箱（屏）
	带保护接点插座 带接地插孔的单相插座 暗装 密闭（防水） 防爆		带接地插孔的三相插座 暗装 密闭（防水） 防爆
	单极开关		单极拉线开关

（续表）

图形符号	符号说明	图形符号	符号说明
	暗装		单极双控拉线开关
	密闭（防水）		荧光灯一般符号
	防爆		三管荧光灯
	双极开关	5	五管荧光灯
	暗装		防爆荧光灯
	密闭（防水）		
	插座（内孔的）或插座的一个极		插头和插座（凸头的和内孔的）
	插头（凸头的）或插头的一个极		

4. 回路标号

为了表示电路中各回路的种类和特征，通常用文字符号和数子标注出来，叫回路标号。

回路标号要按照“等电位”的原则进行标注，通常用三位或三位以下数字来表示。在交流一次回路中用个位数字的顺序区分回路的相别；用十位数字的顺序区分回路中的不同线段；对不同供电电源的回路用百位数字的顺序标号进行区分。

在交流二次回路中，回路的主要压降元件、部件两侧的不同线段分别按奇数和偶数的顺序标号。如一侧按 1、3、5、7 等顺序标号。另一侧按 2、4、6、8 等顺序标号。

2.2.2　电气图纸的构成

电气图纸一般由电路、技术说明和标题栏三部分构成。

1. 电路

(1)主电路（一次电路）　它是从电源至负载输送电能时电流所经过的电路，电流较大，导线线径较粗。

(2)辅助电路（二次回路）　对电路进行控制、保护、监视和测量等的回路。

它们包括各种操作控制开关、继电器接触器线圈及辅助接点、信号指示灯和监视测量仪表。通过的电流较小,导线线径较细。

2. 技术说明

电路图中文字说明和元件明细表等,总称为技术说明。

(1)文字说明注明电路的要点及安装要求等,以条文的形式写在电路图的右上方。

(2)元件明细表列出电路中各元器件的名称、符号、规格、单位和数量。以表格的形式列于标题栏的上方,表中的序号自下而上编排。

3. 标题栏

标题栏画在电路图的右下方,其中注明工程名称、图名、图号,设计人、制图人、校核人、审批人的签名和日期等。

2.2.3 电气工程图的分类

1. 图的分类

图是用图示法表示形式的总称,是表示信息的一种技术文件,一般分四个大类。

(1)图　图的概念很广泛,它可以泛指各种图,但这里是指用投影法绘制的图,即以画法几何中三视图原则绘制的图,如各种机械工程图。

(2)简图　简图是用图形符号、文字符号绘制的图,如建筑电气工程图。

(3)表图　表图是表示两个或两个以上变量、动作或状态之间关系的图、时序图。

(4)表格　表格是把数据等内容按纵横排列的一种表达形式,如设备材料明细表。

2. 电气图的分类

电气图是用图形符号、带注释的围框、简化外形表示的系统或设备中各部分之间相互关系及其连接关系的一种简图。按 GB 6988 规定,电气图可分为以下15种。

A. 系统图　表示系统的基本组成、相互关系及其主要特征的一种简图,如电气系统图。

B. 功能图　表示理论或理想的电路,而不涉及实现方法的一种简图,是提供设计绘制电路图的依据。

C. 逻辑图　用二进制逻辑单元图形符号绘制的一种简图。

D. 功能表图　表示控制系统的作用和状态的一种表图。

E. 电路图　用图形符号按工作顺序排列,表示电气设备或器件的组成相连接关系。

F. 等效电路图　表示理论的或理想元件及其连接关系的一种功能图。

G. 端子功能图　表示功能单元全部外接端子，并用功能图、表图或文字表示其内部功能的一种简图。

H. 程序图　表示程序单元和程序片及其互连关系的一种简图。

I. 设备元件表　表示设备、装置的名称、型号、规格和数量等。

J. 接线图(接线表)　表示成套装置、设备的连接关系，用以接线和检查。

K. 单元接线图(单元接线表)　表示设备或装置中一个单元内的连接关系。

L. 互连接线图(表)　表示设备或成套装置中不同单元之间的连接关系。

M. 端子接线图(表)　表示成套装置或设备的端子及接在端子上的外部接线。

N. 数据单　对特定项目给出详细信息的资料。

O. 位置图(简图)　表示设备或装置中各个项目的位置。

3. 电工图的分类

电工图一般分为电气原理结构图、电气原理展开接线图、电气安装接线图、电气安装平面图、剖面图等。

电气原理结构图也叫原理接线图(见图 2.4)。它以完整的电器为单位，画出它们之间的接线情况，表示出电气回路的动作原理，阅读原理图可以了解电源和负载的工作方式、各电气设备和元件的功能等。

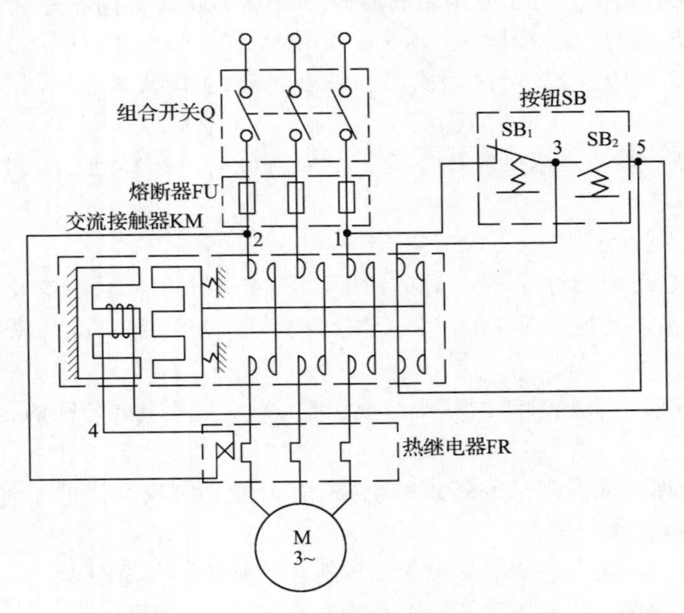

图 2.4　鼠笼式电动机直接起动控制线路结构图

电气原理展开接线图(见图2.5)将电路图中有关设备元件解体,即将同一元件的各线圈、触点和接点等分别画在不同的功能回路中。同一元件的各线圈、触点和接点要以同一文字符号标注。画回路排列时,通常根据元件的动作顺序或电源到用电设备的元件连接顺序,水平方向从左到右,垂直方向自上而下画出。

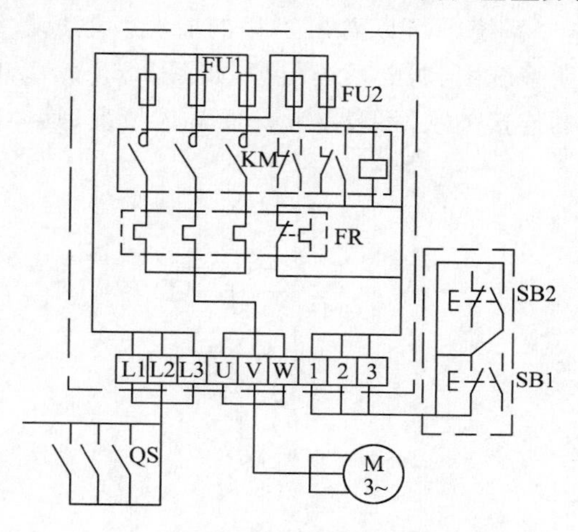

图2.5　电气安装接线图

电气安装接线图也叫安装图(见图2.5),它是电气原理图的具体表现形式,可直接用于施工安装配线,图中表示电气元件的安装地点和实际外形、尺寸、位置和配线方式等。通常分为盘(屏)面布置图、盘(屏)后接线图和端子排图三种。盘(屏)面布置图表明各电气设备元件在配电盘、控制盘、保护盘正面的布置情况;盘(屏)后接线图表明各电气设备元件端子之间应如何用导线连接起来;端子排图用来表明盘内设备与盘外设备之间电气上相互连接的关系。

平面布置图和剖面图相当于对各电气设备布置的顶视图和前视图。

4. 建筑电气工程图的分类

建筑电气工程图是应用非常广泛的电气图,用它来说明建筑中电气工程的构成和功能,描述电气装置的工作原理,提供安装技术数据和使用维护依据。一个电气工程的规模有大有小,不同规模的电气工程,其图纸的数量和种类是不同的,常用的建筑电气工程图有以下几类。

(1)目录、说明、图例、设备材料明细表

图纸目录内容有序号、图纸名称、编号、张数等。

设计说明(施工说明)主要描述电气工程设计的依据,业主的要求和施工原则,建筑特点,电气安装标准,安装方法,工程等级,工艺要求等及有关设计的补充说明。

图例即图形符号。为方便读图,一般只列出本套图纸中涉及到的一些图形符号。

设备材料明细表列出了该项电气工程所需要的设备和材料的名称、型号、规格和数量，供设计概算和施工预算时参考。

(2)电气系统图

电气系统图是表现电气工程的供电方式、电能输送、分配控制关系和设备运行情况的图纸，从电气系统图可以看出工程的概况。电气系统图有变配电系统图、动力系统图、照明系统图、弱电系统图等，如图 2.6 所示。电气系统图只表示电气回路中各元件的连接关系，不表示元件的具体情况、具体安装位置和具体接线方法。

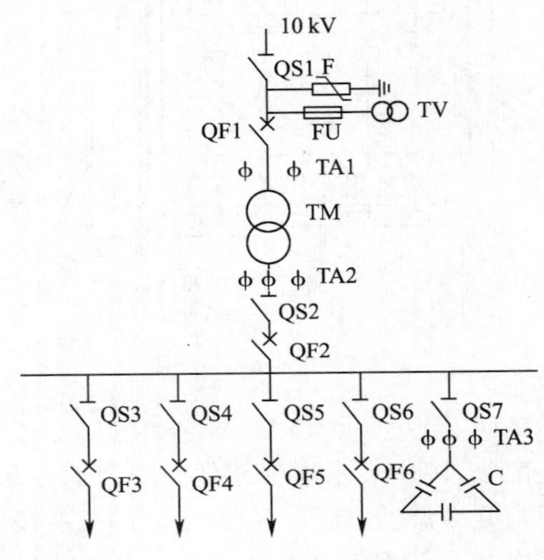

图 2.6　变配电系统图

(3)电气平面图

电气平面图是表示电气设备、装置与线路平面布置的图纸，是进行电气安装的主要依据。电气平面图以建筑总平面图为依据，在图上绘出电气设备、装置及线路的安装位置、敷设方法等，如图 2.7 所示。电气平面图采用了较大的缩小比例，不能表现电气设备的具体形状，只能反映电气设备的安装位置、安装方式和导线的走向及敷设方法等。

建筑电气安装平面图是应用最广泛的电气工程图，是电气工程设计图的主要组成部分。它用来提供建筑电气安装的依据，例如设备的安装位置、安装接线、安装方法等。此外，它还提供设备的编号、容量和有关型号等。按功能划分，建筑电气安装平面图包括以下几种：

①发电站、变电所电气安装平面图；

②电气照明安装平面图；

③电力安装平面图；

④线路安装平面图；

⑤电信设备及弱电线路安装平面图。如电话、有线电视、消防、监控、信号设备及线路平面图；

⑥防雷平面图；

⑦接地平面图。

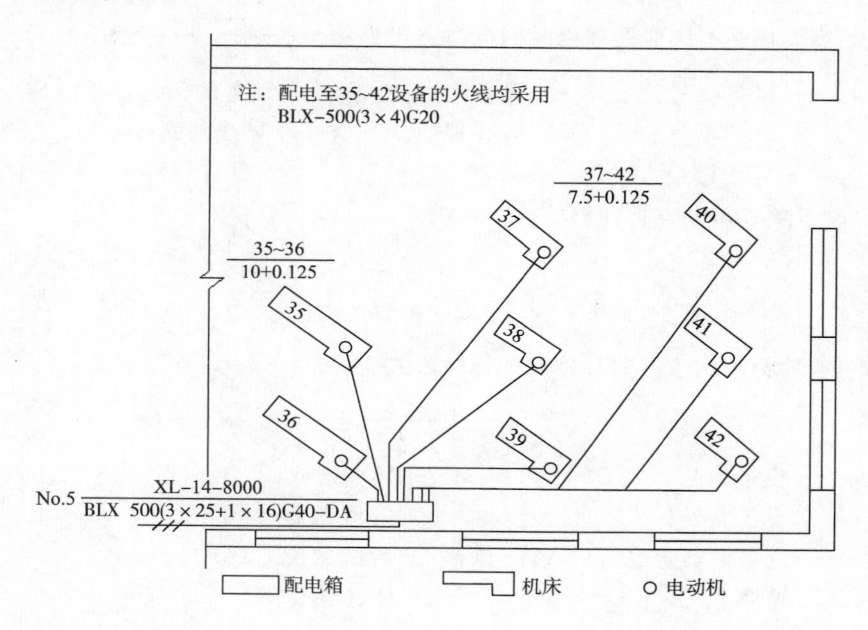

图 2.7　某机械加工车间(一角)的动力电气平面布线图

2.2.4　电力和照明平面图

电气平面布线图就是在建筑平面图上按有关图形符号和文字符号，按电气设备安装位置及电气线路敷设方式、部位和路径给出的电气布置图

1. 电力平面布线图

电力平面布线图例见图 2.8。其中用电设备、配电设备、开关和熔断器标注格式及配电支线的标注格式如下：

(1)GB 4728 关于用电设备标注格式的规定

标注方式为：

$$\frac{a}{b} \quad 或 \quad \frac{a \mid c}{b \mid d}$$

式中　a——用电设备编号；

b——用电设备额定容量(kW)；

c——线路首端熔断器熔体或低压断路器脱扣(跳闸)电流 (A)；

d——用电设备标高(m)。

(2)配电设备标注格式

一般标注方式为:$a\,\frac{b}{c}$或$a-b-c$

当需要标注引入线的规格时的标注方式为:$a\cdot\frac{b-c}{d(e\times f)-g}$

其中,a——设备编号;　b——设备型号;　c——设备的额定容量(kW);

d——导线型号;　e——导线根数;　f——导线截面(mm²);

g——导线敷设方式。

(3)开关和熔断器标注格式

一般标注方式为:

$$a\,\frac{b}{c/i}\quad\text{或}\quad a-b-c/i$$

当需要标注引入线的规格时的标注方式为:

$$a\,\frac{b-c/i}{d(e\times f)-g}$$

a——设备编号;　e——导线根数;

b——设备型号;　f——导线截面(mm²);

c——设备的额定电流(kA);　g——导线敷没方式;

d——导线型号;　i——整定电流(A)。

(4)配电支线标注格式

$$d(e\times f)-g\text{ 或 }d(e\times f)G-g$$

其中d——导线型号;　e——导线根数;

f——导线截面(mm²);　g——导线敷设方式;

G——导线管代号及管径(mm)。

(5)图 2.8 为电力平面布线图之一例

(6)电力平面图与电力系统图(概略图)的配合

电力平面图只有与电力系统图(概略图)相配合,才能清楚地表示出建筑物内电力设备及其线路的配置情况。

例如,若将图 2.9 配电箱总系统图和图 2.10 配电箱楼层分系统图结合在一起读图,就会很清楚地看出建筑物内配电箱及其线路和断路器等保护装置的配置情况。这对防雷工程技术人员在电源系统内安装过电压保护器的设计和施工提供了方便。

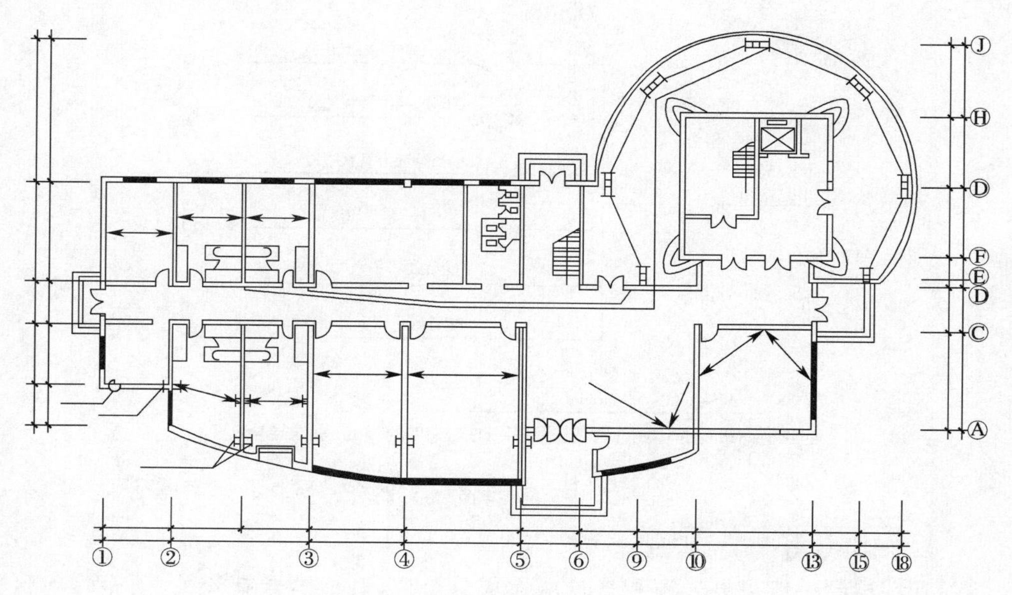

图 2.8　电力平面布线图之一例

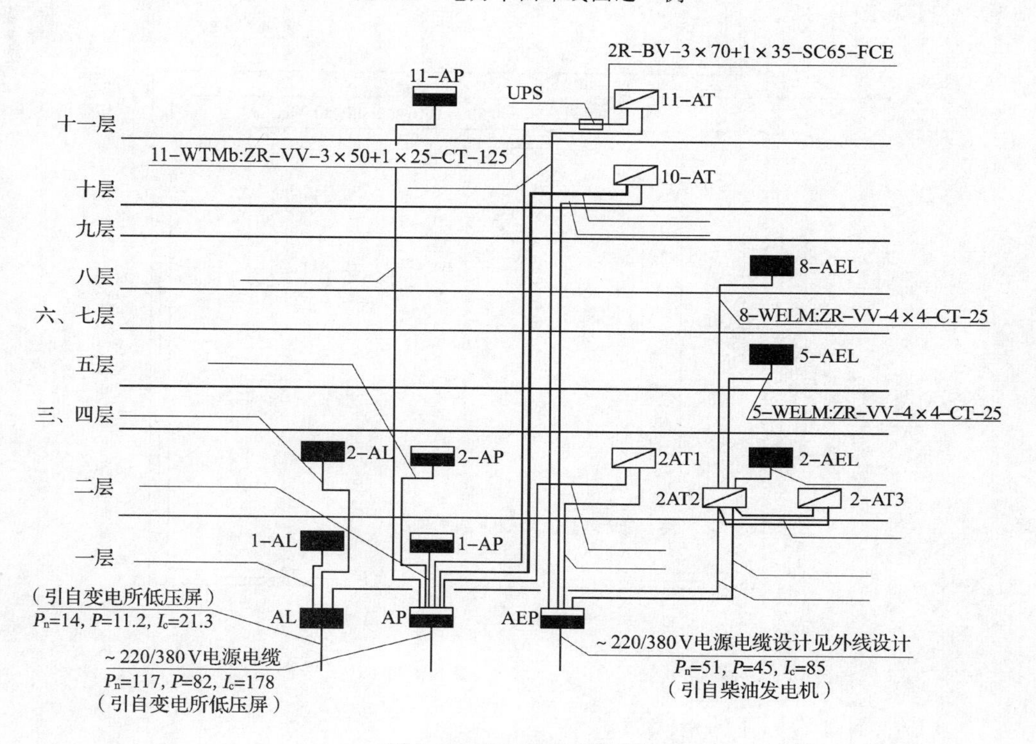

图 2.9　配电箱总系统图

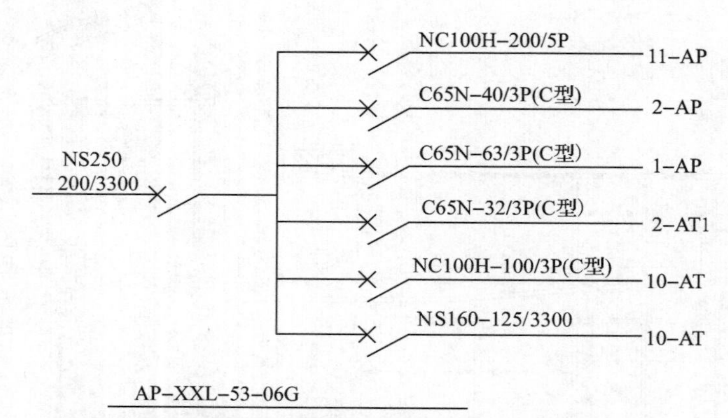

图 2.10　配电箱分系统图

2. 照明电气平面布线图

照明电器一般由电光源和灯具两大部分组成，其他电器有开关、插座等，见图 2.11 和图 2.12。

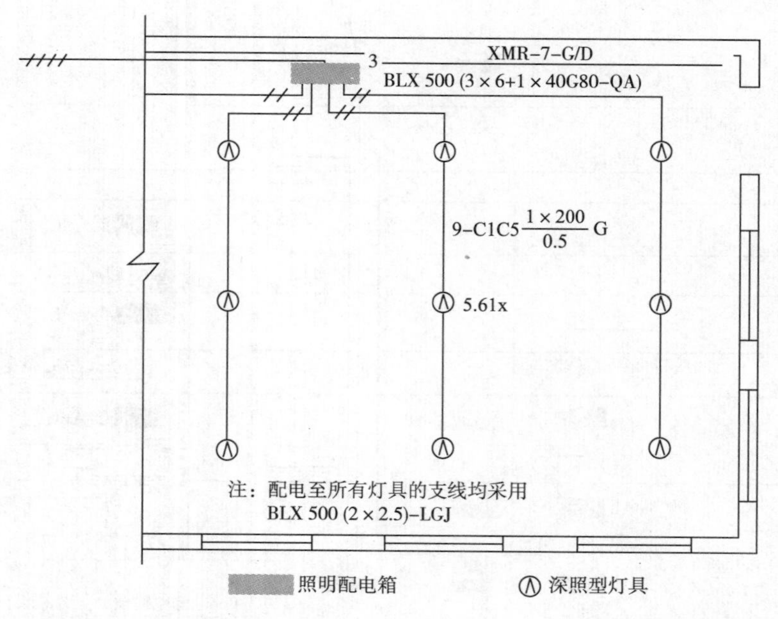

图 2.11　某机械加工车间(一角)一般照明的电气平面布线图

(1)照明灯具标注的格式为：

$$a-b\,\frac{c\times d\times l}{e}f$$

式中a——同类型灯数；　b——灯具类型代号；

c——每盏照明灯具内含有的灯泡、灯管数；　d——灯泡、灯管容量；

e——灯具安装的高度，单位 m；　f——安装方式；

l——电光源种类。

其中电光源的种类繁多，按发光原理分有两大类。一类是热辐射光源，它是利用灯丝通电后发热产生高温，形成热辐射的电光源，如白炽灯、碘钨灯等。另一类是气体放电光源，它是利用两极灯丝在一定电压作用下，极间气体电离放电发光而形成的电光源，如荧光灯、钠灯等。

A. 白炽灯　白炽灯结构简单，使用方便，是应用最广的一类电光源，适用于照度要求低，开关频繁的场所。

B. 卤钨灯　在钨丝灯管少加入卤素物质（如碘、溴）而制成的灯，叫卤钨灯，用得比较多的是碘钨灯。这种灯适宜照度要求高，悬挂高度较高（6 m 以上）的室内外大面积照明。如建筑工地的临时照明。

C. 荧光灯　荧光灯（日光灯）是指灯管内工作压力较低的气体放电灯，由灯管、整流器、起辉器组成。荧光灯的光效为白炽灯的四倍，适用于工厂、学校、商场和家庭的室内照明。

D. 高压水银灯　高压水银灯（高压汞灯）发光原理与荧光灯发光原理相同，因灯泡壳内部工作压力较高，内壁涂有水银层，故叫高压水银灯。常用的有自镇流式和带镇流器式，与白炽灯相比，具有光效高、寿命长、省电等特点，广泛用于广场、码头、车站、街道、车间等大面积照明。

E. 钠灯　钠灯也是一种气体放电光源，有高压钠灯和低压钠灯。高压钠灯发金白色光。低压钠灯为单色黄光，光色好，效率高。适用于灯具悬挂高度为 6 m以上的大面积照明。

常用的电光源种类代号见表 2.5，安装方式见表 2.6。

（2）线路敷设方式和敷设部位的文字符号见表 2.7。

表 2.5　电光源型号种类的文字代号

文字代号	电光源种类	文字代号	电光源种类
IN	白织灯	Hg	高压汞灯
I	碘钨灯	Na	高压纳灯
FL	荧光灯	Se	氙灯

表 2.6　照明灯具安装方式的文字代号

文字代号	安装方式
WP	线吊式
C	链吊式
P	管吊式

表 2.7 线路敷设方式和敷设部位的文字符号

线路敷设方式的文字代号				敷设部位的文字代号	
敷设方式	代号	敷设方式	代号	敷设部位	代号
明敷	E	用卡钉敷设	PL	暗敷在梁内	B
暗敷	C	用槽板敷设	MR PR	暗敷在柱内	C
用钢索敷设	M	穿焊接钢板敷设	SC	暗敷在墙内	W
用瓷绝缘子敷设	K	穿电线管敷设	T	沿天花板(顶棚)	CE
电缆桥架	CT	穿塑料管敷设	P	暗敷设在地板内	F

(3)照明电气平面布线图之一例

图 2.11 表示的是某一机械加工车间照明电气平面图。其进线为橡皮绝缘铝芯导线，耐压等级为 500 V，芯线由 3 根 6 mm² 和一根 4 mm² 的导线组成。穿直径为 20 mm 的管子，沿墙暗敷，进入 3 号嵌入式照明配电箱；配电至所有灯具的支线均采用橡皮绝缘铝芯导线，耐压等级为 500 V，芯线由 2 根 2.5 mm² 的导线组成；照明灯具为 9 盏深照型灯具，照度为 30 勒克斯，每盏灯具有一个灯泡，功率为 200 瓦；吊装高度为 6.5 米；采用管吊式。

图 2.12 表示的是某 11 楼照明电气平面布线图。机房内安装嵌入式双管荧光灯 8 个，SB 6626，2×36 W，吸顶安装。由机房门内侧 250 V，10 A，距地 1.5 m 的三联单控暗开关控制；机房外回廊里安装有 8 个吸顶灯，JXD3-2，1×60 W，

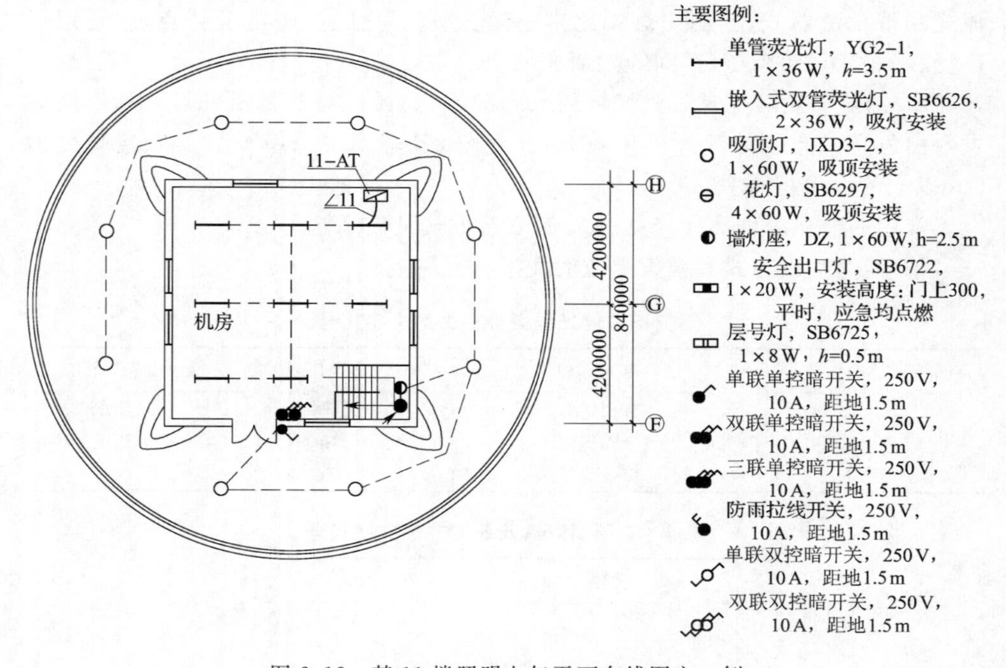

图 2.12 某 11 楼照明电气平面布线图之一例

吸顶安装，由机房门外侧 250 V，10 A，距地 1.5 m 的单联单控暗开关控制；此外，还有一个墙灯座，PZ，1×60 W，h＝2.5 m。电源都取自电源自动切换箱 11—AT，采用 L11 回路。

读者可自行分析更全面的图 2.13 照明电气平面布线图例。

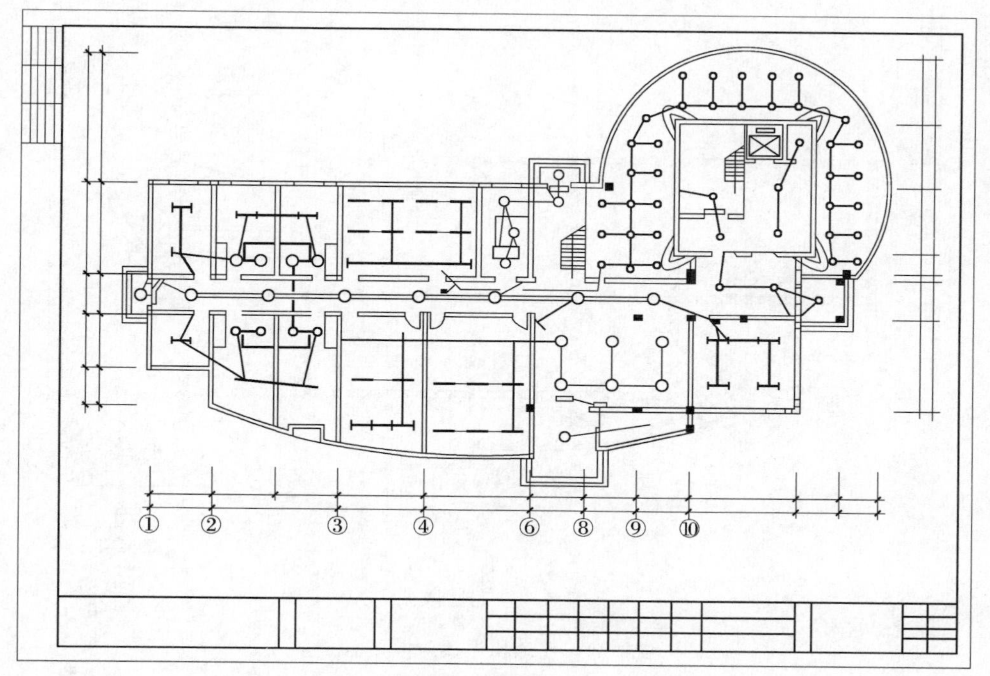

图 2.13　照明电气平面布线图之一例

2.2.5　防雷平面图与接地平面图

1. 防雷平面图

防雷平面图为描述防止雷电对建筑物、电气设备和电气装置危害的外部和内部防雷击装置的电气图。

常见的外部防雷装置平面图有避雷针、避雷线保护范围图和避雷带平面布置图。图 2.14 是某建筑物屋顶防雷平面图。该建筑物为第二类防雷建筑物。在裙房顶部设避雷带，所有突出屋面的金属物体均与避雷带可靠焊接。在建筑物顶部装设避雷针，共计四根。屋面避雷带均采用∅10 mm 镀锌圆钢，利用结构柱内两根∅16 mm 主筋作为引下线，箭头所示为引下线位置，引下线做法见附图。该建筑物避雷引下线均利用结构柱内两根∅16 mm 主筋，利用条基内水平钢筋做接地装置，要求柱内钢筋上与避雷带焊接，下与条基钢筋焊接成电气通路，柱与柱之间利用条基内水平钢筋连接成闭合回路，接地电阻要求：$R \leqslant 2\ \Omega$。避雷带做法见《建筑物防雷设施安装》。利用建筑物金属体做防雷及接地装置安装要求详见国标。土建施工过程中，电气人员必须与其密切配合，做好接地与预埋件工作。避雷带支架每 1 m 一个，转弯处每 0.5 m 一个。金属栏杆及金属门窗等较大的金属物体与防雷装置连接，所有突出屋面的金属物与避雷装置牢固焊接。

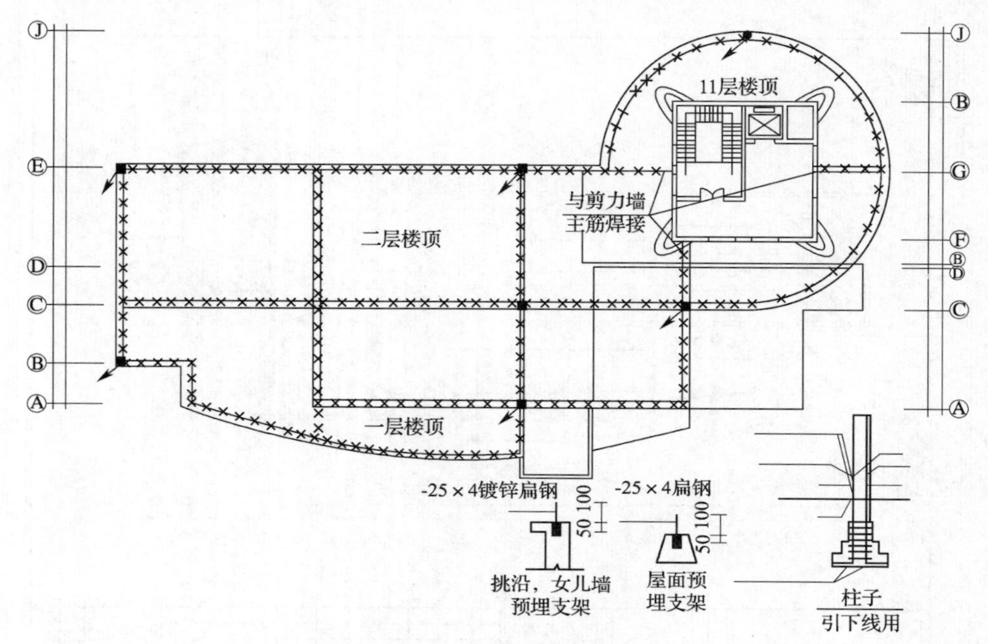

图 2.14 建筑物屋顶防雷平面图

2. 配电系统的防雷装置图

变配电设备的防雷除了采用避雷线防止直接雷击外，还装有避雷器防止雷电波沿架空线路引入的保护措施。

避雷器相当于一个阀门，它并接在电源线路和接地线之间，如图 2.15 所示，当雷电波沿架空线路袭来时，避雷器内的间隙被击穿。雷电流引入地下，使接在线路上的电气设备免遭高压雷电波的袭击。雷电波过后，放电间隙断开，避雷器又恢复对地的高绝缘状态。避雷器有阀型避雷器、管型避雷器和放电间隙等型式。

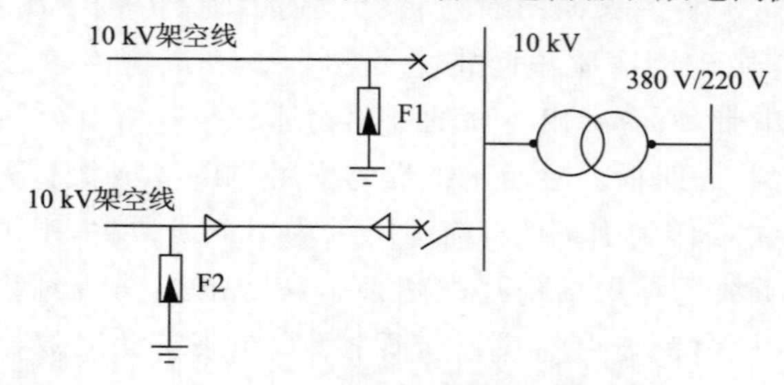

图 2.15 10 kV 架空进线的防雷保护

3. 接地平面图

用图形符号绘制，以表示电气接地装置在地面和地中的布置的一种简图，称为接地平面图。

电气设备的接地系统是一个完整电气装置的重要组成部分，电气接地工程图是建筑电气工程图中的一种。电气接地工程图用来描述电气接地系统的构成、接地装置的布置及其技术要求等。

图 2.16 为接地平面图示例。其文字说明内容是：为确保联合接地电阻小于 2 Ω，需增加人工辅助接地极，每根柱子均预埋∅16 mm 镀锌圆钢一根，伸出散水 500 mm，顶端埋深 800 mm. 供增加接地极用。接地极位置由省防雷中心确定，详见结构图纸。雷达站主机房及本地终端室门窗处均预留 60 mm×6 mm，l=100 mm锌扁钢供等电位联结用；本建筑物接地形式为 TN-C-S。电源进线及所有进出建筑物的金属管道均应做总等电位连接，并与建筑物组合在一起的大尺寸金属连接在一起。雷达机房及本地终端室敷设 40 mm×4 mm 镀锌扁钢一周，供设备接地用。接地方案由省防雷中心确定，雷达波导入口处预留 60 mm×6 mm，l=100 mm 镀锌扁钢两块。采用 40 mm×4 mm 镀锌扁钢引自机房接地干线，强电和弱电电缆桥架应与每层竖井及机房内接地干线连接。

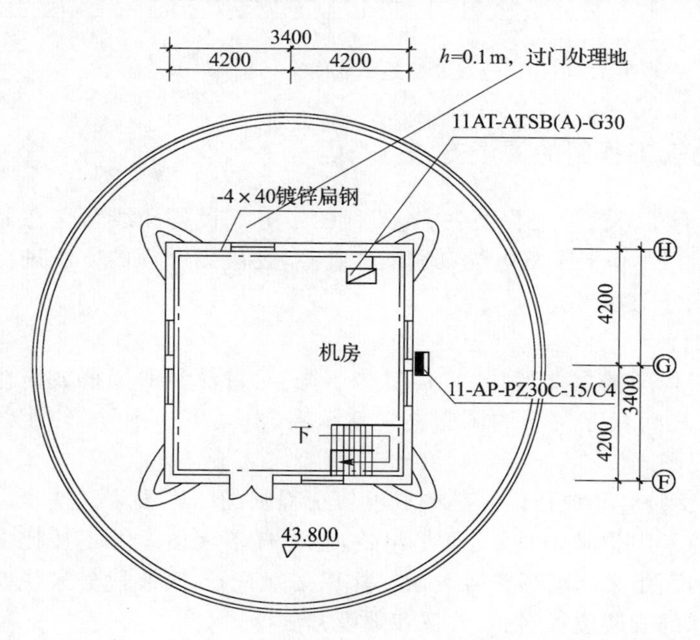

图 2.16(a)　接地平面图

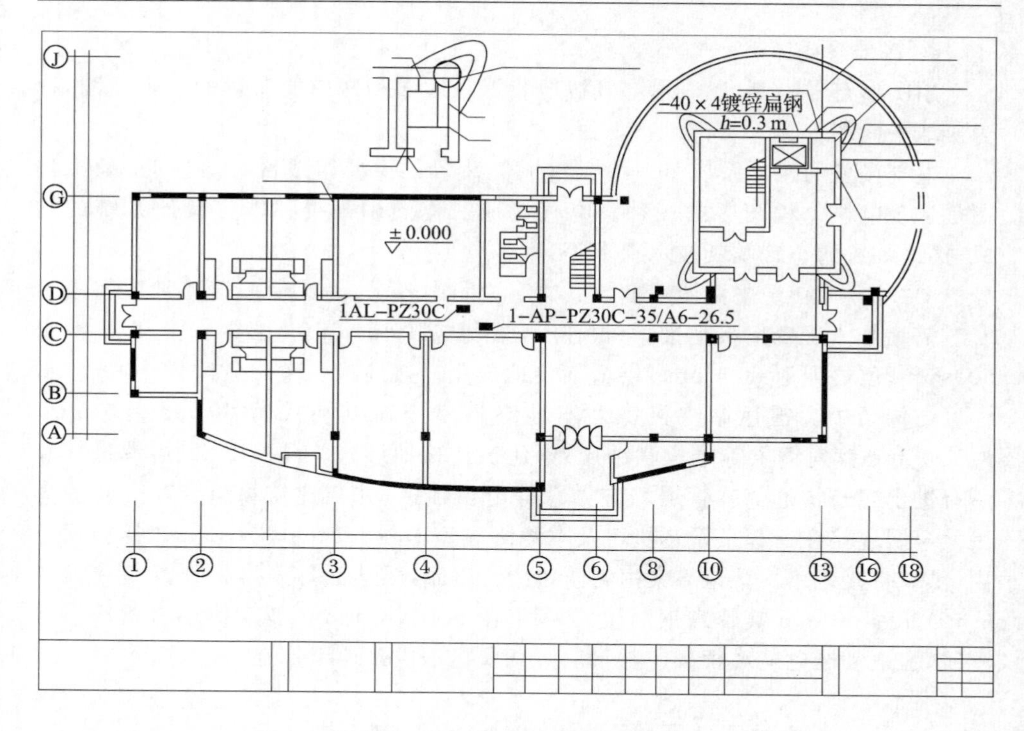

图 2.16(b) 干线及接地平面图

2.2.6 建筑电气工程图的阅读方法

建筑电气工程图不同于机械工程图，电气工程图中电气设备和线路是在简化的土建图上绘出，所以不但要了解电气工程图的特点，还应用合理的方法进行看图，才能较快看懂电气工程图。

1. 电气工程图的特点

(1)简图是电气工程图的主要形式，它是用图形符号、带注释的围框或简化外形表示系统或设备之间相互关系的图。电气系统图、电气平面图、安装接线图、电气原理图都是简图。

(2)图形符号、文字符号和项目代号是构成电气工程图的基本要素。一个电气系统、装置或设备通常由许多部件、元件等组成，在电气工程图中并不按比例给出他们的外形尺寸，而是采用图形符号表示。并用文字符号、安装代号来说明电气装置、设备和线路的安装位置、相互关系和敷设方法等。

(3)电气装置和电气系统主要是由电气元件和电气连接线构成，所以电气元件和电气连接线是电气工程图描述的主要内容。如平面图和接线图表明安装位置和接线方法，电气系统图可表示供电关系，电气原理图说明电气设备工作原理。由于对元件相连接线的描述不同，构成了电气工程图的多样性。

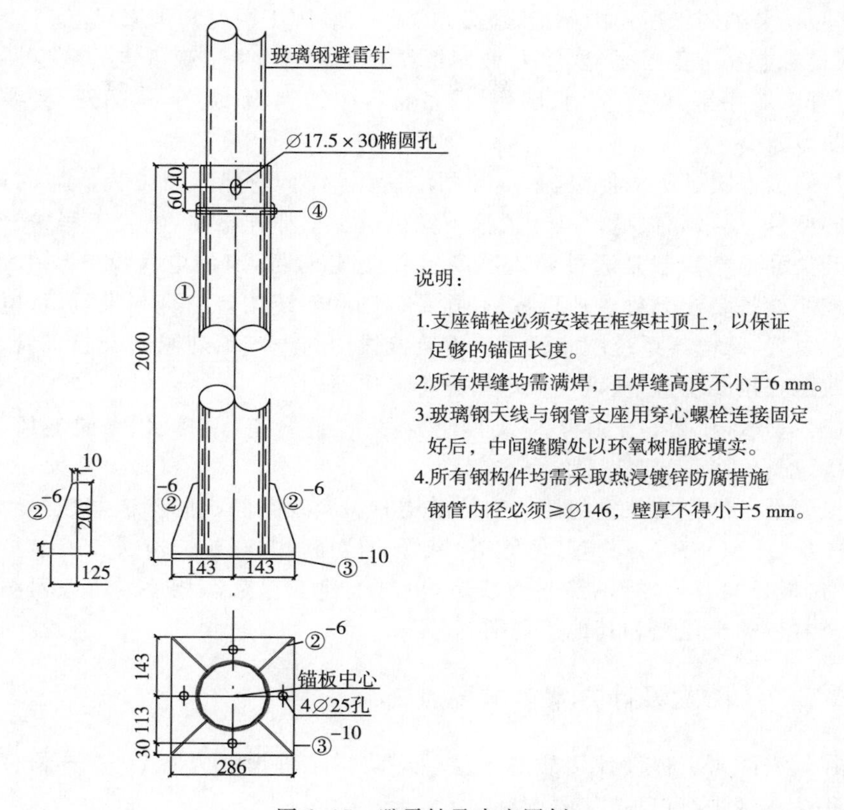

图 2.17　避雷针及支座图例

(4)位置布局法和功能布局法是电气工程图中两种最基本的布局方法。位置布局法是指电气图中元件符号按实际位置布置,如电气平面图,安装接线图中的电动机、灯具、配电箱等都是按实际位置布置的。功能布局法中元件符号的排列只考虑元件之间的功能关系,而不考虑实际位置,如电气系统图、电气原理图中电气元件按供电顺序和动作顺序排列。

(5)电气设备和线路在平面图中并不按比例画出它们的形状和外形尺寸,通常采用图例来表示。

2. 电气工程图的阅读

阅读建筑电气工程图,不但要掌握电气工程图的一些基本知识,还应按合理的次序看工程图,才能较快地看懂电气工程图。

(1)首先要看图纸的目录、图例、施工说明和设备材料明细表。了解工程名称、项目内容、图形符号,了解工程概况、供电电源的进线和电压等级、线路敷设方式、设备安装方法、施工要求等注意事项。

(2)要熟悉国家统一的图形符号、文字符号和项目代号。

(3)要了解图纸所用的标准,还必须了解安装施工图册和国家规范。

(4)看电气工程图时,要将各种图纸结合起来看,并注意一定的顺序。一般来说,看图顺序是:施工说明、图例、设备材料明细表、系统图、平面图、接线图和原理图等。

从施工说明了解工程概况,本套图纸所用的图形符号,该工程所需的设备、材料的型号、规格和数量。电气工程不像机械工程那样集中,电气工程中、电源、控制开关和电气负载是通过导线连接起来,比较分散,有的电气设备装在A处,而其控制设备装在B处。所以看图时,平面图和系统图要结合起来看,从电气平面图找位置,从电气系统图找联系。安装接线图与电气原理图结合起来看,从安装接线图找接线位置,从电气原理图分析工作原理。

(5)电气施工要与土建工程及其他工程(工艺管道、给排水、采暖通风、机械设备等)配合进行。

电气设备的安装位置与建筑物的结构有关。线路的走向不但与建筑物的结构(柱、梁、门窗)有关,还与其他管道、风管的规格、用途、走向有关。安装方法与墙体、楼板材料有关,特别是暗敷线路,更与土建工程密切相关。所以看图时还必须查看有关土建图和其他工程图。

2.2.7　防雷设计方案审核要点

在具有防雷工程设计资质的单位送交防雷工程设计方案后,应严格仔细地对照相关图纸进行审核,其要点有:

(1)防雷设计方案对拟建建筑物所在地的周边环境、地理地貌、地质情况、气候和灾害性天气特点以及雷电活动规律等的描述是否详细、准确。

拟建建筑物的使用性质、重要性、建筑物的建筑结构、高度、建筑面积、布局,设备布置、通信方式等情况的描述是否全面,进而根据以上描述进行的防雷类别的选择是否正确。

(2)设计方案中所采取的技术措施及施工工艺,是否以最新在用的相关技术标准或规范为依据。

(3)外部防雷装置中的接闪器、引下线的材料、规格、布置是否符合要求,有无尽量利用结构柱筋,利用率如何;避雷针具体保护范围的计算等是否正确;高层建筑物有无防侧击雷及均压环装置;接地装置利用桩、地梁、承台中钢筋情况,人工接地体的材料、规格、布置是否合理,接地装置有无防跨步电压措施;有无预设备种电气预留端子。

(4)内部防雷措施中有无利用框架结构包括剪力墙结构等加强屏蔽效果;电源线、天馈线、传输线及通信系统的电涌保护器的选择、安装位置、能量配合等是否合理,有无详细说明并画有电涌保护(SPD)电路原理图和SPD安装位置示意图；总等电位联结和局部等电位联结的做法是否符合国家建筑标准设计图集《等电位联结安装》的要求。金属桥架、金属管道以及规定高度上的金属门窗、栏杆和金属构件等的等电位连接等是否充分。

(5)供配电制式是否尽量采用了 TN-C-S 或 TN-S 系统；高、低压电力线路的架设方案在进入建筑物时是否尽可能地埋地引入、埋设长度是否够长。

(6)综合布线是否符合规范要求。

(7)相关的图纸、资料是否规范、全面，便于实施。

第3章　防雷工程的检测

防雷工程检测、审核与验收是各地防雷中心防雷减灾工作中最重要的任务之一。随着我国现代化事业的迅速发展,对防雷减灾工作的要求也越来越高。我国防雷技术规范逐步与国际规范接轨,无论从指导思想还是技术措施以及技术要求,都在不断更新、提高。这就要求从事防雷工程检测、审核与验收的技术人员必须以最新的国家、行业和IEC防雷标准、规范为基础,按照国际上通行的对实验室质量管理体系的建立与运行的要求,从组织、人员、测试方法、测试设备、记录、报告证书等多方面提高水平,拓展防雷工程检测相关业务范围,提高科技含量,为社会提供防雷工程质量检验的具有科学性、公正性、权威性数据,确保防雷工程的有效性,排除雷击事故隐患,最大限度地减轻雷击对人类社会造成的危害。

在各类防雷装置的设计安装中,它们与低压供配电线路及设备,特别是低压控制、保护设备联系最为紧密,简直是密不可分。包括安装位置、能量配合、绝缘配合等问题在检测中都要考虑到,这些在用的低压控制、保护设备的有效性,包括电源质量也必须得到检验。这就要求防雷工程质量检测技术人员必须掌握更多的电气装置及其测试理论和测试方法。

有关防雷检测的具体要求可参照相应的检测规范进行。

3.1　概　述

防雷装置的检测应包括对外部防雷装置、内部防雷装置(包括雷电电磁脉冲防护装置)的检查与测量。包括对以上装置采取的等电位联结、屏蔽、综合布线、共用接地措施等的检查与测量。

实际上这些装置不仅仅只用于防雷目的。对雷电电磁脉冲干扰的防护措施是实现电磁兼容环境的措施之一。对微电子设备和机房的雷电电磁脉冲防护的屏蔽环境、静电电压、电源污染、各类电涌保护装置的技术指标的检查与测量也能有效防止其他种类的电磁干扰。这些电磁干扰有的是传导方式通过阻性、容性和感性耦合到线路和设备中,有的则是通过电磁辐射方式干扰、损坏设备。

目前，各地防雷中心有可能还不能开展对高压电力系统避雷装置的检测和对大、中型火电厂、水力发电厂、大、中型变电站等大地网以及对离岸飞行器、离岸船舶等的防雷装置的检测。主要是因为到目前为止这些大地网系统的接地电阻测试方法相当复杂，测试设备笨重，耗时较长。这些大系统的接地电阻有的需要根据当地土壤电气特性和接地体的尺寸、形状等来推算，有的是通过大电流测试法，需要引数百米长的测试线，并且需要开挖。因此，检测工作不易与这些系统的正常工作相协调。这些系统有专门的试验技术人员按照国家有关标准规范进行检测。

3.2　检测所依据的标准

标准是为促进最佳的共同利益，在科学、技术、经验成果的基础上，由各有关方面合作起草并协商一致或基本同意而制定的适于公用并经标准化机构批准的技术规范和其他文件。采用和推广国际标准是世界上一项重要的廉价技术转让。《中华人民共和国标准化法》规定："国家鼓励采用国际标准和国外先进标准。"目前世界上含我国在内的大多数国家，均采用等效使用的原则，大量使用国际标准，促进本国技术进步。

国际电工委员会下设有第81技术委员会(IEC-TC81)，该技术委员会的工作任务是负责编制有关防雷的技术报告、指南或规范。如GB 50057—94《建筑物防雷设计规范》就是按IEC防雷标准并结合我国国情制订的，其他行业的防雷标准或规范通常引用国家标准和国际标准，一些要求可能会高于国家标准。各级防雷工程质量检验机构在对某行业进行防雷检测时，更适合以行业标准为依据，若有原则冲突，应以国家标准为准。

常用的标准有：

GB/T 17947.1—2000	接地系统的土壤电阻率、接地阻抗和地面电位测量导则 第一部分 常规测量
GB 50057—94	建筑物防雷设计规范(2000版)
GB 50174—1993	计算机机房设计规范
GB/T 50311—2000	建筑与建筑物综合布线系统工程设计规范
QX 3—2000	气象信息系统雷击电磁脉冲防护规范
IEC 62305—X:2006	雷电防护标准系列

在防雷技术标准的颁布上，除TC81外，相关的还有TC64、TC37、TC77等颁布的建筑物电气装置、过电压保护装置、电磁兼容(EMC)等有关标准。ITU和CIGRE(国际大电网会议)也分别从电信行业、供电系统行业特点，颁布涉及到本

行业的防雷技术标准，其原则是在与 IEC 标准不矛盾的情况下制定更具体可行的技术标准。国内的 GB 50054—95《低压配电设计》等系列与防雷装置不可分开的电气装置的相应防护标准也应是防雷产品质检机构熟练掌握的内容。

在 IEC 标准中有如下说明：本标准出版时的版本是有效的，鼓励采用标准文件的最新版本。我国国家标准也常用下达“修订单”的形式进行标准修改，或在新标准颁布的通知中说明原标准的作废。由于防雷技术发展的历史并不长，防雷技术并不完善，需要应对的电磁环境越来越复杂，所以，防雷技术不断在改进，防雷技术标准不断在修订，因而应掌握和使用被引用标准的最新版本，以保证引用标准和使用本标准的先进性。从事防雷工作的技术人员应注意经常上网查询、检索。

3.3 检测项目

检测项目内容应按检测程序中对首次检测和后续检测的规定来选取。一些项目的检测只需进行首次检测，如确定建筑物防雷类别、建筑物的长宽高、接闪器和引下线的规格尺寸和布置、确定被保护设备所处的防雷区等。其余的要进行定期的后续检测。主要的检测项目应包括：

(1)确定建筑物防雷类别；

(2)接闪器；

(3)引下线；

(4)接地装置；

(5)确定拟保护设备所处的防雷区；

(6)电磁屏蔽；

(7)等电位连接；

(8)电涌保护器(SPD)；

(9)其他检测项目。

第 9 条其他检测项目包括了对与防雷装置紧密联系不能分割的电气装置的测试。例如，对低压配电电气装置的综合测试（绝缘电阻、RCD—跳闸时间、RCD—跳闸电流、故障回路阻抗和预期短路电流、短路电流下的接触电压、电压、电流（真有效值）、电源频率、峰值电流、功率、电能、谐波分析（电压和电流）等）、静电的有关测试、综合布线检查测试等。这些测试项目会随着防雷检测机构装备水平的提高以及防雷技术的不断发展而有所增加。

3.4 检测要求和方法

检测要求和方法主要参考相应的检测规范以及国家、行业、国际有关标准进行。这里介绍检测中的主要注意事项以及主要参数的测试原理、方法和设备。

3.4.1 检测中的主要注意事项

1. 重视防雷工程检测工作

建筑物防雷类别的判定是一项极为重要但又可能较为烦琐的工作,它牵涉到防雷工程能否做到既安全高效又经济合理。目前社会各界对此认识不足。一些人轻视防雷工作,而另一些人盲目追求所谓高规格防雷装置,比如不合理地选取过高性能的SPD,大大增加了工程成本。

建筑物防雷主要应根据其重要性、使用性质、发生雷电事故的可能性和后果等综合考虑分为三类。重要性包括政治意义和经济意义上的重要性 ,所以有国家级、省部级和普通建筑物之分;使用性质主要看是否是具有爆炸和火灾危险环境的建筑物。爆炸和火灾危险环境按释放源及通风条件分为:爆炸性气体0区——连续出现或长期出现爆炸性气体混合物的环境;爆炸性气体1区——正常时可能出现爆炸性气体混合物的环境;爆炸性气体2区——正常时不可能出现爆炸性气体混合物的环境;爆炸性粉尘环境和火灾危险环境类似的分别分为10区、11区和21区(可燃性液体)、22区(可燃性粉尘)、23区(可燃性或纤维固体)。还要根据通风条件提高或降低等级;发生雷电事故的可能性应按GB 50057—1994(2000版)标准中附录1对建筑物年预计雷击次数的计算方法来确定;后果应着重考虑人的价值,人员集中的公共建筑物如集会场所、展览馆、博物馆、体育馆、大型商场、影剧院、学校、医院等大多应划为第二类防雷建筑物。

在设有信息系统的建筑物需防雷击电磁脉冲的情况下,当该建筑物不属于第一类、第二类、第三类防雷建筑物时,宜将其划属第三类或第二类防雷建筑物。这是因为信息系统设备耐雷电过电压水平低,抗毁能力差。建筑物电子信息系统防雷技术规范(GB 50343—2004)对此有规定。

特别重要的、需防雷击的系统若无明确的防雷类别规定,则必须首先进行雷电灾害风险评估,以确定防雷等级,才能实施合理的雷电防护。风险评估是认识和评价风险的有效方法,也是风险控制和风险管理的前提和基础,准确的雷电灾害风险评估是雷电风险管理的决策依据。国际上,IEC62305—2《雷电灾害风险管理》是国际电工委员会关于雷电灾害风险评估的标准,其适用范围是地闪雷电对建筑物(包括其服务设施)造成的风险的评估,其内容主要包括建筑物与服务设施的分类、雷灾损害与雷灾损失、雷灾风险、防护措施的选择过程以及建筑物与服务设施防护的基本标准等。ITU-T K.39 是由国际电信联盟发布的标准，其名称为通信局、站雷电损坏危险的评估，其适用范围是通信局、站雷电过电压(过电流)造成的设备危害和人员安全危害的风险的评估，它的主要内容包括标准适用范围、危险程度的决定因素、损失、评估原则、有效面积的计算、概率因子、损失因子和可承受风险(允许风险)等。

2. 接闪器检查中容易出现的问题

(1)避雷针距离被保护的各种设备天线不够远。一些电子设备如雷达、卫星、通讯设备的收发天线架设在建筑物顶，高出保护建筑物的避雷带，这时，需要架设一定高度的避雷针。但人们往往忽视了避雷针与被保护设备天线的距离，其实，即便不是真正独立的避雷针，也需要与被保护的各种设备天线有一定距离，比如 3 米以上。这是因为避雷针是接闪器，可能截收几十千安以至上百千安的雷电流，强大的雷电流会在其周围产生强烈的电磁脉冲，对距离过近的设备天线有很大的冲击，从而损坏接收设备。避雷针应在两个方向上与避雷带焊接，而在制作设备天线支座时应将金属的天线底座与屋顶承受此天线重量的横梁内的螺纹钢焊接，以实现接地的目的。也就是说，尽管避雷针和天线底座可能最后接到了同一个接地装置上，但也要尽量避免在屋顶上直接将避雷针连接到天线底座上。两种情况下避雷针截收的雷电流对设备天线的冲击是大不一样的，中间可能已经实现了多次分流。

(2)避雷针采用钢管时，其钢管壁不够厚。有的厂家为了减轻接闪器重量(例如玻璃钢杆身的避雷针为减轻杆身弯曲)，选用的接闪器为装饰用不锈钢管，其壁厚只有零点几毫米，截面积远远小于 IEC 规定的 50 mm^2，根本承受不了直击雷击强大的机械的和热效应的冲击，是地地道道的样子货，一旦遭受雷击将彻底损毁。同样道理，一些楼顶如果用漂亮的不锈钢栏杆来兼起女儿墙和避雷带的作用，必须保证不锈钢管的厚度和截面积。

(3)避雷带部分倒伏。由于屋顶维修等原因造成避雷带部分倒伏的事经常发生，它不像避雷带断开容易引起重视。

应注意的是，接闪器或引下线腐蚀情况的检查不同于锈蚀情况的检查，锈迹斑斑的接闪器或引下线如果截面积没有明显减小，它的散流功能就还在，只不过会影响使用寿命。此种情况不应轻易判定为不合格，但应要求做维护处理。对用镀锌材料做的避雷带、避雷网等在做支撑时，除了与引下线连接处需要焊接外，其他地方应尽可能采用专用避雷带燕尾支撑卡，夹住避雷带，而不要都采用避雷带与支撑钢筋焊接的方法，以减少镀锌层的破坏。

建筑物顶上往往有许多突出物，如金属旗杆、放散管、钢爬梯、金属烟囱、广告架、风窗等，应检查它们是否与避雷网焊成了一体，较大的金属构件应有两处以上与避雷带可靠焊接。容易遗漏的是通向卫生间的铸铁放散管(通气孔),经常可能忘记将其与避雷带等电位联结。

当非金属屋顶可排除于需防雷空间之外时,其下方的屋顶结构的金属部件(桁架等)应视为合格的自然接闪器。这种情况在检查简易的成品库时经常会遇到,不应再强求在屋顶上做专门的接闪器,只需将这些金属梁架按要求引下并接地就行。

(4)引下线的检测项目主要是材料规格、布置间距以及断接卡等连接处的连接电阻等。容易出现的问题主要有用多根引下线明敷时,在各引下线上距地面 0.3～1.8 m 之间装设的断接卡连接电阻过大。检测的方法可以用专用的低电阻测试仪测试连接电阻,一般应不大于 0.03 Ω。简便的方法也可以用接地电阻测试仪在断接卡的上端和下端分别测试接地电阻,两个阻值应相同。此外,应格外注意检查引下线在地表附近的腐蚀情况,尤其是背阴潮湿的地方引下线容易锈蚀变细,影响泄流功能。必要时应摇、拽引下线根部,看有无问题。

各条引下线应借助于在靠近地面处及垂直方向上每隔 20 m 的环形导体互相连接起来,该环形导体可以是圈梁中的钢筋。当墙体不是由易燃性材料构成时,引下线允许直接安装于墙体表面或墙体内。这种方法有利于用镀锌扁钢作引下线时的施工,只需用射钉将扁钢牢固固定在墙上即可。引下线应垂直安装,以获得最短、最直接的入地通路。应尽量避免弯曲,更不能出现死弯,防止通过强大的雷电流时产生巨大的电动力。接闪器也应注意同样的问题。

(5)接地装置因为是隐蔽工程,对它的检测分为施工阶段的跟踪检测和在用阶段的定期检测。施工阶段的检测主要检测接地体材料规格、布置、埋深、焊接质量、防腐措施以及接地电阻等。

接地体由于埋在地中,需要稳定工作数十年,不易维护施工,所以材料规格显得尤为重要。必须选用镀锌质量好的(热镀锌工艺)钢材,镀锌角铁、镀锌钢管、镀锌扁钢等要保证壁厚。人工接地体的布置要考虑到雷电流幅值大而超过工频电流的并联接地极的集合效应,也就是各垂直接地体的距离不应太近,否则即便测量得到的接地电阻符合要求,地中散流效果也不一定很好。一般垂直接地体间的距离为垂直接地体长度的 2 倍,最少为 1.5 倍。

一般标准或规范规定的是防雷装置的冲击接地电阻允许值,而通常测试仪表测试的是工频接地电阻(由于便携式接地电阻测试仪不易产生较大的模拟雷电流测试波形,因而不易产生雷电流在地中的冲击接地物理过程,所以,目前市面上没有真正意义上的冲击接地电阻测试仪)。由于雷电流是个非常强大的冲击电流,其幅度往往大到几十千安甚至上百千安的数值。这样,使流过接地装置的电流密度增大,并受到由于电流冲击特性而产生电感的影响,此时接地电阻称为冲击接地电阻。由于流过接地装置电流密度的增大,以致土壤中的气隙、接地极与土壤间的气层等处发生火花放电现象，这就使土壤的电阻率变小，同时土壤与接地极间的接触面积增大。结果，相当于加大接地极的尺寸，降低了冲击电阻值。也就是说，由于雷电流的火花效应（若火花效应大于电感效应），一般同一个接地体的工频接地电阻大于冲击接地电阻：$R_{\backsim}=AR_i\ (A\geqslant 1)$，所以，一般情况下，若检测结果表明工频接地电阻值符合防雷标准中对冲击接地电阻值的要求，就不用进行换算直接判定为合格。否则，应将工频接地电阻值换算成冲击接地电阻值，甚至要考虑季节因数等，再与规范要求比较，从而判定是否合格。这一点尤其对检测结果中工频接地电阻值超过冲击接地电阻允许值不多的情况很有用，也很有必要。

在距接地体 3 m 的范围内，由于冲击电位梯度大，对人体有危险的是由跨步电压引起的电击伤害。因此，人工接地网的外缘应闭合，外缘各角应做成圆弧形，圆弧的半径不宜小于水平接地带（能起均压作用）间距的一半。接地网的边缘经常有人出入的走道处，应铺设砾石、沥青路面或“帽檐式”均压带（见图 3.1），改善地电位分布。

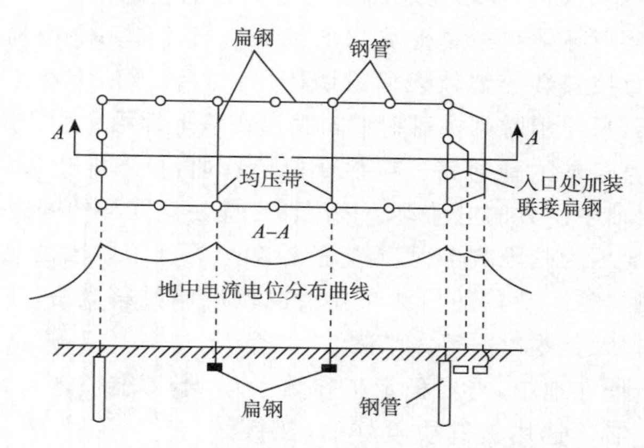

图 3.1 加装均压带以使电位分布均匀

在腐蚀性较强的土壤中，应采取热镀锌等防腐蚀措施或加大截面，也可采用阴极保护技术措施。阴极保护技术理论是：接地装置所发生的腐蚀基本属于电化学腐蚀，因而在防腐保护措施中可采用电化学保护。电化学保护就是使金属构件极化到免蚀区或钝化区而得到保护。电化学保护分为阴极保护和阳极保护。阴极保护是使金属构件作为阴极，通过阴极极化来消除该金属表面的电化学不均匀性，达到保护目的。阴极保护是一种经济而有效的防护措施。一些要求在海水和土壤中使用的接地体，采用阴极保护，可有效提高其抗腐蚀能力。

阴极保护可通过两种方法实现：一是牺牲阳极法；二是外加电流法。牺牲阳极法是在被保护的金属上连接电位更负的金属或合金。作为牺牲阳极，靠它不断溶解所产生的电流对被保护的金属进行阴极极化，达到保护的目的。

关于接地体施工时焊接工艺和焊接质量的检查，现以角钢接地极和扁钢接地线的连接为例。如图3.2所示，有三种方式，接地极和接地线之间采用焊接，为了保证连接强度，应四周连续焊。焊后应除去焊渣并在焊接处涂上沥青漆（实际接地工程中利用刚焊接完敲除焊渣后的余温，趁热用沥青块涂抹整个焊接点）。圆钢、扁钢、钢管接地极的焊接与扁钢的类同。当接地极埋设在可能有化学腐蚀性的土壤中时，应加大接地极与连接扁钢连接面，各焊接头必须用玻璃布加涂沥青油二度缠包，以加强防腐能力。圆钢与圆钢搭接时，双面焊时其搭接长度应不小于圆钢直径的6倍，单面焊则搭接长度应不小于圆钢直径的12倍。圆钢与扁钢连接时，搭接长度亦为圆钢直径的6倍。扁钢与扁钢之间的连接不准采用对接焊，应采取搭接焊，搭接长度为扁钢宽度的2倍。

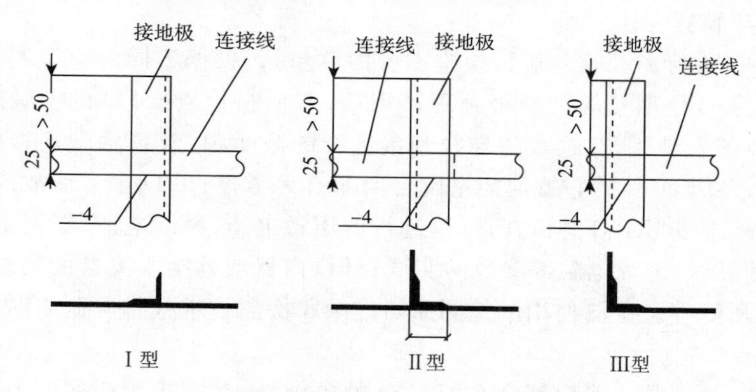

图3.2　接地极与连接线的连接方式(mm)

接地极为L 50×5，L=2500，连接线为扁钢25×4，潮湿地区为40×4

(6)建筑物、机房、设备、电缆等的电磁屏蔽措施

建筑物电磁屏蔽措施主要利用屋顶金属表面、立面、混凝土内钢筋和金属门窗框架等大尺寸金属件等电位连接在一起，并与防雷接地装置相连，以形成格栅型大空间屏蔽；机房电磁屏蔽措施一般强调金属门窗接地和利用剪力墙结构钢筋（如果有的话），特殊场合应设专用屏蔽网甚至是屏蔽室；设备电磁屏蔽措施一般采用机柜、机架、机壳接地的方式；电缆电磁屏蔽措施一般采取屏蔽电缆屏蔽层两端在各自防雷区交界处作等电位连接，并与防雷接地装置相连。非屏蔽电缆应穿金属管道、桥架等，金属管道、桥架等二端应电气贯通且两端与各自建筑物等电位连接带连接。

电磁屏蔽的检测通常可检查上述屏蔽接地点的连接情况和接地电阻。应该注意的是，不同材料的金属连接时应有一定的工艺。例如，从结构中的钢筋焊引出的连接用钢筋应与铜质连接排做铜焊，然后，其他等电位或接地电缆或接地铜线用铜鼻子等与连接排拧紧。常出现的问题是简易缠绕，连接无机械强度，不可靠等。

重要机房等的电磁屏蔽效能可通过建筑物利用钢筋或专门设置的屏蔽网的磁场强度屏蔽效率来估算，有必要的话，也可使用专门的仪器设备测试，如使用电磁干扰测试接收机。最后，还应检查是否将重要设备放在了安放信息设备的空间 V_s 中。通俗地讲，就是检查设备离外墙或框架柱距离是否够远（距离大于 $d_{s/1}$ 或 $d_{s/2}$），通常要求不小于 1000 mm。

(7)等电位联结的要求和测试方法与电磁屏蔽差不多，它们本来就是密不可分的。等电位联结的检测工作量是最大的，容易出现的问题是等电位连接线截面不够大，连接点连接工艺差等。

(8)对 SPD 的检验包括在专业 SPD 检验中心进行的型式检验和各级防雷质量检验机构对安装完成的 SPD 进行的验收与运行的现场检验。防雷装置检测技术规范针对的是后者。

对 SPD 进行的验收与运行检验主要内容包括：根据不同的电源制式或通信线路选取的 SPD 型号规格是否合理；SPD 外观质量检查；SPD 的安装位置是否合理；SPD 的安装工艺、选取的导线和接地线的截面积、SPD 两端连接线长度等是否合适；多级 SPD 的布置与能量配合问题有无考虑；SPD 正常或故障时，表示其状态的标志或指示灯的检查；可以进行的压敏电压、泄漏电流、限制电压（规定波形下的残压）、绝缘电阻等参数的测试；SPD 内置或外接脱离器的测试；二端口 SPD 的电压降等。检测使用的检测原始记录和检测技术报告等制表时应包括以上内容。

SPD 的接线端子除应符合 GB17464 的要求外，其连接导线的能力还应符合表 3.1 或表 3.2 的要求。

表 3.1 单端口 SPD 接线端子允许连接铜导线的标称截面积

SPD 类型		能被夹紧的导线标称截面积尺寸(mm²)
交流 SPD	I_n≥60 kA(8/20 μs)	25～50
	≥40 kA	16～35
	≥15～25 kA	10～25
	≥5 kA	4～16
直流 SPD	I_n≥5 kA	4～16
	≥2 kA	2.5～6

表 3.2　二端口 SPD 接线端子允许连接铜导线的标称截面积

额定负载电流 I_R(A)	能被夹紧的导线标称截面积尺寸(mm^2)
$I_R \leqslant 13$	1～2.5
$13 < I_R \leqslant 16$	1～4
$16 < I_R \leqslant 25$	1.5～6
$25 < I_R \leqslant 32$	2.5～10
$32 < I_R \leqslant 50$	4～16
$50 < I_R \leqslant 80$	10～25
$80 < I_R \leqslant 100$	16～35
$100 < I_R \leqslant 125$	25～50

注：1. 对于额定负载电流小于或等于 50 A 的 SPD，要求接线端子的结构能紧固实心导体及硬性多股绞合导体，允许使用软导体。

2. 二端口 SPD 接线端子连接导线的能力除应符合本表的要求外，还应根据其标称放电电流的大小，同时符合表 3.1 的要求。

SPD 在按正常使用条件安装和连接时，其非带电的易触及的金属部件（用于固定基座、罩盖、铆钉、铭牌等以及与带电部件绝缘的小螺钉除外），应连接成一个整体后与保护接地端子可靠连接；保护接地端子螺钉的尺寸应不小于 M4；保护接地应采用符合国标的标记加以识别，如：文字符号 PE，图形符号⏚等。

二端口 SPD 的 L-N 之间通过电阻性的额定负载电流 I_R 时，在稳定条件下，同时测量的输入端口与输出端口之间的电压降应不大于 2%。

二端口直流 SPD 的 $V_+ - V_-$ 之间通过电阻性的额定负载电流 I_R 时，在稳定条件下，同时测量的输入端口与输出端口之间的电压降，应不大于 0.5%。

按照 IEC《连接至低压配电系统的电涌保护器 第 1 部分 性能要求和试验方法》，电涌保护器应清晰地附有下列标志。标志应是容易识别和不可擦掉的，标志不应位于螺钉、垫圈或其他可拆卸的零件上。

①制造厂的名称或商标、产品型号和生产型号

②最大持续运行电压 U_C（一种保护模式一个值）

③电压保护水平 U_P（一种保护模式一个值）

④每一保护模式的试验类别及放电参数

　Ⅰ类试验的 I_{imp} 和 I_n

　Ⅱ类试验的 I_{max} 和 I_n

　Ⅲ类试验的 U_{oc}

⑤接线端子标识

⑥应用系统；交流、直流或交直均可

⑦额定负载电流 I_R（二端口 SPD）

⑧后备过流保护装置的最大推荐额定值

(9)对防雷装置的检测会遇到许多问题。在外部防雷装置检测中最突出的是地电压干扰和电磁辐射干扰。尤其是电磁辐射干扰严重时可能无法测试接地电阻(如大功率发射塔附近的建筑物上的金属导体会感应出很高的电压,这时,仅仅将加长测试线换成屏蔽线也不能解决问题)。

(10)关于零—地电位差。基于电磁兼容的要求,有些被保护对象(信息设备)要求工作在较低的零—地电位差的供配电系统中。例如,采用共用接地系统的银行、保险公司大楼、证券公司等有较多的远程数据通信设备,而这些设备对零—地电位要求较高。如调制解调器要求不大于 5 V,卫星通信技术要求小于 3 V,个别重要服务器甚至要求小于 1 V。若零—地电位差过高,通信就会受到影响,数据传输误码率升高,有些机器(如服务器等)还设置有零—地电压检测电路,一旦零—地电位差高于某一规定值就不能开机。因此,进行证券、金融等系统的机房接地设计时一般要求零—地电位差不大于 2 V。

零—地电位差较大的原因一般有以下几种情况:

①三相电源配电时负载分配严重不平衡,造成中性线电流过大。由于中性线阻抗的存在,中性线电流在阻抗上产生电位差。中性线上远离进线端的点,相对于地电位就可能较高。

②三相不平衡且中性线断线、未接好或阻抗较大,导致中性点位移。

③中性线(零线)中有较多高次谐波电流流过。由于谐波电流必然在零线上产生压降,而使零—地电位差抬高。

④电磁场干扰

当零线与其他线路构成较大回路,且受电磁场干扰,零线中会产生感应电压。这在设备未开机,零线线缆较长时表现更为明显。

⑤接地电阻不符合要求

共用接地时中性线接地电阻、地线重复接地电阻要求小于 4 欧姆,若接地电阻太大或与大地接触不良,受电流在接地电阻上产生电压降的影响,零—地电位差可能抬高。

⑥PE 线中存在较大电流

正常工作时,PE 线中不应有电流,但若出现以下情况都可能导致 PE 线中有电流,从而有电压降存在的电流。那么,沿 PE 线,各点零—地电位差会出现不一致现象。

一是当 PE 线与 N 线接错或在某一点 PE 与 N 线短接。PE 线与 N 线混接时,PE 线中杂散电流最大,在 N 线中的一部分工作电流也会流过 PE 线。

二是当 PE 线附近有直流大电流流动(如地铁附近)。杂散电流会通过大地流入 PE 线。

a. 接地时使用了不同材料的接地极

施工时为了降低工作接地的接地电阻,采用铜作接地极,而PE线重复接地时,为降低工程造价,采用角钢作接地极,这时不同材料会在土壤中呈现不同电位,从而造成电位差。如表3.3,工作接地用铜,重复接地用铁,则两极之间就会产生0.777 V的电位差。0.777 V的电位差对于某些零—地电位差要求较高的设备来说是不可忽视的。

表3.3 不同元素的电位(环境条件:温度25℃)

元素	符号	电位(V)
铁	Fe	－0.44
铜	Cu	＋0.337
铝	Al	－1.66
锌	Zn	－0.763

b. UPS选用不当

UPS的功率因数较低,因而有较多的谐波成分,而上面已提到谐波电流可导致零—地电位抬高。此外,有些UPS不带有隔离变压器,也就不能有效的抑制零—地电位漂移。

(11)防雷装置的检测工作受环境影响较大。影响测试结果的环境因素主要有气象环境和电磁环境因素。由于接地装置的接地电阻与土壤电阻率有关,而土壤电阻率与土壤水分有很大关系。且土壤电阻率在土壤冻结时将大大增加,所以,不应在雨天或冻土季节进行接地电阻测试。

在电磁干扰较严重的地方测试时,可用屏蔽测试线等手段减少影响,还不行时,应与有关单位协调工作。

防雷装置的检测工作经常需要登高检测,因此,要求检测人员的身体不能有影响高空作业的疾病如恐高症、高血压、心脏病等。攀高危险作业必须遵守攀高作业安全守则。在高处放线时应避开高、低压供电线路。尤其不能甩线,大风天也要防止将测试线吹落到高压线上。我国曾发生过因将测试线甩到高压线上而遭致电击的惨痛事件。检测仪表、工具等也不能放置在高处,以防坠落伤人。

要加强对检测人员进行安全知识培训,要有保障检测人员和设备的安全防护措施,大风天、雷雨天应停止检测。

3.4.2 主要参数的测试原理、方法和设备

1. 绝缘电阻与绝缘电阻测试仪

绝缘材料在电工技术中主要利用它的绝缘性能来隔离带电的或不同电位的导体,使电流按一定方向流动。

带电导体与可触及的主动导电部件之间适当的绝缘电阻是保护人体避免与

电源电压直接或间接接触的基本安全参数，能防止短路或泄漏电流的带电部件之间的绝缘电阻也很重要，有必要进行定期的测试以确保安全。

在不同情况下（比如，电缆、连接元件、配电箱中的绝缘元件、开关、SPD、电源插座、壳体等）使用不同的绝缘材料。无论使用何种材料，绝缘电阻至少应与规范所要求的一样，这也是必须测试该绝缘电阻的原因。

(1)对绝缘电阻测试仪的要求

①最大误差不应超过±30 %。

②应采用直流测试电压。

③在与被测电阻($R_i=U_n$ 1000 Ω/V)串联的 5 μF 电容器的情况下，测试结果应与没有连接电容器的情况不同，并大于 10%。

④测试电压不应超过 1.5 U_n 的数值。

⑤流过被测电阻的测试电流应至少为 1 mA。

⑥测试电流不应超过 15 mA 的数值，而交流分量不应超过 1.5 mA。

高达 1.2 U_n、与测试设备相连并持续 10 秒的外部交流或直流电压，不应损坏该设备。

图 3.3 表示的是在相线与金属壳体之间具有不良绝缘材料的接线盒。鉴于这种情况，会产生流向保护导体、流经接地电阻并流向地线的故障电流 I_f。在接地电阻 R_E 上的电压降称作“故障电压”。

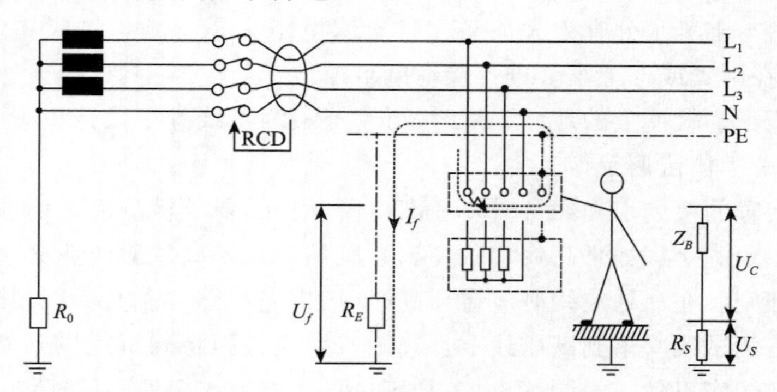

图 3.3　用于负载永久连接的接线盒中绝缘不良并导致故障电压 U_f 的示例

图 3.3 中，I_f—故障电流；U_C—接触电压；U_S—地板/脚部电阻上的电压降；Z_B—人体的阻抗；R_S—地板/脚部电阻；R_E—可触及的主动导电部件的接地电阻；U_f—故障电压。

$$U_f=U_C+U_S=I_f \cdot R_E$$

(2)测试原理

测试原理如图 3.4 所示。

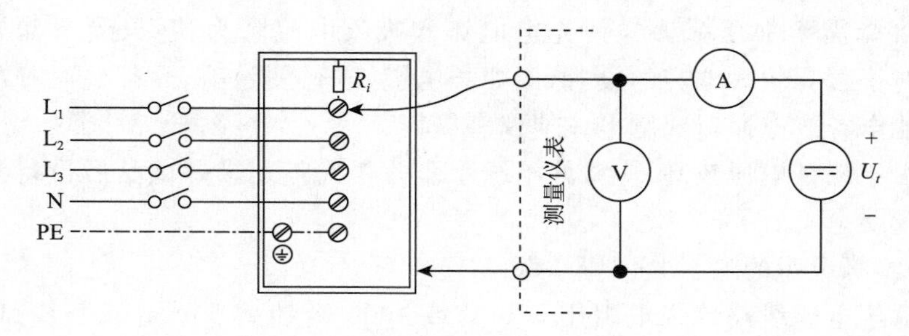

图 3.4　绝缘电阻测试原理

根据 $U-I$(电压—电流)方法。测试结果为：

$$R_i = U_t / I$$

其中：U_t 为由电压表测试的直流测试电压；

I 为由直流发电机通过绝缘电阻 R_i 所激励的测试电流(发电机在额定测试电压下应激励至少 1 mA 的测试电流)，该电流通过电流表测得；

R_i 为绝缘电阻。

测试电压的数值取决于被测设备的额定电源电压。在使用绝缘电阻测试仪的情况下，测试电压一般如下：

- 直流 50 V
- 直流 100 V
- 直流 250 V
- 直流 500 V
- 直流 1000 V
- 直流 2500 V

有的测试仪表，例如 Eurotest 61557 和接地—绝缘测试仪除了以上所列的电压之外，能提供 50 ～1000 V 之间以 10 V 为递增量的电压。

前面所述的由额定电源电压所定义的额定测试电压列于表 3.4 中。

所有的测试在记录之前都必须考虑误差。

表 3.4　在电网导体之间所测的绝缘电阻的最小容许数值

额定电源电压	额定直流测试电压(V)	最小容许绝缘电阻(M Ω)
安全低电压	250	0.25
除安全低电压之外不大于 500 V 的电压	500	0.5
大于 500 V 的电压	1 000	1.0

(3)绝缘电阻测试的注意事项

①应在首次将电源电压连接到设备上之前进行绝缘电阻的测试。所有开关应闭合，所有负载都断开，对整个设备进行测试，并确保测试结果不受任何负载的影响。

②可能需要加压一分钟使充电电流和吸收电流降为零,只剩下漏导电流。尤其是对于含有较大电容的设备(例如长电缆)进行测量前、后都要充分放电,防止因储能电容放电而造成触电或使仪表损坏。

③由于测试电压较高,应戴好绝缘手套并在确定连接好试品后再行测试,防止人身遭受电击。

(4)绝缘电阻的最小允许值举例

①低压电缆线路绝缘电阻用 500 V 或 1000 V 档测 500 m 长新线路不应低于 10 MΩ,注意放电 60～120 s。

②新电机用 1000 V 档测相间及相对地绝缘电阻不应低于 1 MΩ。

旧电机用 1000 V 档测相间及相对地绝缘电阻不应低于 0.5 MΩ。

③低压并联电容器用 1000 V 档测相对地绝缘电阻不应低于 1000 MΩ。注意不要测极间,否则会充电。

④SPD 绝缘电阻测试

在潮湿箱中放置 48 小时,施加 500 V 直流电压,5 秒后测量绝缘电阻。

带电部件与可触及的 SPD 金属部件(外露导电部分)之间应不小于 5 MΩ。

SPD 主电路与辅助电路(如有的话)之间应不小于 2 MΩ。

⑤RCD 相间及相对外壳间绝缘电阻应不小于 2 MΩ。

⑥断路器用 500 V 档测相间及相对地绝缘电阻不应低于 10 MΩ。

(5)绝缘电阻的测试举例

①导体间绝缘电阻的测试

该测试需要在如下所有导体间进行(如图 3.5):

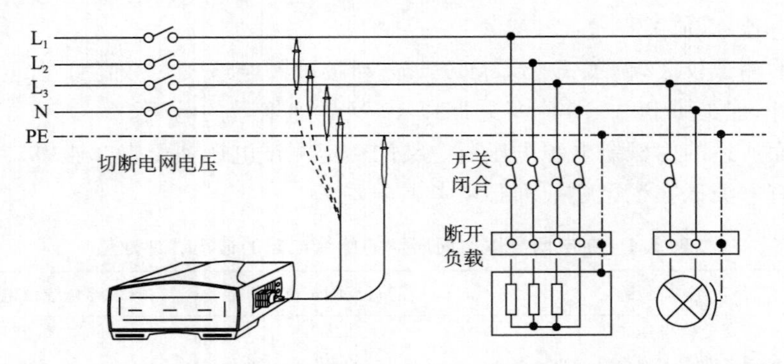

图 3.5　使用绝缘电阻测试仪在 PE 与其他导体之间测量绝缘电阻的示例

• 分别在三相线 L_1、L_2 和 L_3 中每一条与中性线 N 之间。
• 分别在三相线 L_1、L_2 和 L_3 中每一条与保护导体 PE 之间。
• 在相线 L_1 分别与相线 L_2 和 L_3 之间。
• 相线 L_2 与 L_3 之间。

• 中线与保护导体 PE 之间。

测试时应注意：

A. 在开始测试之前切断电源电压！

B. 在测试过程中所有开关都必须关闭！

C. 在测试过程中所有负载都必须断开！

②绝缘墙板与地板的电阻测试

有一些特定场合，要求有适合作为与保护接地导体完全绝缘的房间(例如，在实验室进行特定测试的情况下)，这些房间视为电安全区域，并且其墙板和地板均采用不导电材料制造。在这些房间内，任何电气设备的安排都应按下列方式：

A. 基本绝缘故障情况下，两个带有不同电位的带电导体不可能同时接触。

B. 触及的主动和被动导电部件组合不可能同时接触。

能将危险的故障电压驱向接地电位的保护导体 PE 不允许出现在不导电房间内。不导电墙板和地板在发生基本绝缘故障的情况下能保护操作人员。

应按照下面所述程序使用绝缘电阻测试仪测试不导电墙板和地板的电阻。还要使用图 3.6 所示的测试电极。

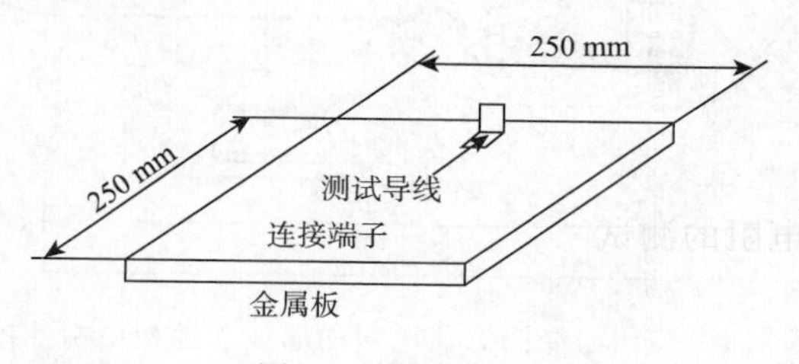

图 3.6　测试电极

该测试需在测试电极与保护导体 PE 之间进行，而 PE 只能在被测的不导电房间外获得。

为了建立更好的电气连接，应在测试电极与被测表面放置一块湿布(270 mm×270 mm)。在测试过程中应对电极施加 750 N(地板测试)或 250 N(墙板测试)的作用力。

测试电压数值应为：

500 V—其中对地的额定电源电压低于 500 V。

1000 V—其中对地的额定电源电压高于 500 V。

所测试和校正的测试结果的数值必须大于：

50 kΩ—其中对地的额定电源电压低于 500 V。

100 kΩ—其中对地的额定电源电压高于 500 V。

注意：

a. 建议采用通过测试电压两极(反接测试端子)进行测试并取两个结果的平均值。

b. 要等到测试结果稳定下来才能记录读数。

③防静电地板的电阻测试

在某些情况下，例如计算机机房、防爆区域、易燃材料仓库、漆器房间、敏感电子设备生产车间、火灾易发区域等，需要具有一定导电性的地板表面。在这些情况下，地板可以顺利地防止静电的聚集，并将任何低电能电位驱向地中，见图 3.7。

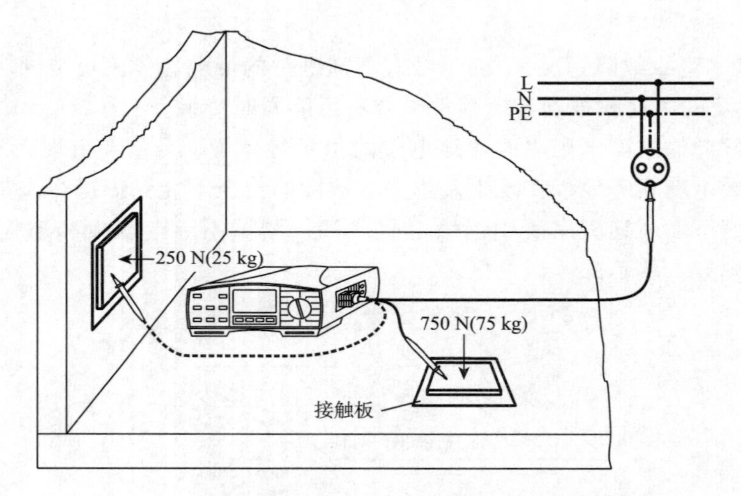

图 3.7　使用绝缘测试仪进行的墙板和地板电阻测试

为了获得适当的地板电阻，应使用半导电材料。还应使用测试电压范围为 100～500 V 的绝缘电阻测试仪来测试电阻。

需使用规范所规定的专用测试电极，参见图 3.8。

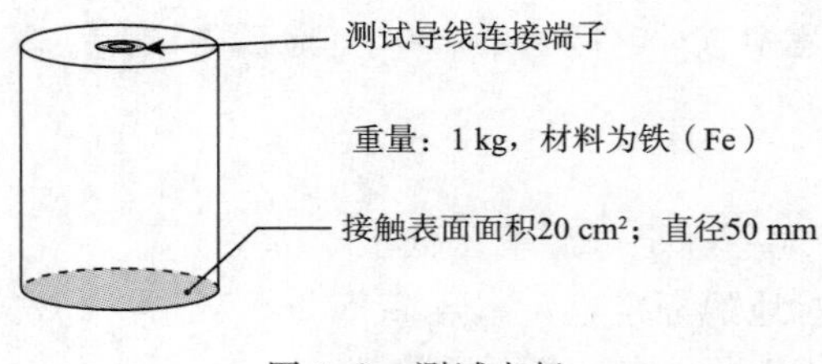

图 3.8　测试电极

测试程序如图 3.9 所示。需在不同位置重复该测试多次，并应取所有测试结果的平均值。

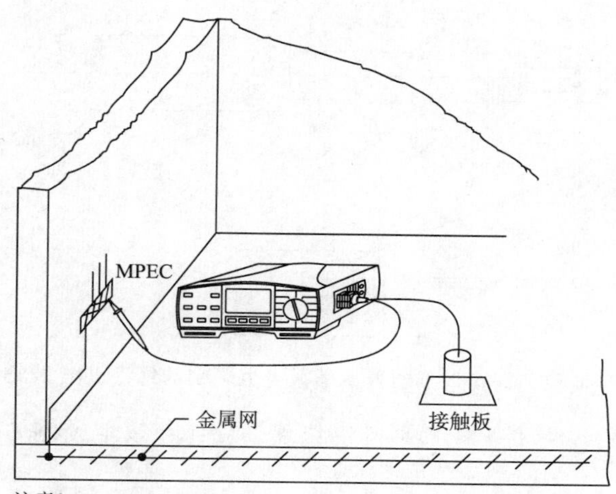

注意！
- 建议采用通过测试电压两极进行的测量并取两个结果的平均值。
- 要等到测试结果稳定下来！

图 3.9　半导电地板电阻的测试

该测试需在测试电极与安装在地板上的金属网之间进行，并且该金属网通常与保护导体 PE 相连接。实施测试区域的面积应至少为 2 m×2 m。

④对接地电缆（ 30 GΩ）绝缘电阻的测试

除了由于电缆应承受的极限条件，测试电压应为 1000 V 之外，该测试与在设备上两导体间进行测试一样。应在断开的电源电压处所有导体之间进行绝缘电阻测试，如图 3.10 所示。

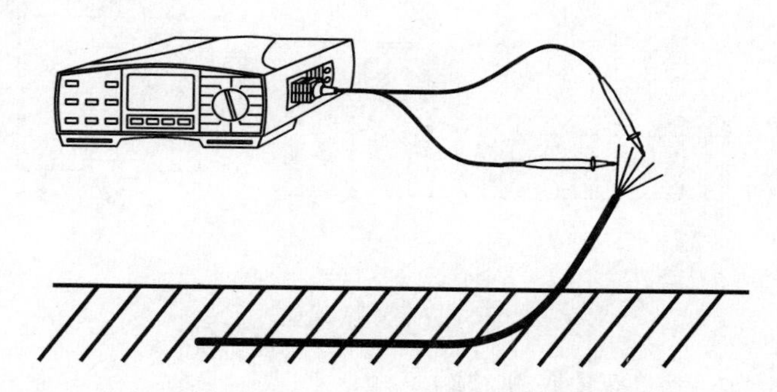

图 3.10　使用绝缘电阻测试仪对接地电缆进行绝缘电阻测试

对于表面不干净或潮湿的测量对象，为了准确测量绝缘材料内部的绝缘电阻，防止被测物表面漏泄电阻的影响，必须使用具有三个接线柱［L（线路）、E（地）、G（保护环）］的专用绝缘电阻测试仪，使用时将被测物中间层接于“G”端子，如图 3.11 所示。

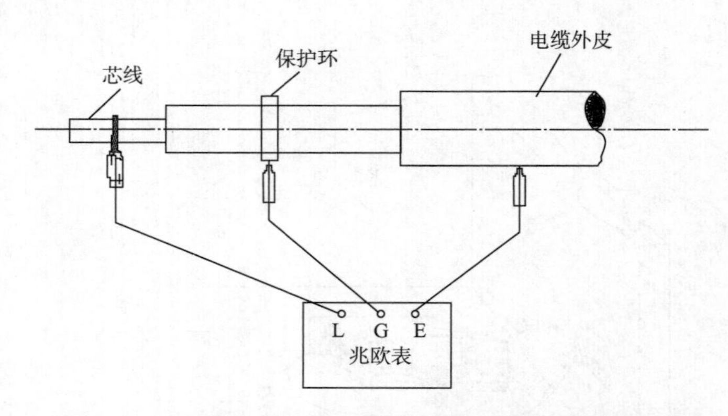

图 3.11　防止被测物表面漏泄电阻影响的绝缘电阻测试

2. 保护导体、总等电位和局部等电位连接导体与接地导体的导通性，低电阻测试仪

在电气装置中存在各种导体的连接问题。如 PE 线、PEN 线、接地线和等电位联结系统的连接等。这些导体是能防止危险电压(危险程度从持续时间及绝对值两方面判断)积累的保护系统的重要组成部分。这些导体只能在尺寸截面正确、连接适当的情况下能正常发挥作用，所以测试导体连接的导通性及连接电阻是非常重要的。

(1)测试原理

根据规定，只允许在使用交流或直流电压并且电压值为 4～24 V 的情况下进行该测试。并采用 $U—I$ 方法。测试原理如图 3.12 所示。

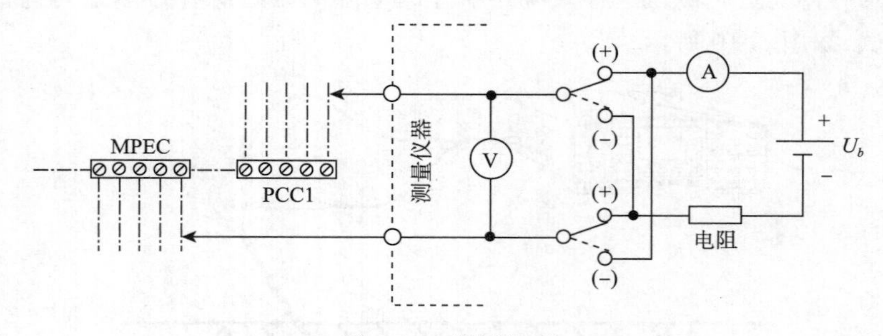

图 3.12　测试原理

图 3.12 中：MPEC 为总等电位联结端子排；

PCC 为局部等电位联结端子排。

其测试过程是：蓄电池电压激励测试电流经由电流表和内部电阻 R_{int} 进入被测环路。然后由电压表测试被测体的电压降。电阻 R_x 是根据下列等式计算出的：

$$R_x = U/I$$

被测环路中可能具有通常生锈的由不同金属材料连接的接头。由于这类接头上具有电位差(例如将铜和铁连接,则在 25℃时接头两金属之间就会产生 0.777 V 的电位差),可能出现的故障就是,他们可以充当原电池,这将会影响连接电阻测量的准确程度,因为其中电阻取决于测试电压极性(二极管)。要知道测试电压值也仅为 4～24 V。这就是测试规范要求测试仪表支持测试电压反向的原因。有些最新的测试仪表,例如 Eurotest 61557 或接地—绝缘测试仪等会自动通过两种极性进行测试。

由于具有两种测试电压极性,因此,可以获得两种结果:

测试结果(+)$R_x(+)=U/I$……开关在接通线路位置(如图 3.12 所示)

测试结果(−) $R_x(-)=U/I$……开关在中断线路位置(如图 3.12 所示)

其中:U 为由电压表在未知电阻 R_x 上测得的电压降。

I 为由蓄电池激励并由电流表测得的测试电流。

由这两种测试结果来计算出最终结果(最大值)。

如果测试结果大于设置极限值(该数值可以预先设置),智能仪表会发出音频报警信号。该信号的目的是使测试人员能注意所使用的导线,而不是显示屏。

实际上,保护导体(电机绕组、电磁阀、变压器等)上可能存在不同程度的电感,这些电感可能会影响被测环路。测试仪表在这些情况下能测试电阻,这一点很重要。

导体太长、横截面太小、接触不良、连接有误等可能会导致无法接受的导体电阻过高值。

接触不良是电阻过高最普遍的原因,特别是在旧设备上,而所列的其他原因可能会在新设备上引起故障。

因保护导体的测试可能比较复杂,故一般经常进行三组主要的测试:

①总等电位联结端子(MPEC)相连接的保护导体的测试。

②每个局部等电位联结端子(PCC)相连接的保护导体的测试。

③用于附加接地和局部接地的保护导体的测试。

(2)测试举例

①MPEC 与 PCC 之间的导通性测试(见图 3.13)。

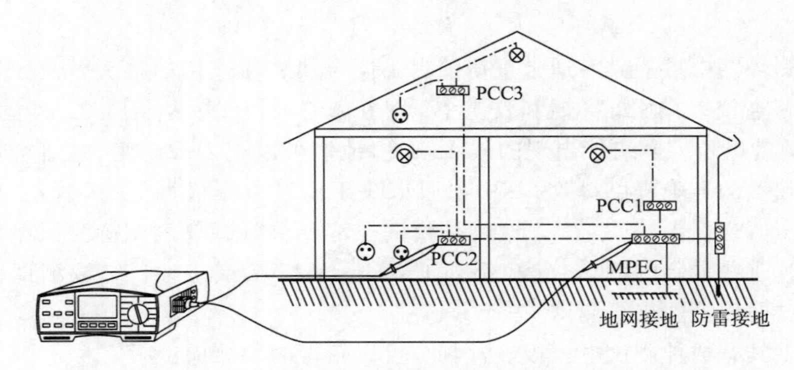

图 3.13 MPEC 与 PCC 之间的导通性测试

②每个保险丝盒内的导通性测试(应测试每个电流环路)(见图 3.14)。

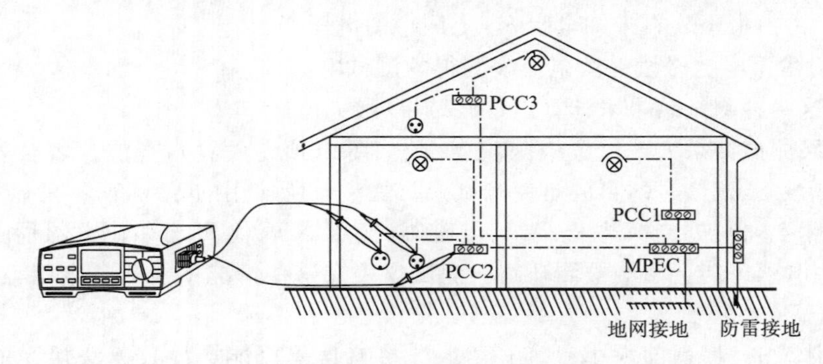

图 3.14 每个保险丝盒内的导通性测试(应测试每个电流环路)

③MPEC 与避雷导体之间的导通性测试

图 3.15 示出的为总等电位连接带与避雷引下线断接卡间的导通性测试。

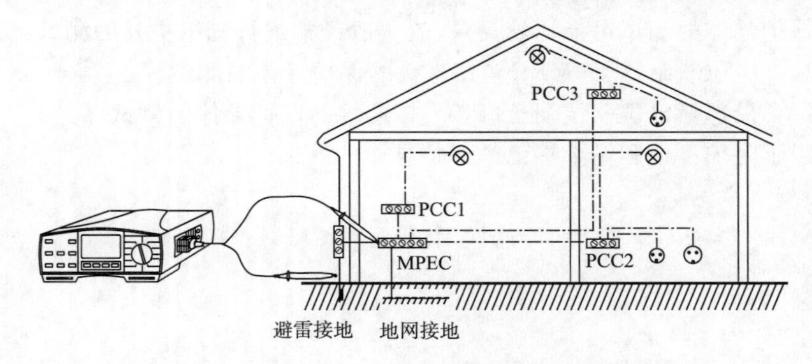

图 3.15 MPEC 与避雷导体之间的导通性测试

测试结果应符合下列条件：

$$R_{PE} \leqslant U_L / I_a$$

其中：

R_{PE}为保护导体电阻；

U_L 为接触电压（通常是 50 V）；

I_a 为所安装的保护装置正常运作的电流。

当电路为差动电流保护时(RCD 保护)　$I_a = I_{\Delta n}$；

当电路为过电流保护时　$I_a = I_a(5\ s)$。

因为测试下的导体可能长度很长，有必要使测试导线也加长到一定长度，因此，确保在进行测试之前使导线得到补偿，这一点很重要。如果没有进行补偿，应在最终结果中将该电阻考虑进去(扣除掉)。

(3)附加接地连接

当主接地线不足以防止危险故障电压产生时，需采用附加接地连接。主接地与附加接地体连接如图 3.16 所示。主接地包括与下列装置相连接的保护导体：

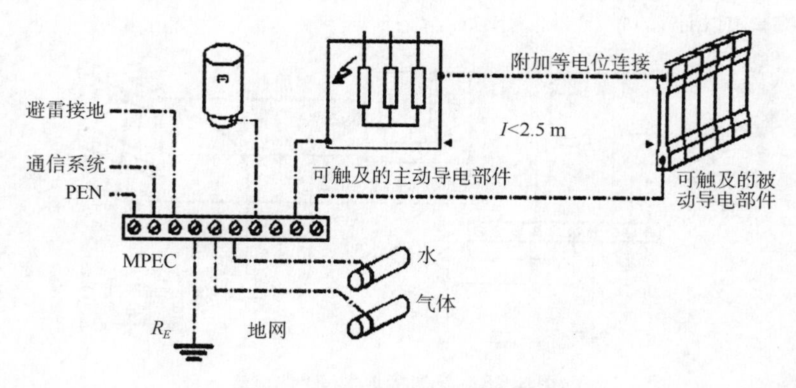

图 3.16　主接地和附加接地连接

①等电位连接板，②局部等电位联结端子板。

附加等电位的保护导体连接着具有下列特征的可触及的被动导电部件：

①与可触及的主动导电部件相连接，或者②装有附加接地插头。

当负载(例如，三相电动机)发生故障(短路)的情况下，短路电流 I_{sc} 能流向主接地的保护导体。由于保护导体 R_{PE} 的电阻值太高，该电流可能会导致危险的电压降(对接地电位)。因附近的可触及的被动导电部件(例如，散热器)仍然与低电位相连，故将在可触及的被动与主动导电部件之间产生电压 U_c。如果这两种部件之间的距离小于 2.5 m，则会出现危险情况(当同时接触这两种可触及的部件时)。

为了避免这种情况，需要附加接地，也就是说，需要在可触及的主动与被动导电部件之间进行附加连接。

(4)确定需要附加接地的方法

为了确定是否需要附加接地，应测试可触及的主动导电部件与 MPEC (PCC)之间的保护导体的电阻，参见图 3.17。

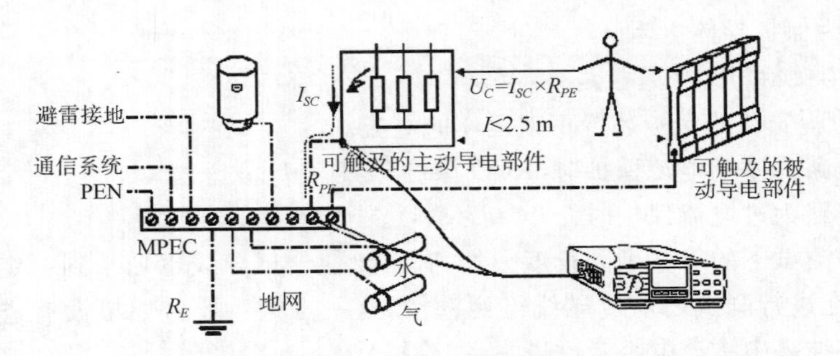

图 3.17　为确定是否需要附加等电位而进行的保护导体测试

如果测试结果不符合 $R_{PE}\leqslant U_L/I_{sc}$ 的要求，则应施行附加接地。

一旦施行了附加接地，需要测试该接地的效率。该测试应通过重新测试可触及的主动与被动导电部件之间的电阻来实现，参见图 3.18。测试结果必须符合基本测试中相同的情况，即 $R\leqslant U_L/I_a$。

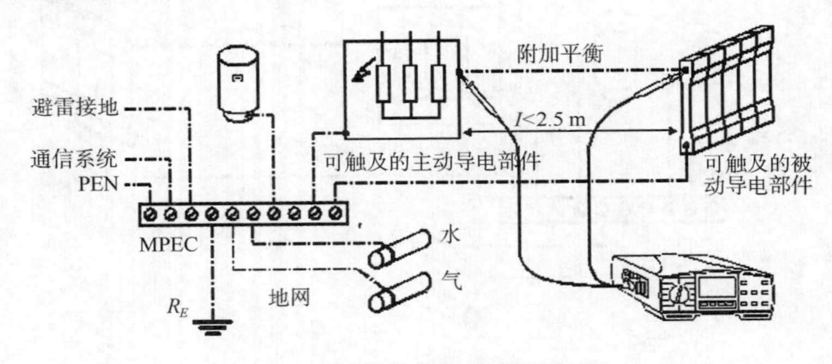

图 3.18　附加接地效率的检查

实际上，主接地电阻很容易被超过，特别是在过电流保护的情况下。在该情况下，由于可能产生较高的故障(短路)电流，只允许采用较低的电阻。

测试仪表能在对可触及的被动导电部件的短路电流产生时直接测试接触电压。测试仪表的连接与测试原理详述如下。

在对可触及的被动导电部件的短路电流产生时所进行的接触电压测试(见图 3.19)。

仪表将承受 L 相与保护 PE 测试端子之间很高的电源电压，并持续一小段时间(可能流过高达 23 A 的测试电流!)。该测试电流会在连接于被测负载于 MPEC(PCC)之间的保护导体上产生一定的电压降。而在 PE 与探头测试端子之间可以直接测得对另一个可触及的主动或被动导电部件的电压降。测试结果与测试仪表所计算的短路故障电流成比例。

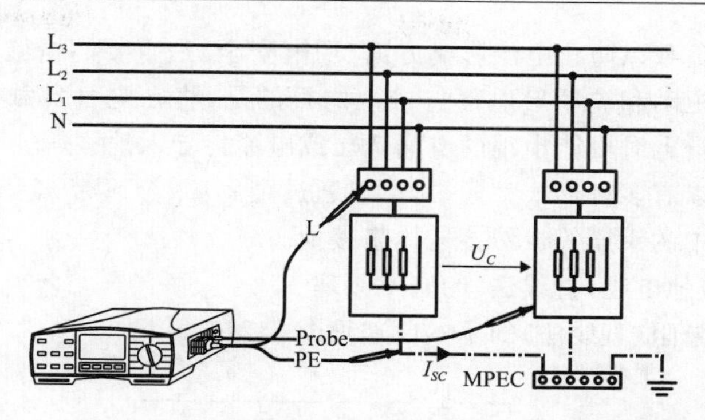

图 3.19　在对可触及的被动导电部件的短路电流产生时进行接触电压测试

根据该结果，可以确定是否需要附加接地。

该测试的一个很好的特征就是，由于测试电流较高，产生测试结果准确度较高。但是操作人员必须意识到，只有当被测环路中没有 RCD，并且该环路在测试过程中肯定会断开时，才能进行该测试。在这种情况下，RCD 必须短路。

(5)低电阻测试

在包括防雷装置在内的电气安装工程中，经常需要测量各种联结端子的连接电阻(搭接电阻，过渡电阻)。在维修电气设备和电器、检查保险丝状况、查找不同的连接等情况下，该功能非常有用。

测试原理如图 3.20 中所示。

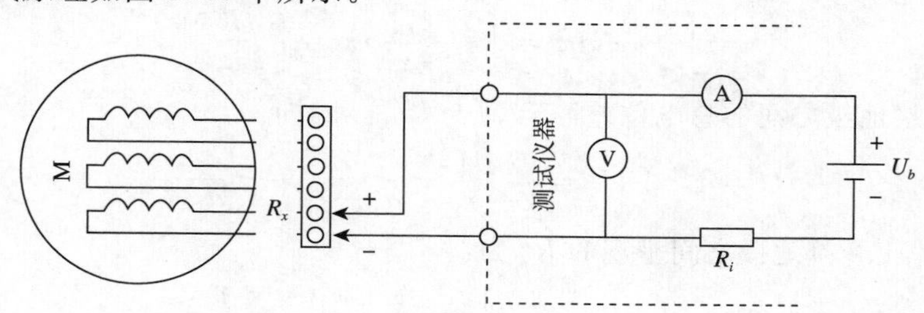

图 3.20　测试原理

蓄电池通过内部电阻 R_i 和电流表对被测环路施加测试电流。并由电压表来测试被测电阻上所产生的电压降。仪表根据下列等式计算被测电阻：

$$R_x = U/I$$

其中：U 为电压表所测的电压；

I 为电流表所测的测试电流。

测试程序与测试导线的连接与上面导体连接的导通性测试完全相同。

所测的连接电阻一般应低于搭接金属导体本身电阻的 1.2 倍，在防雷工程中一般要求各种等电位措施的连接电阻不大于 0.03 Ω。

3. 接地电阻与接地电阻测试仪

接地是雷电防护技术中最基础的技术环节。也是在保护人体、动物和电气装置所连接的负载以防止电流影响方面(用电安全)最重要的措施之一。对电气负载可触及的主动和被动导电部件接地的目的是,将在电气负载发生任何故障情况下或发生雷电时可能出现的电涌电压或电流传导入地。

接地体可以有多种形式。通常,可以通过金属棒、金属带、金属板、金属网格或建筑物基础中的钢筋等自然接地体来接地。

(1)测量接地电阻(直线法)的基本原理

测量接地电阻(直线法)的基本原理见图 3.21。

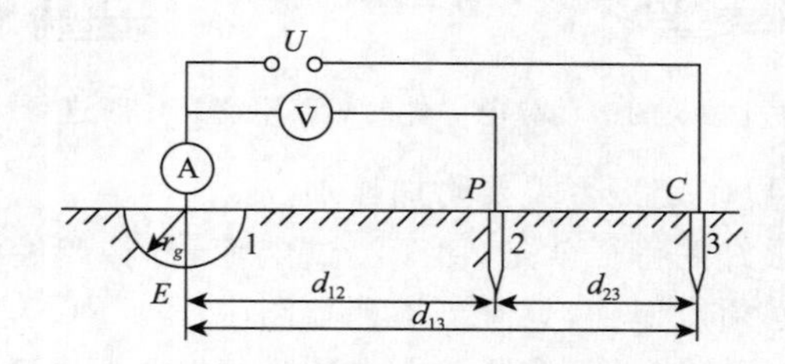

图 3.21　电位降法测量接地电阻的测试接地

设接地体为半球形,在距球心 x 处的球面上的电流密度为

$$J = \frac{I}{2\pi x^2}$$

又设无穷远处的电位为零,所以距接地体球心为 x 处所具有的电位为:

$$U = \int_{\infty}^{x} - Edx = \int_{\infty}^{x} \frac{-\rho I}{2\pi x^2}dx = \left[\frac{\rho I}{2\pi x}\right]_{\infty}^{x}$$

1、2 接地极之间的总电位差等于 U' 与 U'' 之和,即:

$$U = U' + U'' = \frac{I\rho}{2\pi}\left(\frac{1}{r_g} - \frac{1}{d_{12}} + \frac{1}{d_{23}} - \frac{1}{d_{13}}\right)$$

因此,1、2 接地极之间呈现的 R_g 为:

$$R_g = U/I = \frac{\rho}{2\pi}\left(\frac{1}{r_g} - \frac{1}{d_{12}} + \frac{1}{d_{23}} - \frac{1}{d_{13}}\right)$$

接地体 1 的接地电阻实际值为:

$$R = \frac{\rho}{2\pi r_g}$$

式中 R 为接地体的实际电阻;r_g 为接地体的半径。

要使测量的接地电阻 R_g,等于接地体的实际接地电阻 R,就必须使上两式相等,即:

$$\frac{1}{d_{23}} - \frac{1}{d_{12}} - \frac{1}{d_{13}} = 0$$

令 $d_{12} = ad_{13}$,$d_{23} = (1-a)d_{13}$,代入上式得:

$$\frac{1}{1-a} - \frac{1}{a} - 1 = 0$$

$$即\ a^2+a-1=0,$$
$$解得\ a=0.618$$

这表明，如果电流极不置于无穷远处，则电压极必须放在电流极与被测接地体两者中间，距接地体 $0.618d_{13}$ 处．即可测得接地体的真实接地电阻值，此方法称为 0.618 法或补偿法。在后面的测量电极直线布置法中，将会采用 0.618 法。

上述结论的应用是有范围的，与假设的前提有关。即仅在接地体为半球形，球心中心位置已知，土壤的电阻率一致，镜像的影响忽略不计下适用。

实际情况与此有较大出入。比如，接地体几乎没有半球形的，大多数为管状、带状以及由管带形成的接地网。测量结果的差异程度随极间距离 d_{13} 的减小而增大。但不论接地体的形状如何，其等位面距其中心越远，其形状就越接近半球形。此外，在讨论一个接地电极作用时，忽略了另一个接地电极的存在，也只有在接地电极间距 d_{13} 足够大的情况下才真实。

表 3.5 介绍了采用不同接地电极距离测量接地体电阻的误差，其中 D 为圆盘直径或地网最大尺寸。由表可见，d_{13} 一般应取 D 的 4～5 倍。

表 3.5　采用不同电极距离测量圆盘接地体接地电阻的误差

电极距离 d_{13}	$5D$	$4D$	$3D$	$2D$	D
误差 δ(%)	−0.057	−0.089	−0.216	−0.826	−8.2

如果在测量工频接地电阻时，d_{13} 取(4～5)D 值有困难，那么当接地装置周围的土壤电阻率较均匀时，d_{13} 可以取 $2D$ 值，d_{12} 取 D 值；当接地装置周围的土壤电阻率不均匀时，d_{13} 可以取 $3D$ 值，d_{12} 取 1.7 D 值。

(2)电位降法介绍

目前，作为接地电阻的测量方法，最广泛采用的是电位降法(The fall of potential method)。图 3.21 表示电位降法的构成。在图中，E 是作为测量对象的接地电极。C、P 是测量用的辅助电极在离 E 适当的距离处打入，C 是电流电极，P 是电位电极。在 EC 间接上电源就有电流流入大地。

①对测试电流的要求

a. 前面曾提到过，这个测试电流必须采用交流信号，因为加用直流电流会产生电化学(土壤的极化)作用，使得测量结果与通过交流电时不一样。而作为电力系统的接地或作为防雷的接地，流过的是交流故障电流和频率成分极为丰富的浪涌电流。

b. 对交流测试信号的频率，为了容易与电力系统的感应信号、杂散信号分离，应采用工频以外的频率来加强抗干扰能力。有的接地电阻测试仪能自动调整测试信号频率，躲开电力系统的感应信号和其他杂散信号的干扰。另外，如使用过高的交流频率，测试导线的电感和电容会对测试产生不利的影响。一般采用 1 kHz 以下较好。

②辅助电极的接地电阻

电位降法重要的特征是两个辅助电极的接地电阻不会影响测量值。这个特点极大地方便了测试工作。因为辅助电极也是接地的，当然有接地电阻。测量用的辅助电极长度及直径都较小，而且因接地测试是临时的，辅助电极的接地电阻一般都较高。并且它的值因测量地点和时间而变动。电流辅助电极 C 的接地电阻加入主回路中，会影响流入大地中电流的大小。但是，电流值变化时，因与它成比例的 EP 间的电位差也变化，使测量结果 V/I 不变。电位辅助测量电极 P 的接地电阻加入到电位差测量回路之中，因此，作为电压测量装置，如能尽量不在此回路提取电流，就能除去 P 电极的接地电阻的影响。所以，电压表的内阻应尽可能大(串联电阻分压原理)。

但是辅助电极的接地电阻也不能太大，否则，测试电流太小，极易受地中杂散电流的影响。一般接地电阻测试仪会给出起码需要满足的辅助测量电极的接地电阻值。这个值很容易实现。在实际的接地电阻测量中，城市中若遇到混凝土场地时，正是利用此特点，用湿布裹住测量电极，在混凝土上浇水几分钟后，一些仪表就可进行测量工作了。

③电阻区域、电位分布曲线与测量辅助电极的布置

由以上的电位降法的说明可知，电位降法的测量是与辅助测量电极 C、P 打入的位置有关的。在接地电阻的定义中，关于辅助电极进行了抽象的、理想化的假定。作此定义容易，但是，在接地电阻的测量时，辅助测量电极必须放在离被测主电极(接地装置)有限的距离之内。如辅助测量电极打在有限的距离内，就容易产生误差。研究这个误差的一个手段是做成电位分布曲线。

电位分布曲线的例子如图 3.22 所示。其作法如下：

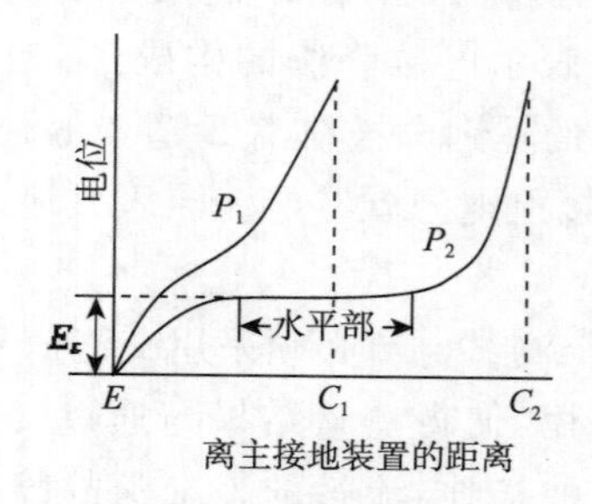

图 3.22　电位分布曲线

首先，在离主电极 E 一定距离的地点把电流电极 C 打入大地中。其次把接在 E、C 连接线上的电位电极 P 移动，测量 EP 间的电位差。然后，把横轴取作 EP 间的距离，纵轴为电位差的测量值，绘制出电位分布曲线。

图 3.22 是两极间的距离取作 E 至 C_1、C_2 两种场合描绘出的电位分布曲线

P_1、P_2。分布曲线 P_1 的中央无水平部分，电位分布曲线 P_2 有水平部分。

如把这倒过来说，当电位分布曲线的中央产生水平部分，可判定电流辅助电极离主接地电极已充分远，双方电极已几乎无关。因此，如把电位分布曲线水平部测定的电位差 E_x，除以那时的电流值，就可求出 E 的接地电阻。

为什么如果主接地电极和电流电极远离，电位分布曲线发生水平部分，就能判断双方电极无关系呢？要说明这个问题，引入称为电阻区域的概念是必要的。如前所述，就接地电阻的构成来讲，接地电阻是包含在接地电极周围的大地之中的。所含接地电阻的量值在接地电极的附近最多，离接地电极远的地方较少。这是因为在地中电流经过路径的断面积急速扩大的缘故。

从理论上严密地讲，接地电阻包含在至无限远处的大地中。但是。作为实际问题，可考虑接地电阻的大部分是在以接地电极为中心的有限的范围内。这样，以接地电极为中心，把包含大部分接地电阻的范围称为电阻区域。

对电位降法，在主接地电极有它的电阻区域，在电流电极也有它的电阻区域。为正确测量接地电阻，两者的电阻区域必须互不重叠。

把电阻区域和电位分布的关系示于图 3.23。这个是孤立的电极的场合。由孤立的电极流出电流的情况下，地表面的电位降只是在电阻区域范围内，不涉及到它以外的区域。

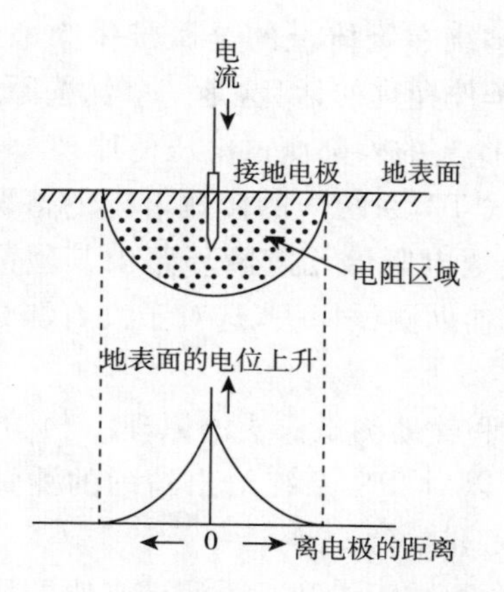

图 3.23　电阻区域和电位分布

图 3.24 是在电位降法中 E 电极和 C 电极过近，双方的电阻区域有交叠的场合。这个情况下，E 电极和 C 电极的电位降合成的结果成为最终的电位分布曲线(粗线)，在中央不产生水平部分。

与这相反，图 3.25 是 E 电极和 C 电极充分远离的情况。这个情况下，两电极的电阻区域不交叠，结果在电位分布曲线的中间产生水平部分。也就是说，如在电位分布曲线的中间产生水平部分，主接地电极和电流电极可看作是相互无关的。如在这个水平部分打入电位电极可得到精度好的测量值。后面要介绍的

62%法就是基于这个原理。

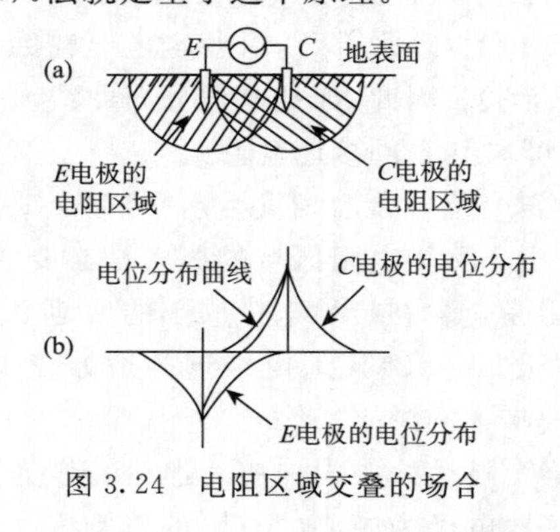

图 3.24　电阻区域交叠的场合

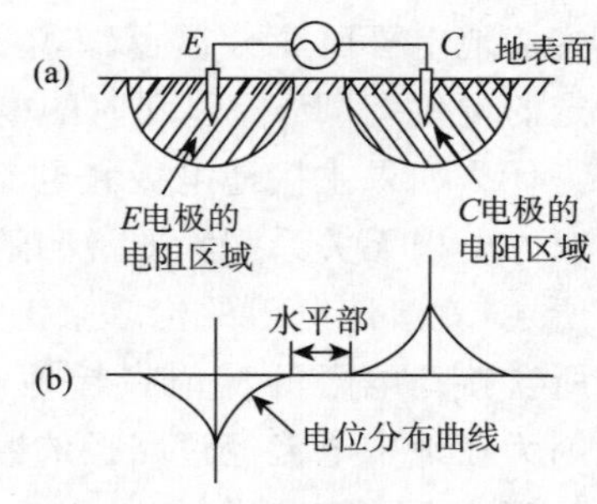

图 3.25　E 电极和 C 电极充分远离的场合

3. 接地电阻测试仪的选择和测量应注意事项

(1)接地电阻测试仪的选择

通常有满足用户要求的各种接地系统,这些系统需要具有不同的测试原理的测试仪器。例如:

A. 采用内部供电(正弦波)和两个测试探头的原理

采用正弦波测试信号。这种方法专门用于测试同时具有电阻分量和电感分量的接地系统。在采用缠绕在物体上的金属带作为地线接头的情况下,这种方法比较普遍。如果物理条件允许的话,这是一个优选原理。

B. 用不带辅助测试探头的外部测试电压的原理

该原理通常用于测试 TT 系统内的接地电阻的情况,其中,当在相端子与保护端子之间测试时,该接地电阻值比故障环路内其他部分的电阻高得多。该原理的优点是,不需要使用辅助测试探头,这对于没有测试探头接地区域的城市环境中比较适用。

C. 用外部测试电压和辅助测试探头的原理

该原理的优点是,可以对 TN 系统给出精确的测试结果,其中,相线与保护导体之间的故障环路电阻非常低。

D. 用内部供电、两个测试探头和一个测试夹钳的原理

采用这种原理,就不需要机械断开可能与测试电极并联连接的任何接地电极了。

E. 用两个测试夹钳的无接地桩测试原理

在需要测试复杂的接地系统或存在接地电阻较低的次级接地系统的情况下,该原理可以使你实现无接地桩测试。该原理的优点是,不需要触发测试探头,也不需要分开被测电极。

一些国内外先进的电气装置综合测试仪能同时采用以上几种原理。

(3)测量应注意事项

A. 在被测试的接地系统中经常存在高电平干扰信号。这一点尤其涉及到工业中的接地系统和电源变压器等,其中,强大的放电电流会流向大地。在特别靠近高压配电线、铁路等处的接地电极周围区域常常存在较高的漏电电流。应此,要注意测量干扰地电压,看是否超过了仪器规定值。

B. 要掌握好电压辅助电极和电流辅助电极与接地极的距离。

C. 电压辅助电极测试线和电流辅助电极测试线间分开一定距离,不要缠绕在一起,避免相互干扰。

D. 在建筑物高处测试时若需要加接测试线,应扣除这段加接线的阻抗值,此段加接线的阻抗值必须是用本仪器测试出来的值。有时,此段加接线的阻抗值比接地体的电阻值还要大(这种事情一般发生在测试信号频率较高以及加接测试线打圈未能全部放开的情况下)。

E. 在开始测试之前要识别接地系统的类型。应根据类型选择适当的测试方法。

F. 无论选择了何种方法,测试结果应在与容许值对比之前接受校正。

接地电阻 R_E 的最大容许值根据情况各不相同。基本上来说,结合了其他安全防护装置(例如,RCD 保护装置,过电流保护装置,等等)的接地系统必须防止产生危险的接触电压。

(4)接地电阻测试举例

①使用标准 4 端子、2 探头法的原理(图 3.26)

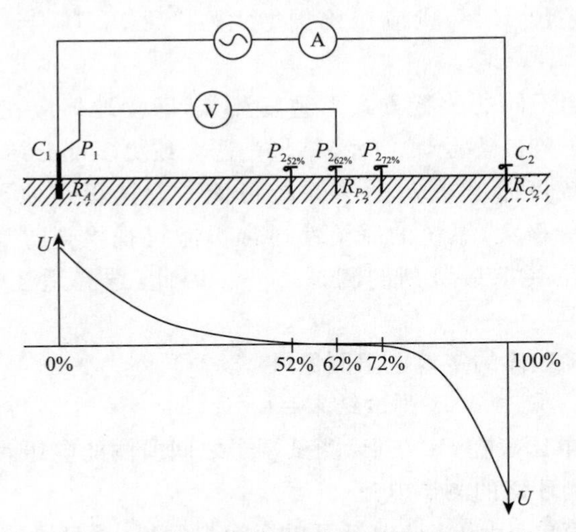

图 3.26　测试原理和测试电压的分配

接地电阻的基本测试采用了内部供电和两个测试探头(电压和电流)的方法。该测试基于所谓的 62%法。

对于这种测试，将被测接地电极与其他串联地线(例如金属结构等)分开，这一点很重要。必须注意到，当将该导体与接地电极分开时，如果故障电流或泄漏电流流向大地，会导致危险情况发生。

被测接地系统(接地桩或接地带电极)之间所需距离的计算：

计算的依据是接地棒电极的深度或接地带、接地网系统的对角线尺寸。

从被测接地电极到电流测试探头的距离

$$C_2=\text{深度(接地桩电极)或对角线(带式电极)}\times 5$$

与电压测试探头的距离 $P_2(62\%)=C_2\times 0.62$

与电压测试探头的距离 $P_2(52\%)=C_2\times 0.52$

与电压测试探头的距离 $P_2(72\%)=C_2\times 0.72$

举例：接地带系统，对角线＝4 m

$$C_2=4\ \text{m}\times 5=20\ \text{m}$$

$$P_2(62\%)=20\ \text{m}\times 0.62=12.4\ \text{m}$$

$$P_2(52\%)=20\ \text{m}\times 0.52=10.4\ \text{m}$$

$$P_2(72\%)=20\ \text{m}\times 0.72=14.4\ \text{m}$$

这种计算自然仅仅是理论上的。为了确定与实际接地状况相符的计算距离，应进行下列测试程序。

第一次测试需要在 $0.62\times C_2$ 距离处、被驱向接地的电位探头上进行。该测试还应在 $0.52\times C_2$ 和 $0.72\times C_2$ 距离处重复进行。如果重复测试的结果与第一次测试结果不同，但没有超出第一次测试($0.62\times C_2$)的 10%，则认为第一次测试结果正确。如果超出 10%，则应按比例增大两个距离(C_2 与 P_2)，并重复所有测试。

应该在接地棒不同的放置方式下重复测试，即接地棒应在被测电极相反的方向上(80°或至少 90°)被驱动。最终结果是两个或更多部分结果的平均值。

由于接地系统可能很复杂，许多系统可能一起连接在地平面以上或以下，系统物理尺寸可能极大，系统的完整性通常不能目视检查等等这些事实，接地电阻的测试可能是要求最苛刻的测试之一。因此，选择适当的测试仪表非常重要。

②单根垂直接地体的接地电阻测量(图 3.27)

$$\text{测试结果}=U/I=R_E$$

其中 U 为由内部电压表在 P_1 与 P_2 测试端子之间所测的电压，I 为加在 C_1 与 C_2 测试端子之间被测环路的测试电流。

该测量非常简单，因为接地电极可以视为尖端极，并且没有与其他电极相连接。被测电极与被测探头(电流和电压)之间的距离取决于被测电极的深度。

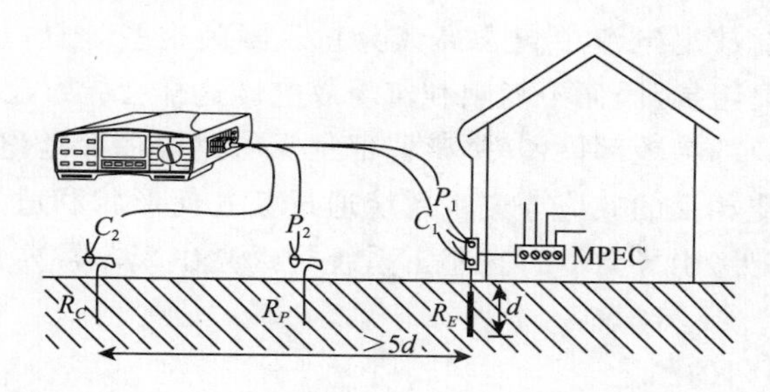

图 3.27　垂直接地体的接地电阻测量

要注意，使用 4 导线连接，比 3 导线要好得多，因为这样不会对测试夹钳与被测电极通常积尘的表面之间的接触电阻造成故障。

测量探头通常被引向大地，并与被测电极成一条直线，或(有的仪表支持)成等腰三角形。

③水平接地带接地电阻的测量(图 3.28)

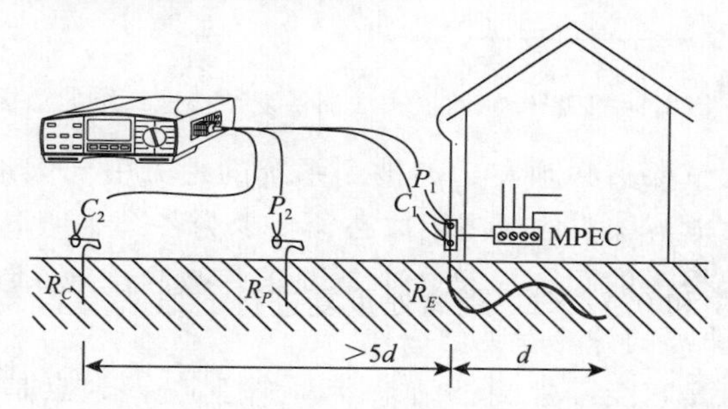

图 3.28　水平接地带接地电阻的测量

$$测量结果=U/I=R_E$$

其中 U 为由内部电压表在 P_1 与 P_2 测试端子之间所测的电压，I 为 C_1 与 C_2 测试端子之间的测试电流。

除了电极不能视为单个尖端极之外，该测量与上一个测量非常相似，但是必须考虑所用接地带的长度。在该长度基础上，必须计算并使用被测电极到两个测试探头之间的适当距离，参见图 3.28。

④具有多个并联接地电极的复杂接地系统的测量

在该系统中应注意以下两个重要方面：

A. 每个接地电极并联的接地系统的总电阻 R_{Etot}

足够低的总接地电阻符合在负载故障情况下有效防止电击的要求，但却不能对通过避雷导体进行的雷电(大气放电)进行有效保护。

B. 接地电极的电阻 $R_{E1},\cdots,R_{EN}$

当接地系统是用来防雷电时，每个接地电阻必须具有足够的低数值。雷电波头非常陡，因此，放电电流中包含高频分量。因为这些分量，接地系统中的任何电感都会成为高阻抗，因而不能顺利实现放电。这样会导致危险后果。

具有多个分离的接地部件（其中某些部件具有过高的接地电阻）的避雷导体可能会引起与期望相反的效应。避雷系统通过其几何形状和适当的位置（锐边/尖端，通常在最高处）引导雷电。在避雷系统附近会出现非常高强度的电场和随之的空气电离。

(5)总接地电阻的测量

①标准四导线、两探头法（图 3.29）

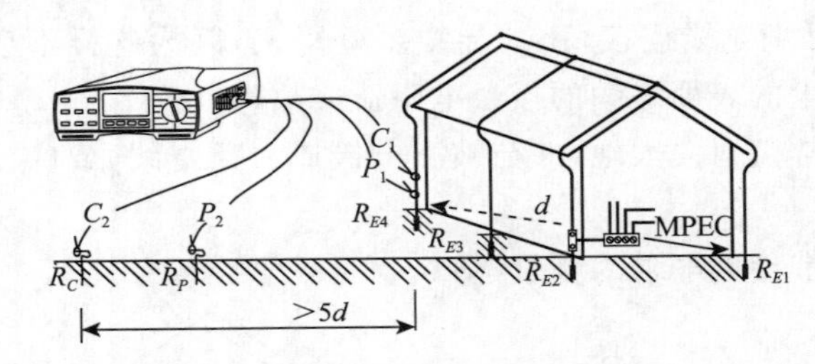

图 3.29　使用标准四导线、两探头法测量复杂接地系统的总接地电阻

电压和电流测量探头必须在远离被测系统的地方引向大地，这样可以视作一个点系统。距离电流探头的所需距离必须至少为各个接地电极之间最长距离的 5 倍。距离电压探头的距离应符合本章要求。被测接地系统（接地桩或接地带电极）之间所需距离的计算参见前面例子。

该方法的优点是它能确保测量结果准确并稳定，而缺点是它需要相对较长的距离来设置测量探头，这样可能会导致不方便（特别是在城市环境中）。

$$测量结果=U/I=R_{E1}//R_{E2}//R_{E3}//R_{E4}=R_{Etot}$$

其中 U 为由仪器在测试探头 P_1 与 P_2 之间所测的电压，I 为由仪器在测试探头 C_1 与 C_2 之间的测试环路中的测试电流。

$R_{E1}, \cdots, R_{E4}$　各个接地电极的接地电阻。

R_{Etot}　被测接地系统的总接地电阻。

②使用两个测试夹钳的无接地桩法（图 3.30）

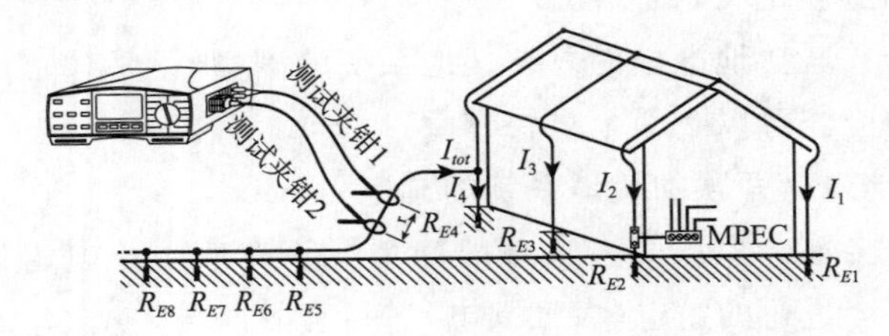

图 3.30　使用两个测试夹钳进行总接地电阻测量

接地电阻测量可以简化，当附加接地电极或接地电极系统具有很低的总接地电阻时，可以不必采用接地峰值而进行该测量。有些测量仪器可以使用两个测试夹钳来进行该测量。

这种情况通常出现在同时存在其他具有较低接地电阻的接地系统的建成区域(例如，金属带与接地电网电缆一起安装)。

$R_{E1}\sim R_{E4}$ 为被测接地系统的各个接地电阻。

$R_{E5}\sim R_{EN}$ 为具有较低的总接地电阻的辅助接地系统的各个接地电阻。

r 为测量夹钳之间的距离，必须至少为 30 cm，否则，发电机夹钳会对测量夹钳产生影响。

图 3.31 对以上举例给出了等效电路图。

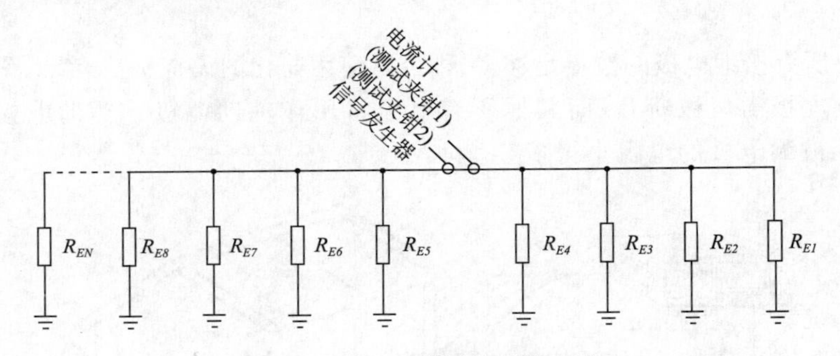

图 3.31　以上举例的等效电路

测量结果=(接地电极 $R_{E1}\sim R_{E4}$ 的总电阻)+(辅助接地系统 $R_{E5}\sim R_{EN}$ 的总电阻)

如果可以假设辅助电极 $R_{E5}\sim R_{EN}$ 的总电阻低于被测电极 $R_{E1}\sim R_{E4}$ 的总电阻，那么可以得出下列结果：

$$\text{测量结果}\approx(\text{被测接地电极 } R_{E1}\sim R_{E4} \text{ 的总电阻})$$

如果该结果小于允许值，则实际值在安全范围内，即，甚至比显示结果更小。

(6)特殊接地电极的测量

有多种方法可以测量特殊接地电极的接地电阻。即将使用的方法最适于实际的接地系统。

①通过使用标准四导线、两探头测试方法机械断开被测接地电极而进行的测量(图 3.32)

$$\text{测量结果}=U/I=R_{E4}$$

其中 U 为由内部电压表在 P_1 与 P_2 测试端子之间所测的电压，I 为通过 C_1 与 C_2 测试端子之间的被测环路所激励的测试电流。

被测电极与两个测试探头之间的所需距离相当于接地桩电极或接地带电极测量中的所需距离，取决于所用电极的类型。

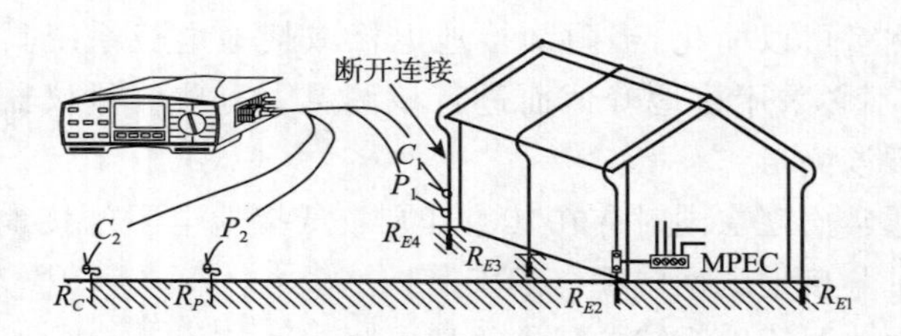

图 3.32　特殊接地电极的接地电阻测量

该方法的缺点是，必须在测量开始之前进行机械断开。由于接头可能积尘，导致断开与否不易判断。该方法的优点是测试结果高度准确并稳定。

②通过使用标准四导线、两点测试方法机械断开被测接地电极而进行的测量

如果所有接地电极的数量足够多，则可以使用简化的无探头法，参见图 3.33。

被测电极需机械断开，而其他所有电极将用作辅助电极。辅助电极的总接地电阻比被测电极的电阻小得多。

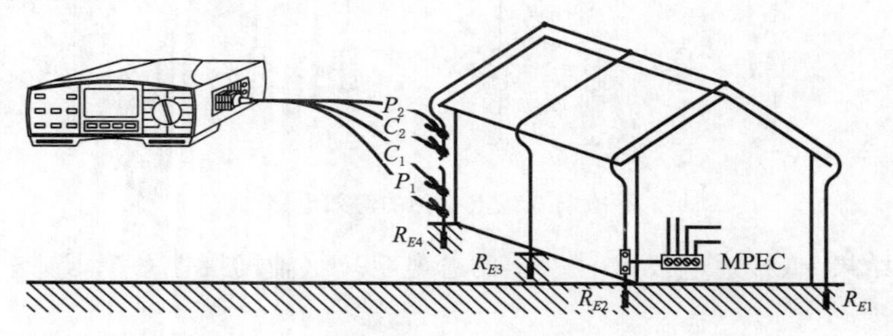

图 3.33　简化的无探头法测量

$$测量结果=R_{E4}+(R_{E1}//R_{E2}//R_{E3})$$

如果$(R_{E1}//R_{E2}//R_{E3})$远远低于被测的 R_{E4}，则可以标注为：

$$测量结果\approx R_{E4}$$

③使用标准四端子、两探头测试方法配合使用测试夹钳而进行的测量，参见图 3.34

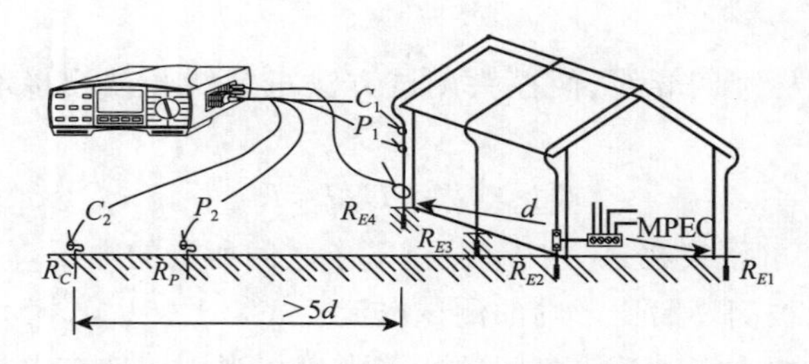

图 3.34　使用一个测试夹钳进行的接地电阻测量

以上举例的等效电路图如图 3.35 所示。

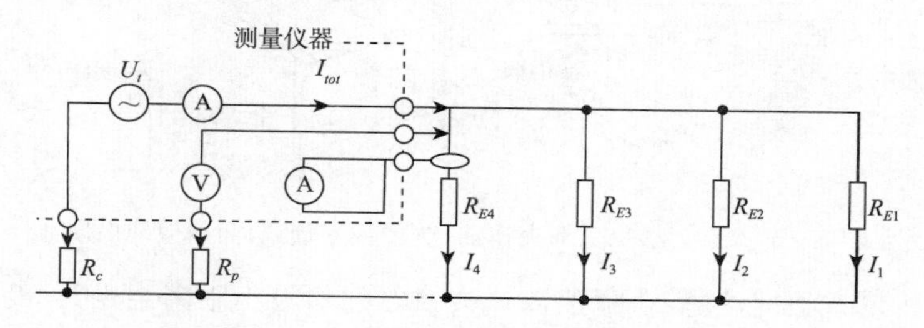

图 3.35　以上实例的等效电路图

图中 U_t 为测试电压。

R_c 为电流测试探头的电阻。

R_p 为电位测试探头的电阻。

I_{tot} 为由测试电压 U_t 产生、并由与发电机串联连接的电流表所测的总电流。

$I_1 \sim I_4$ 为每个测试电流。

$$I_1+I_2+I_3+I_4=I_{tot}$$

测量结果 1＝R_{E4}（应考虑测试夹钳所测的电流）

测量结果 2＝R_{tot}（应考虑电流表所测的总电流）

该方法的优点是，不需要机械断开被测电极。

从一个电极移向另一个电极的测试夹钳只能测量被测接地电极的电流。在该电流基础上，使用内部电流表所测的总电流和内部电压表所测的电压，可以计算出特定的接地电阻。

为了确保电压测量准确，从被测电极到电流探头的距离至少比被测系统中特殊电极之间的最大距离大 5 倍。

此种测量方法的注意事项有：

a. 由于特殊电极之间的距离较大，通常不允许将测试夹钳从一个电极移向另一个电极！必须移走带有其测试导线的仪器。

b. 如果被测接地系统中的电极数量太多，可能使由测试夹钳在电极上所测电流太小。在这种情况下，测试仪器会显示不正常的状态。

④使用两个测试夹钳进行的无探头测量（非接触测量法），见图 3.36

具有许多并联电极的复杂接地系统或与其他接地系统互连的系统在测试时通常符合这种情况。另外，在城市环境中测量建筑物接地装置时，将测试探头引向大地很困难或无法实现。在这些情况下，可以使用无探头法（如果测试仪器支持该功能的话）。

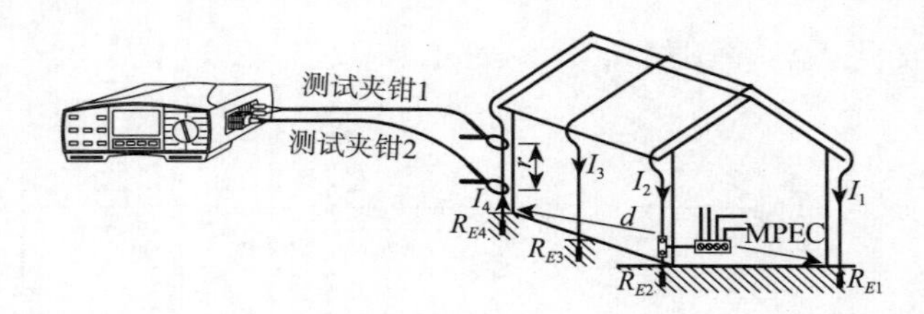

图 3.36 使用无探头、双夹钳法(非接触测量法)测量接地电阻

此种测量方法应注意:确保两测试夹钳之间的最小距离至少为 30 cm,这一点很重要。否则,这两个夹钳会相互作用,并使读数失真。

使用无探头、双夹钳法(非接触测量法)测量接地电阻的测量的原理如图 3.37 所示。

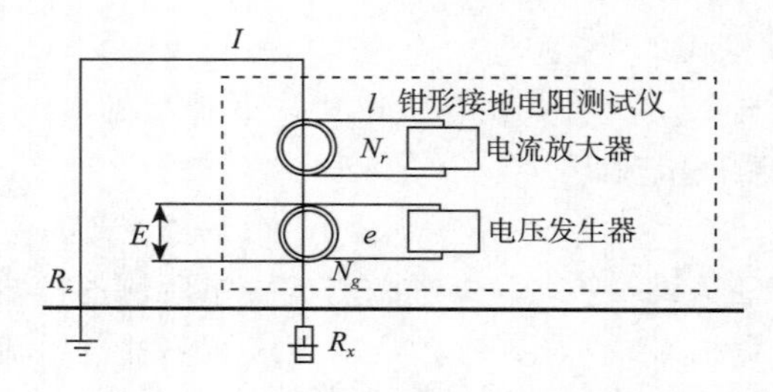

图 3.37 用钳形接地电阻测试仪测量接地电阻

图 3.37 中,N_g 为绕在仪器钳口内的发生器线圈,N_r 为绕在钳口内的接收线圈。两线圈之间具有良好的电磁屏蔽。测量时钳口闭合,测量仪的发生器线圈在被测接地回路内发生一个已知的恒定的交流电压 E。

$$E=e/N_g$$

式中,e 为发生器发生的内部电压。为提高抗干扰能力,交流电压的频率为不同于工频的某一高频。

E 在回路中产生电流 I

$$I=E/R$$

它被置于表内的接收线圈(CT 的二次线圈)转换为

$$I=I/Nr$$

测量部分测得电流 i 并计算下式即可求得回路电阻。

$$R=E/I=K(e/i)$$

这种测量方法适用于多点接地系统。这种测量仪使用起来十分方便,只需将钳口夹住被测接地电阻的引线就可立即测得被测电阻值,而且由于不必断开接地线即可测量,所以所测值准确反映了设备运行情况下的接地状况。

图 3.37 例中的等效电路图如图 3.38 所示。

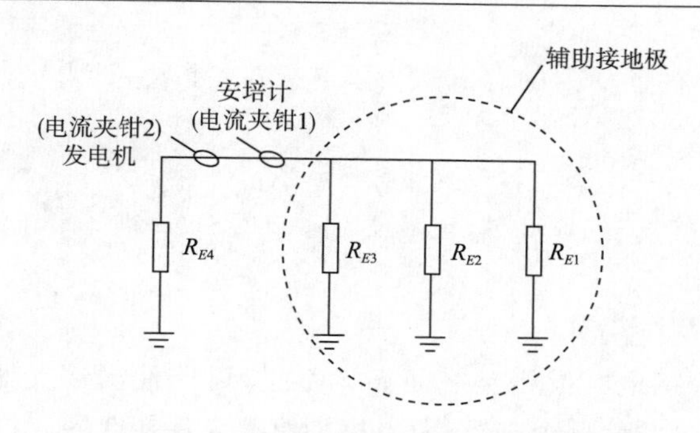

图 3.38 以上实例的等效电路图

$$测量结果=R_{E4}+(R_{E3}//R_{E2}//R_{E1})$$

如果并联电极 R_{E3}、R_{E2} 和 R_{E1} 的总电阻小于被测电阻 R_{E4} 的电阻，则可以得出下列等式：

$$测量结果\approx R_{E4}$$

如果测量结果小于允许值，则实际值肯定在安全范围内，即，实际值甚至比显示值还要小。

通过移动测试夹钳至其他电极上，可以测出其他特定电阻值。

如果有一个实例如图 3.39(a)所示，则可以按该图所示连接测试夹钳。容许的测试结果的所需条件是，接地电极 R_{E5} 至 R_{EN} 的接地电阻相对于被测物体 R_{E1} 至 R_{E4} 的总电阻来说，可以忽略不计。

连接中电流测量的测试夹钳与特定的接地电极相连接，以测量该电极的接地电阻。

图 3.39(a)示例的等效电路图如图 3.39(b)所示。

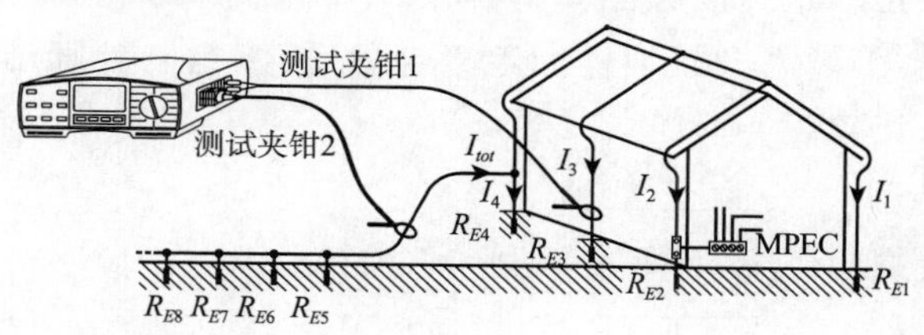

图 3.39(a) 使用两测试夹钳进行的无探头法接地电阻测量

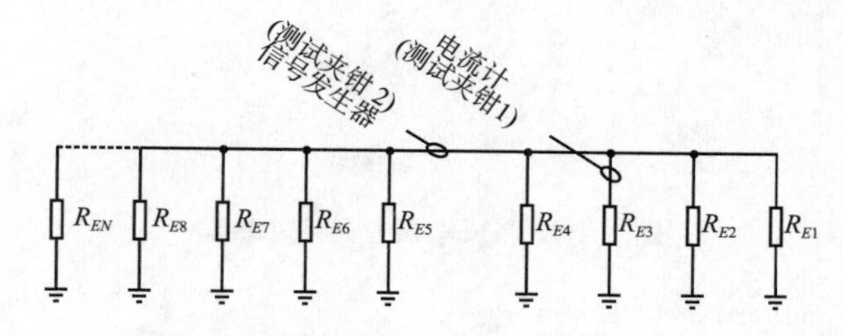

图 3.39(b) 使用两测试夹钳进行的无探头法接地电阻测量的等效电路图

若接地电极 R_{E5} 至 R_{EN} 的总电阻小于电极 R_{E1} 至 R_{E4} 的总电阻，则可以得出下列等式：

$$测量结果 \approx R_{E3}$$

通过移动测试夹钳 1（电流测量夹钳）至其他电极上，可以测量其他接地电极。

此种测量方法应注意：

A. 如果各个接地电极相互之间靠得很近，可以使测试夹钳接触到，则可以使用该方法。无论测量哪个电极，发电机夹钳都应保持在同一位置。

B. 如果被测接地系统中电极数量很多，那么，由测试夹钳在被测电极所测的电流会很小。在这种情况下，测试仪器会显示不正常的情况。

C. 非接触测量法是一种先进的测量技术，具有许多优点。不过，测试仪测得的电阻值是包括被测接地电阻在内的整个回路的电阻。使用中必须牢记这一点，以利对测量结果的分析。

D. 对没有构成接地回路的接地体，钳形接地电阻测试仪无法直接测量它的接地电阻。例如，对单点接地系统，避雷针就无法使用钳形接地电阻测试仪，测量人员应注意测量场合。

E. 接地体内通常总有泄漏电流存在，钳形接地电阻测试仪还具有测量接地体内泄漏电流的功能，其测量范围从 1 mA 到 30 A。如果泄漏电流太大，所测接地电阻值不准确，此时须先将造成的故障排除后重新测量。使用外部电压进行的接地电阻测量方法，在“RCD 保护装置”部分中介绍。

(7)大地网测试的测试电极三角形布置法

测试电极三角形布置法如图 3.40 所示。根据与测试电极直线布置法相似的电位分布理论，测量大型接地体的连接电阻时，测量电极宜用三角形布置法。因为它与直线法比较有下列优点：

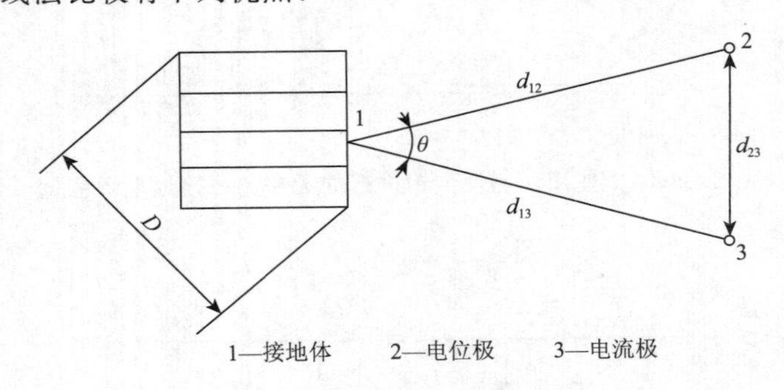

图 3.40　测试电极三角形布置法

①可减少引线间互感的影响；

②在不均匀土壤中，当取 $d_{13}=2D$ 时，用三角形的测量结果，相当于 $3D$ 直线

法的测量结果，因而，测试相对容易；

③三角形法，电压极附近的电位变化较缓、从29°到60°的电位变化相当于直线法从$0.618d_{13}$到$0.5d_{13}$的电位变化。

此时，测量电极的布置一般取$d_{12}=d_{13}\approx(4-5)D$，夹角$\theta\approx29°$

(8)大型接地装置如110 kV及以上变电所接地网，或地网对角线$D>60$ m的地网测量方法

对于发电厂、变电站等大型地网，由于地中有较大的工频杂散电流（毫安级到安培级，甚至远大于普通便携式接地电阻测试仪的测试信号），此时，不能采用普通接地电阻测试仪来测量，而应采用大电流信号测试法，且施加的电流要达到一定值。测量导体则要求不宜小于30 A，以达到一定的信噪比。

大电流法测试中消除干扰的措施有：

①消除接地体上零序电流的干扰

发电厂、变电所的高压出线由于负载不平衡，经接地体总有一些零序电流流过，这些电流流过接地装置时会在接地装置上产生电压降，给测量结果带来误差，常用如下措施进行消除。

A. 增加测量电流的数值，消除杂散电流对测量结果的影响（为了减小工频接地电阻实测值的误差，通过接地装置的测试电流不应小于30 A）。

B. 测出干扰电压U'，估算干扰电流I'

当零序电流估算出后，试验时所用的测试电流取为$I=(15-20)I'$可使测量误差不大于5%～7%。

②消除引线互感对测量的干扰

当采用电流电压法测量接地电阻时，因电压测试线和电流测试线要一起放很长的距离，互感就会对测量结果造成影响，为了消除引线互感的影响，通常采用以下措施。

A. 采用三角形法布置电极，因三角形布置时，电压线和电流线相距的较远

B. 当采用停电的架空线路，直线布置电极时，可用一根架空线作电流线。而电压线则要沿着地面布置，两者应相距5～10 m。

C. 采用四极法可消除引线互感的影响，另外，还可采用电压、电流表和功率表法进行测量。

4. 土壤电阻率及测试

在接地技术中土壤电阻率是一个主要技术参数。任何接地装置的设计都需用到土壤电阻率这个参数。接地工程竣工后的检验、投运后安全性的评估也都需要这一原始数据。因此，在设计初始阶段，当接地装置的所在位置确定后，即需进行土壤电阻率的测量工作，施工过程或投运后作为设计的校核也需测量土壤电阻率。

(1)电阻率的定义

电阻率是形状如 1 m×1 m×1 m 立方体的接地材料的电阻,其中,测量电极可以放在该立方体的对面,参见图 3.41。

单位体积的电阻 $R=U/I$ 就是电阻率。

一些典型的大地材料的电阻率经验值可参考表 3.6,否则,应计算或测量大地电阻率。

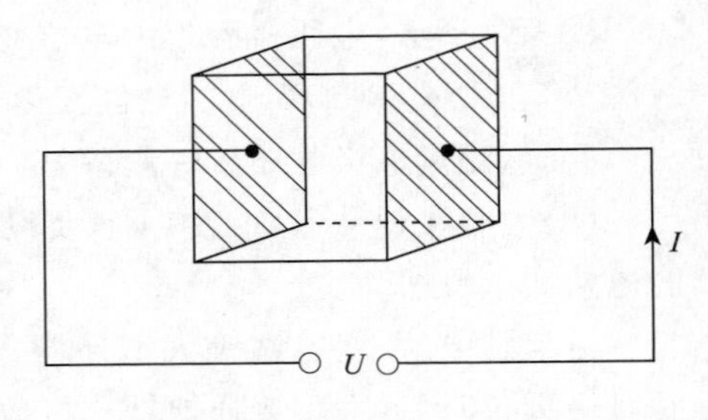

图 3.41　电阻率的定义

表 3.6　典型的大地材料的电阻率经验值

接地材料的类型	电阻率(Ω·m)
海水	0.5
湖水或河水	10～100
犁过的地	90～150
混凝土	150～500
湿砂砾	200～400
干细沙	500
石灰	500～1 000
干砂砾	1 000～2 000
多石地面	100～3 000

(2)文纳四电极法测量大地电阻率的原理及方法

①文纳四电极法原理及测量接线布置

接线如图 3.42 所示。由外侧电极 C_1、C_2、通入电流 I,若电极的埋深为 L,电极间的距离为 $a(a\gg L)$,则 C_1、C_2 电极使 P_1、P_2 上出现的电压分别为:

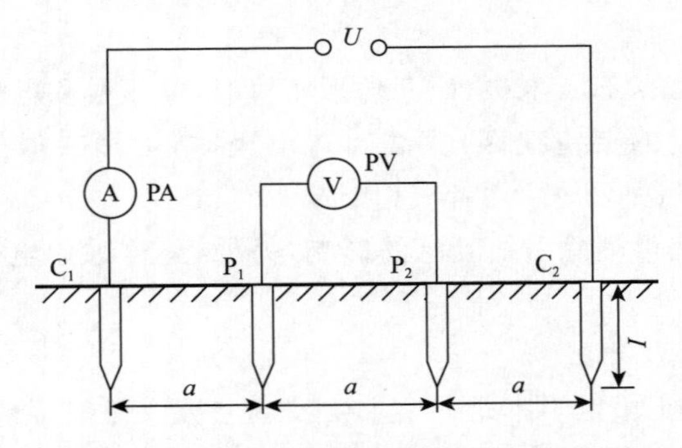

图 3.42　四极法测土壤电阻率的试验接线

$$U_2=\frac{\rho I}{2\pi}\left(\frac{1}{a}-\frac{1}{2a}\right)\qquad U'_2=\frac{\rho I}{2\pi}\left(\frac{1}{2a}-\frac{1}{a}\right)$$

而两极间的电位差为:

$$U_2 - U'_2 = \frac{\rho I}{2\pi a}$$

因此，

$$\rho = \frac{2\pi a(U_2 - U'_2)}{I} = 2\pi a \frac{U}{I} = 2\pi a R_g$$

式中ρ为土壤电阻率，单位Ω·m；

a为电极间的距离，单位m；

U为$P1$和$P2$点的实测电压，单位V；

R_g为实测的土壤电阻，单位Ω。

用四极法测量土壤电阻率时，电极可用四根直径2 cm左右，长0.5～1.0 m的圆钢或钢管作电极，考虑到接地装置的实际散流效果，埋深应小于极间距离的1/20。应取3～4次以上不同方向的测量平均值作为测量值。

用以上方法测量的土壤电阻率，不一定是一年中的最大值，所以应按下式进行校正。

$$\rho_{max} = \varphi \rho$$

式中φ——考虑到土壤干燥的季节系数，其值如表3.7所示。

ρ——实测土壤电阻率，单位Ω·m。

比较干燥时，则取表中的较小位；比较潮湿时，则取较大值。

表3.7 土壤干燥季节系数

埋深(m)	φ值	
	水平接地体	2～3 m的垂直接地体
0.5以下	1.4～1.8	1.2～1.4
0.8～1.0	1.25～1.45	1.15～1.3
2.5～3.0	1.0～1.1	1.0～1.1

②用四极法测量时的注意事项：

A. 对于已运行的变电所，测土壤电阻率时，因电流要受地中水平接地体的影响，因而测量时要找土质相同的远离接地网的地方进行。

B. 为了全面了解大地电阻率的水平方向的分布情况，要在被测试的区域内找不同方向的4～6点进行测量。

C. 为了了解土壤的垂直分层情况应改变几种不同的a值进行测量，比如a=4、6、8、10、20、30、50 m等。

D. 测量土壤电阻率时应尽量避开地下的管道等，以免影响测试结果。

E. 不要在雨后土壤较湿时测土壤电阻率。

③电流渗透深度

在大地电阻率的测量中，测量用的电流在地中渗透的大致深度是多少？这是个重要的问题。一般来说,大地成层状结构,各层的电阻率是不同的。在由文纳四电极法测量大地电阻率的情况下,得出的是从地表到测量电流渗透到达深度的电阻率的平均值。电流未到达的层的电阻率是不知道的。在图 3.43 中,设从电极系统的中央的点向深度方向为 Z 轴。从电极 l 流入电流 I,到达电极 4。考虑 Z 轴上的电流密度的变化,当然 O 点的电流密度是最大的,随深度变大电流密度变小。如取 O 的电流密度为 i_O,z 轴的电流密度为 i,i 和 i_O 之比服从下式的关系:

$$\frac{i}{i_o}=\frac{1}{\left[1+\left(\frac{z}{D}\right)^2\right]^{3/2}}$$

D 是电极 1 和 O 点的距离。基于上式,绘出 z/D 和 i/i_O 的关系图,如图 3.44 所示。当 $z/D=2$ 即当 $z=2D$ 的深度时,可看出电流密度已相当低。测试仪测得的土壤电阻率是对应于电极间隔为 a 至一定深度(约 $3a$)的电阻率的平均值。

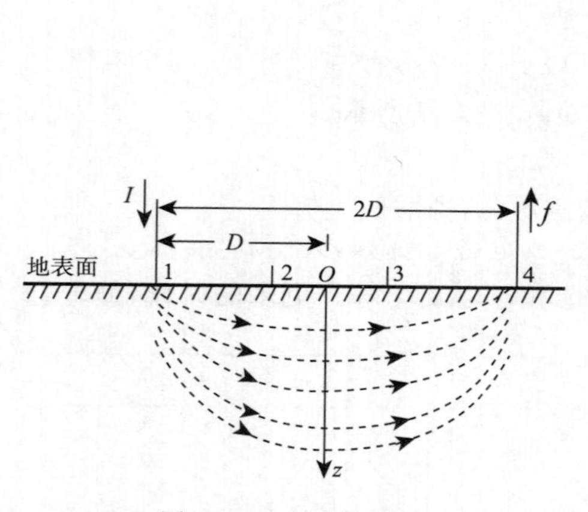

图 3.43　电流的渗透

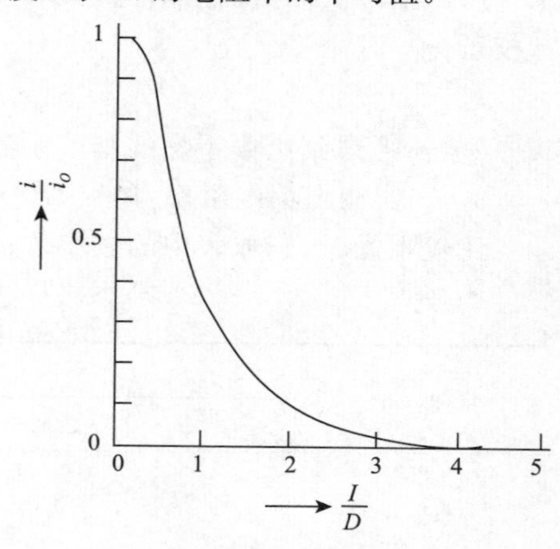

图 3.44　电流密度的变化

(3)现场表土土壤电阻率的测量

对于既定的接地装置现场,可选择一设计高度相同的较为平整、土壤色泽和(颗)粒度都较均匀的场地上,取表土若干,在实验室内进行测试。测试方法如下:

将取回的土壤倒入一已知尺寸和具有标准电极的绝缘容器内,电极的位置应在容器的中央,即距容器各器壁距离都是相等的,一般以圆柱形较宜,以量规调整好电极间的距离,土壤应掩没电极,并将多余的土壤自容器顶面刮去。

再将该容器的电极接入如图 3.45 所示的回路中,接通电源就可测试。按电流表和电压表的读数 U 和 I 就可计算电极间的土壤电阻:

$$R=U/I\ (\Omega)$$

因为 $R=\rho(L/S)$,由此可求得:

$\rho=(R \cdot S)/L(\Omega \cdot m)$

式中S——标准电极的表面积，单位 m^2；

L——电极之间的距离，单位 m。

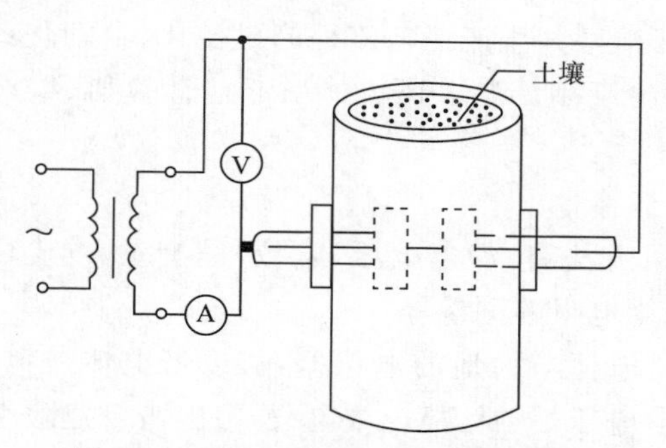

图 3.45　现场表土土壤电阻率的测量

这一方法较为简单，也可用来检测降阻剂电阻率。

此外，在地质勘探工作中，常用钻孔取岩土样本的方法，在实验室中较为准确地得到各深度岩土的土壤电阻率。

5. 静电与测量

静电现象在工农业生产和日常生活中是十分普遍和不可避免要产生的。它既可为生产所用，有时又对人类生产生活造成危害。例如，人们利用静电技术进行静电喷涂、静电除尘、静电纺织、静电分选和静电复印等。更多的时候，静电会妨碍生产，降低产品质量，甚至造成废品。同时，人体触及静电后会遭受麻电甚至电击。静电火花放电时，还可能引起爆炸或发生火灾，从而造成严重后果。因此，我们必须努力减少静电造成的危害。这就要求我们必须了解静电防护技术。

由于防静电措施在许多场合与防雷电措施是相似的，比如，它们的接地许多是共用的。因此，防雷产品质量检验机构在进行防雷安全检测的同时也必须进行防静电安全检测，它们是不应分开的。

(1)静电的产生

①摩擦带电

②剥离、分离、冲撞带电

③感应带电

(2)静电的危害

①人体带静电与静电电击

人体受静电电击后有时会造成精神紧张、心脏颤动，身体其他部位不适等。甚至发生严重后果。例如，静电电击后会造成人体坠落伤亡等事故。

②静电放电时可能引起爆炸或火灾

静电放电通常有以下三种类别：电晕放电、刷形放电、火花放电。

其中火花放电通常在一瞬间即放出全部电荷。伴有明亮的闪光和爆烈声，放电能量大。火花放电是引起爆炸和火灾的主要原因。

③静电的产生有时会妨碍生产

静电的产生会影响某些生产工艺流程的机械化、自动化或造成工序不正常，降低产品质量，甚至出废品。静电还可能引起对计算机、继电器、无线电通信等各种电子设备等的干扰。

(3)静电测量

常用的静电测量方法有：静电电压(电位)的测量、静电电量的测量、电场强度的测量、电介质绝缘电阻的测量等。

静电电压就是带电体与大地的电位差，所以带电体静电电压的测量就是静电电位的测量。静电电压是估计静电放电、静电电击等危险性的重要参数。

A. 接触式静电电压表

接触式静电电压表是利用金箔验电器原理制作的仪表，只适宜测量带电导体上的静电压。图 3.46 和图 3.47 是接触式静电电压表的原理图和测量等效原理图。

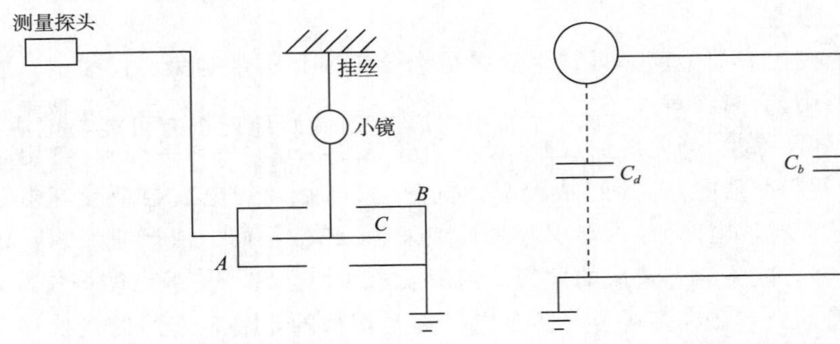

图 3.46　接触式仪表的原理　　　图 3.47　接触式仪表测量等效电路

B. 感应式静电电压表

应用静电感应原理进行测量的感应式静电电压表，属于非接触式仪表。进行测量时不需同带电体接触，因此，其测量结果受仪表输入电容和输入电阻影响较小，测试较为方便。感应式静电电压表测量原理如图 3.48 所示。

图中 T 是测量探头、L 是等效电路、C_w 是探头和被测带电体之间的电容。由于静电感应。探头 T 上出现感应电压。因为 C_w 与 C_b 串联分压，且 C_b 对 R_b 放电。所以探头对地电压为：

$$U_b = \frac{C_W U}{C_W + C_b} e^{-\frac{t}{R_b C_b}}$$

式中：U_b——探极上感应的对地电压；

U——带电体对地电压。

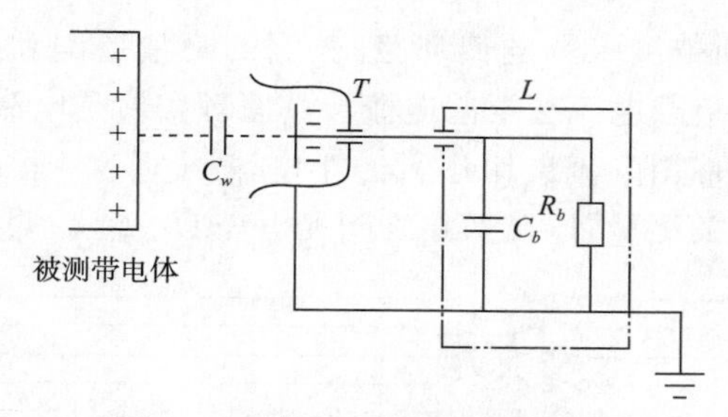

图 3.48　感应式仪表测量原理图

可以看出，探头位置改变即改变了 C_w 的大小。也即改变探头位置可以改变仪表量程。

采用静电测试仪检测信息系统机房地板、台面、机架、桌椅等静电电位，其值一般不宜大于 1 kV。(一级机房不大于 100 V，二级机房不大于 200 V，三级机房不大于 1000 V)。

6. 电气装置综合测试

在各类防雷装置的设计安装中，它们与低压供配电线路及设备特别是低压控制、保护设备联系最为紧密。这些在用的低压控制、保护设备的有效性包括电源质量也必须得到检验。电源质量对计算机信息系统和精密的电子设备的运行影响很大，电源质量不高，可能会导致计算机逻辑电路的误动作，程序运行错误，甚至造成用电设备的永久性损坏。有时计算机莫名其妙地死机有可能与电源质量不高有关。这些问题都属于电源系统的电磁兼容性问题。

一些非常重要的技术指标，例如谐波等现在已有便携的先进仪表进行检测了。防雷产品质量检验机构的技术人员应该掌握它们的测量原理和方法。

(1)电压、频率和电流的测量

①电压和频率

在与电气装置打交道时，经常需要测量电压(进行不同的测量和测试，查找故障位置等)。当建立电源(电源变压器或者单独的发电机)时，需要进行频率测量。

一般计算机频率允许波动范围为 50 Hz(1±1%)。当供电电源频率波动超过允许范围时，会使计算机信息存储的频率发生变化而产生错误，甚至会产生信息丢失等。

对信息系统来说，当供电电源电压波动超过允许范围时，就会使计算机和精密的电子设备运算出现错误，甚至会使计算机的停电检测电路误以为停电，而发出停电处理信号，影响计算机的正常工作。一般计算机允许电压波动范围为：交流 380/220 V(1±5%)。计算机在电压降低至额定电压的 70%时，计算机就自动判定为电源中断。

②电流测量

现在有多种电流测试仪经由电流测试夹钳进行电流测试，它之所以受欢迎，是因为它不需要中断被测量的电流环路、较宽的测量范围和相当高的准确度等级和分辨率，可测试负载电流甚至漏电流。其原理实质是电流互感器。

图 3.49 给出了使用电流夹钳进行的小电流测量，而图 3.50 则表示同时对相线 L_2 中负载电流的测量，以及两相之间相电压 $U_{L_2-L_1}$ 的测量。

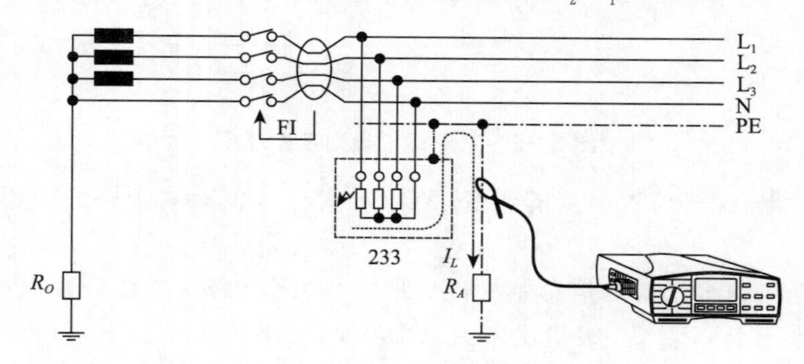

图 3.49　小电流测量

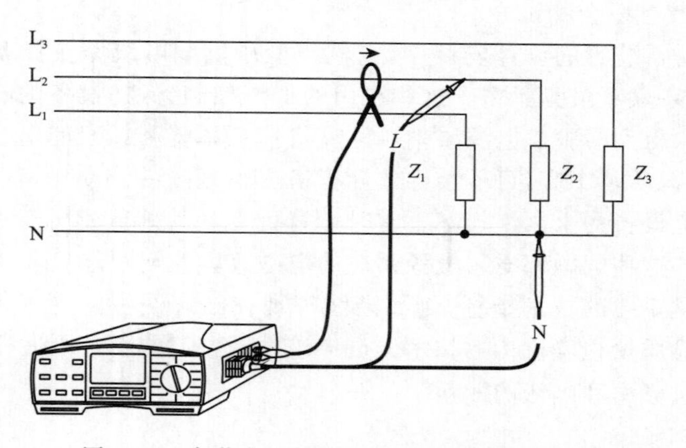

图 3.50　负载电流与两相之间的相电压的测量

这里要注意的是，应将夹钳夹住要测的单根导线，若测量三相四线的整根电缆，由三相电路原理知，结果一般是零(视三相电路是否平衡)。

(2)高次谐波

虽然高次谐波的危害人们讨论的很多，但是过去对谐波分量的处理不易实现，原因是没有较方便的测试设备。由谐波引出的问题，与配电系统和电子负载的关系越来越大，并且导致配电系统和电子负载的损坏很严重。这就是任何一个电气工程在日常工作中可能会遇到控制谐波问题的原因。现在，测试仪表的快速发展解决了此项难题。

失真的电压，可利用傅里叶级数转换法转变成基频和谐波进行分析，见图 3.51、图 3.52 和图 3.53。

①高次谐波的来源

凡是与电力系统连接并向电网输入 50 Hz 以上频率电流的设备，统称谐波源。发电机、变压器、冶金电弧炉、轧钢机以及电力拖动设备、化工整流设备、家用电器等各种非线性用电设备是最常见的谐波源。

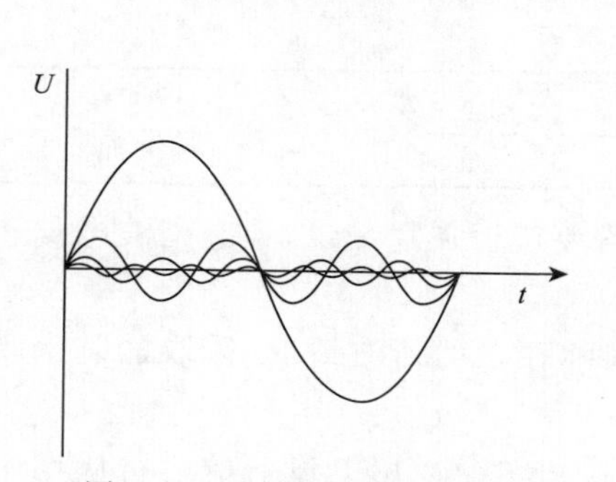

图 3.51　失真电压的图示

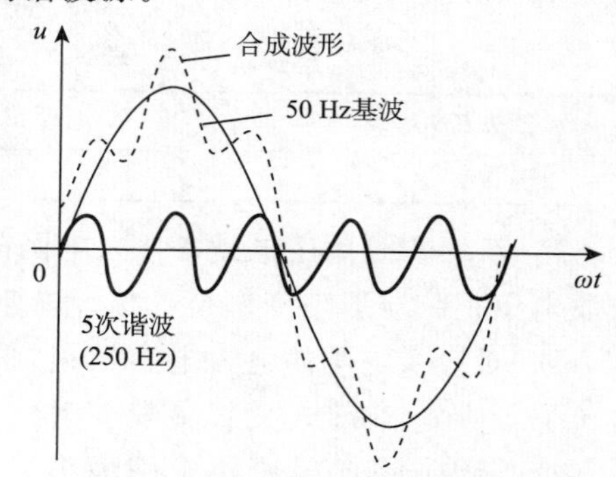

图 3.52　基波与 5 次谐波的合成

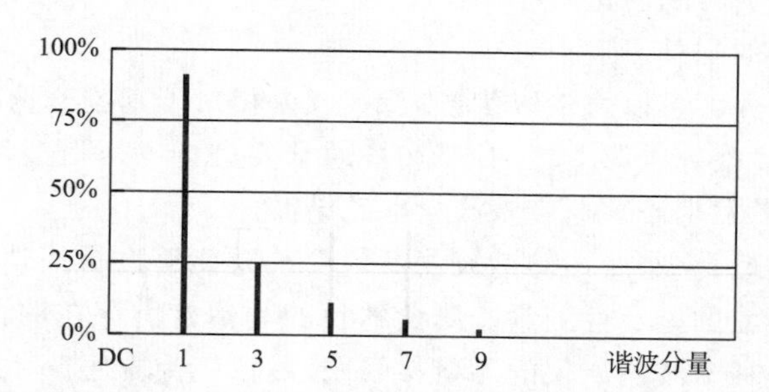

图 3.53　失真电压的图示，利用傅里叶级数转换法转变成基频和谐波进行分析

②高次谐波的危害

高次谐波的危害一般有以下几个方面：

A. 造成电动机和变压器的损失增加，使之过热和降低容量；

B. 使电力电容器过负荷和损坏；

C. 使电力电缆容量降低；

D. 影响继电器特性，造成误动作；

E. 使感应仪表误差增大，降低可靠性；

F. 对通信线路造成干扰。

③对高次谐波的管理

加强对高次谐波的管理是用电安全和供电系统合理化的主要任务之一。对高次谐波的管理应注意以下几点：

A. 研究谐波源的技术性能和运行操作规律；

B. 定期测量电流和电压谐波（防雷检测任务之一）。

《电子计算机场地通用规范》GB/T 2887—2000 对波形失真率规定为，分为A、B、C 三级，见表 3.8。

衡量波形失真的技术指标是波形失真率，即用电设备输入端交流电压所有高次谐波总量与基波有效值之比的百分数。

表 3.8　波形失真率

波形失真率等级	A 级	B 级	C 级
失真率(%)	5	7	10

C. 新的非线性用电设备接入电网前后均要进行现场测试，检查谐波电流和谐波电压正弦波形畸变率是否符合规定。

D. 对接入电网的电力电容器组，根据实际存在的谐波情况，采取加装串联电抗器等措施，保证电力设备安全运行。

E. 谐波测量应选择供电网最小运行方式和非线性用电设备的运行周期中谐波发生量最大的时间内进行。

④高次谐波的测量

谐波分量的强度可以直接以伏特表示，或以相对于基波分量的百分比表示。

一般而言，当检查电源电压的质量时，通常要进行电压谐波测量。当寻找失真来源(谐波分量发生源)时，应该测量电流谐波。

测试仪器举例：一些专用的谐波测量仪器甚至能够进行高达 50 次分量的奇次电压和电流谐波的指示性测量。测量的目的是估计所存在的谐波的强度。例如，图 3.54 为某种谐波测试仪的测量接线图，测量极为方便。

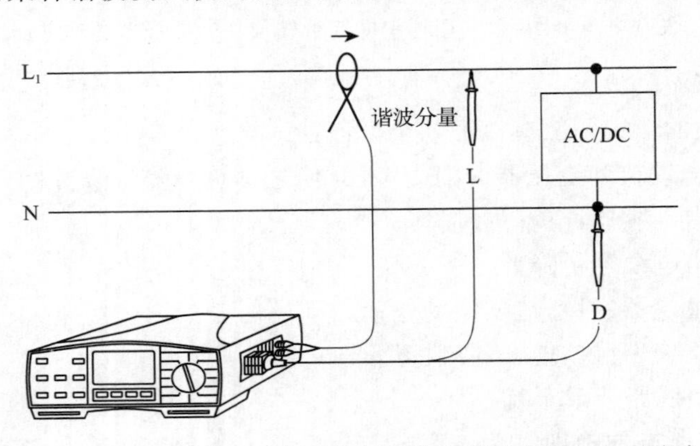

图 3.54　使用谐波测试仪在单相系统中测量电压和电流谐波

(3)漏电保护器及其测试

在有漏电保护器的场合，SPD 的选择与安装是有不同要求的。例如，SPD 最大持续工作电压 U_C 的最小值在 TT 系统中，当 SPD 安装在剩余电流保护器的负荷侧时应有 $U_C \geq 1.15\ U_0$，当 SPD 安装在剩余电流保护器的电源侧时应有 $U_C \geq$

1.55 U_0。如今，完善的电源保护系统中漏电保护器的安装使用越来越多。它在运行中的测试也是各级防雷检测机构必须承担的检测任务之一。

包括 SPD 在内的电气设备和电气线路的泄漏电流是选择漏电保护器不可忽视的条件。如果漏电保护器的动作电流小于正常的泄漏电流，将使电路无法正常工作。即使漏电保护器投入了运行，也会因其经常动作而影响供电的可靠性。因此，从保证供电稳定性出发，不应使其动作电流过小。

①漏电保护器的用途

漏电保护器的功能是提供间接接触保护，防止触电伤亡事故、避免因设备漏电而引起的火灾事故。

额定漏电动作电流不超过 30 mA 的漏电保护器，在其他保护措施失效时，可作为直接接触的补充保护，但不能作为唯一的直接接触保护。相关的国家标准有：

《漏电保护器安装和运行》(GB 13955—92)；

《漏电电流动作保护器(剩余电流动作保护器)》GB 6829—86。

②电流型漏电保护器的工作原理及结构

电流型漏电保护器的工作原理及结构如图 3.55 所示。

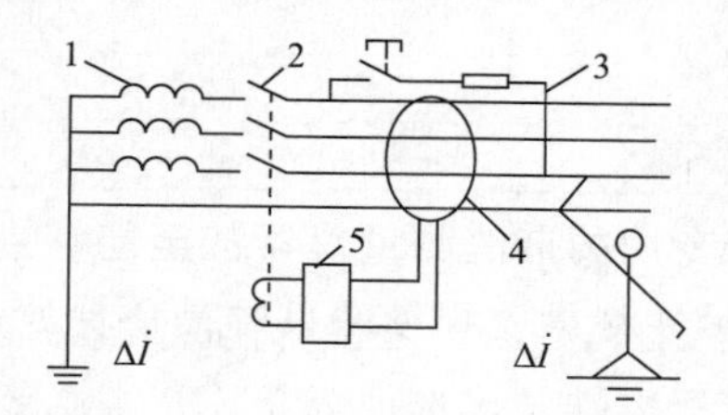

图 3.55　电流型 RCD 的工作原理

1. 变压器　2. 主开关　3. 试验回路　4. 零序电流互感器　5. 脱扣线圈

正常情况下：　$\dot{I}_A+\dot{I}_B+\dot{I}_C=\dot{I}_0$，　$\phi_A+\phi_B+\phi_C=0$

各相电流及中性线电流的向量和为零，零序电流互感器的二次侧没有输出；

当发生漏电或人身电击事故时，

$$\dot{I}_A+\dot{I}_B+\dot{I}_C\neq\dot{I}_0,\quad \phi_A+\phi_B+\phi_C=\phi_0$$

在零序电流互感器的二次线圈侧有零序电流通过(因故障电流 I_k 通过大地返回变压器 1 的中性点)，漏电脱扣器 5 中有电流通过；当电流达到整定值时，使脱扣机构动作，主开关 2 掉闸，切断故障电路，从而起到保护作用。

③漏电保护器的主要额定技术参数

漏电保护器的主要技术参数是动作电流($I_{\Delta n}$)和动作时间(t)

A. 额定漏电动作电流(跳闸电流)是可以引起 RCD 跳闸的差动电流 I_{Δ}。

额定漏电动作电流值为：0.006、0.01、(0.015)、0.03、(0.05)、(0.075)、0.1、(0.2)、0.3、0.5、1、3、5、10、20 A。

30 mA 以下的额定漏电动作电流的为高灵敏度保护器，主要用于防止各种人身触电事故。100 mA 以上的属低灵敏度保护器，用于防止漏电火灾和监视一相接地事故。额定漏电不动作电流（$I_{\Delta no}$）的优选值为 $0.5I_{\Delta}$。

B. 漏电保护器的分断时间

漏电保护器的分断时间（跳闸时间）是指 RCD 在额定差动电流 $I_{\Delta n}$ 下跳闸所需要的时间。

a. 间接接触保护用漏电保护器的最大分断时间（表 3.9）

表 3.9 间接接触保护用漏电保护器的最大分断时间

$I_{\Delta no}$(A)	I_n(A)	最大分断时间(s)		
		$I_{\Delta no}$	$2I_{\Delta no}$	$5I_{\Delta no}$
≥0.03	任何值	0.2	0.1	0.04
	≥40	0.2	—	0.15

b. 直接接触补充保护用漏电保护器的最大分断时间（表 3.10）

表 3.10 直接接触补充保护用漏电保护器的最大分断时间

$I_{\Delta n}$(A)	I_n(A)	最大分断时间(s)		
		$I_{\Delta n}$	$2I_{\Delta n}$	0.25 A
≤0.03	任何值	0.2	0.1	0.04

漏电保护器的分断时间按动作速度可分为快速型、延时型和反时限型三种，具体选择应根据保护要求来确定。快速型动作时间不超过 0.1 s；延时型动作时间不超过 0.1～2 s，国家标准推荐优选值为 0.2、0.4、0.8、1.0、1.5、2.0 s；反时限型动作时间规定 1 倍动作电流时，动作时间不超过 1 s；2 倍动作电流时，动作时间不超过 0.2 s；5 倍动作电流时，动作时间不超过 0.03 s。

对于防止人身触电的漏电保护器，应采用高灵敏度、快速型的漏电保护器，其动作电流与动作时间的乘积不应超过 30 mA · s。

④RCD 运行中动作特性试验

在雷击或其他不明原因使漏电保护器动作后，应检查漏电保护器。

为检验漏电保护器在运行中的动作特性及其变化，应定期进行动作特性试验。

A. 漏电保护器的分断时间 t_{Δ}（跳闸时间）的测试

测量电路图与接触电压测量相同（见图 3.58），但测试电流可以是 $0.5I_{\Delta n}$，$I_{\Delta n}$，$2I_{\Delta n}$，也可以是 $5I_{\Delta n}$。为了安全，测试仪应在测量跳闸时间之前测量接触电压。

如果额定差动电流 $I_{\Delta n}$≤30 mA，可以用 0.25 A 的测试电流代替 $5I_{\Delta n}$。

如果测得的跳闸时间超出容许极限，应更换 RCD 装置，因为跳闸时间主要取决于安装的 RCD 装置。

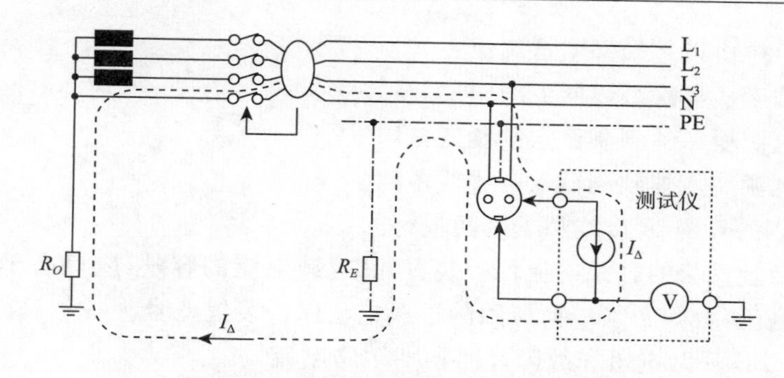

图 3.58　跳闸电流和跳闸时间的测量

B. 额定漏电动作电流(跳闸电流)的测试

跳闸电流的容许量程由 IEC 61009 或 GB 6829—86 标准规定,并随 RCD 的类型(AC,A 或 B)而定,如下:

I_Δ=(0.5 到 1)×$I_{\Delta n}$………………AC 型

I_Δ=(0.35 到 1.4)×$I_{\Delta n}$…………A 型

I_Δ=(0.5 到 2)×$I_{\Delta n}$………………B 型

C. 测量跳闸电流

测量电路图与接触电压测量相同(见图 3.59)。测试仪开始驱动一个 $0.5I_{\Delta n}$ 或更低的测试电流,然后增大此电流,直到 RCD 跳闸或增大到 $1.1I_{\Delta n}$。

如果跳闸电流超出给定的量程,那么就需要检查被测 RCD 以及设备回路是否和所连接的负载的状况一样。如果测量结果太低,那么某些漏泄电流或故障电流已经流到地面的可能性就很高。

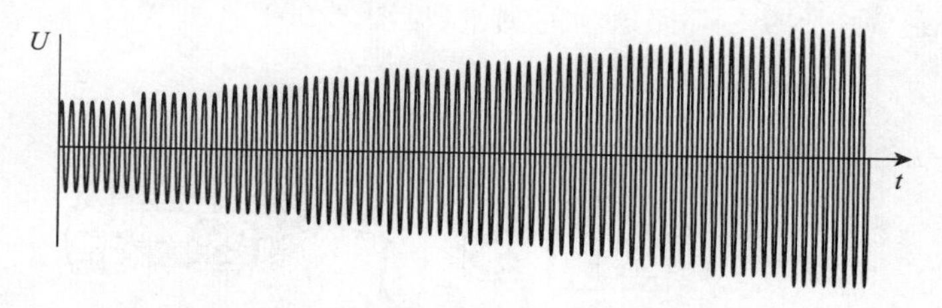

图 3.59　适用于 AC 型跳闸电流测试的测试电流波形

(4)其他参数的测量简介

以下参数可在防雷检测工作发展到一定程度时开展。

①线路阻抗与预期短路电流

线路阻抗,是在单相系统中相线 L 与中线 N 的接线端子之间,或者三相系统中两相线接线端子之间测得的阻抗。当检验设备的供电能力时,例如高功率负载,或检验过载电流断路器时,需要测量线路阻抗以确定所选断路器的分断能力等指标是否合理。

线路阻抗由以下局部阻抗组成：

· 电源变压器次级线圈的线阻

· 从电源变压器到测试点的相线电阻

· 从电源变压器到测试点的中线电阻

测量是在 L 与 N 接线端子之间进行的。

任何已经安装的过载电流保护装置，其过载电流的容量，应该高于计算出的预期短路电流，否则必须更换所用的过载电流保护装置型号。

②N－PE 环路电阻和故障环路预期短路电流

现代电子技术制造的新式测试仪，即使是中线 N 与保护 PE 导线间的电阻也可以测量，尽管在中线中可能存在强电流。由相电压驱动的电流，流经不同线性与非线性负载时，会导致电压降呈现的极不规则的波形（非正弦波），电压会干扰测试电压并且妨碍测量。由于在中线和保护导线之间没有电源电压，因此，使用内部测试电压（大约 40V，DC，＜15 mA）。

这种测量相对于环路故障测试（L－PE）的主要优点是，由于测试电流低（＜15 mA），所以 RCD 在测试过程中肯定不会跳闸。

根据测量结果，可以得出下面的结论：

A. 所用的保护导线的连接方式（TN，TT 或 IT 系统）

B. 在 TT 系统连接方式下的接地电阻值

C. 在 TT 或者 TN 系统连接方式下，测量结果与环路故障电阻的阻值十分相近，这就是测试仪还能够计算故障环路预期短路电流的原因。

测量原理略。

a. TN 系统中 N-PE 环路电阻的测量（见图 3.60）

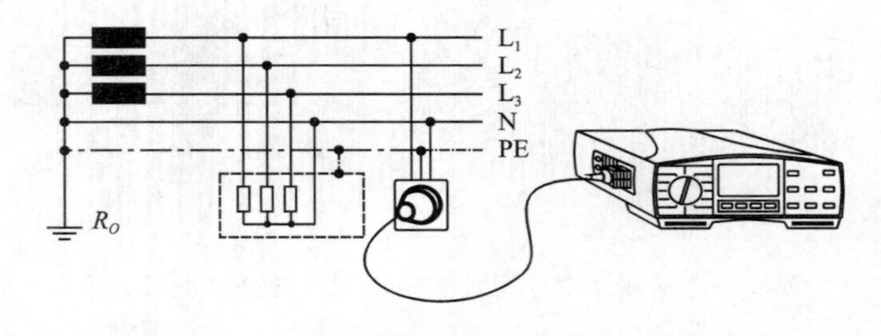

图 3.60　TN 系统中中线与保护导线之间的电阻测量

测试仪测量从电源变压器到测量点之间的中线与保护导线间的电阻（图 3.60 中环路用粗线标记）。在此情况下，如果测试结果很低（最大 2 Ω），表明含有 TN 系统。

测量结果 1　　$R_N + R_{PE}$

测量结果 2　　$I_{psc} = 220\ V \times 1.06/(R_N + R_{PE})$

式中：R_N　中线电阻（用粗线标记）；

R_{PE} 保护导线电阻(用粗点画线标记);

I_{psc} 故障环路预期短路电流。

b. TT 系统中 N－PE 环路电阻的测量(见图 3.61)

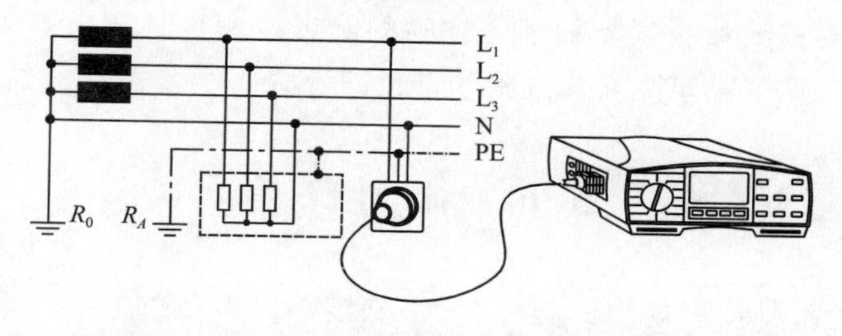

图 3.61 TT 系统中中线与保护导线之间的电阻测量

测试仪测量如下环路中的电阻:从电源变压器到测量点(电源插座)的中线电阻,从电源插座到接地电极的保护导线电阻,然后通过大地与变压器接地系统回到电源变压器(在图 3.61 中环路用粗线标记)。在这种情况下,如果测试结果非常高(超过 10 Ω),表明含有 TT 系统。

测量结果 $1=R_N+R_{PE}+R_E+R_0$

测量结果 $2=I_{psc}=230\ V\times1.06/(R_N+R_{PE}+R_E+R_0)$

如果可以假设,阻值 R_E 远高于其他所有电阻的阻值之和,那么请注意下面公式:

测量结果 1 $R_N+R_{PE}+R_E+R_0$

测量结果 2 $I_{psc}=230\ V\times1.06/(R_N+R_{PE}+R_E+R_0)$

式中:R_N 从电源变压器到测量点(电源插座)的中线电阻

R_{PE} 从电源插座到接地电极的保护导线电阻

R_E 保护接地电极的接地电阻

R_0 变压器接地系统的接地电阻

I_{psc} 故障环路预期短路电流

③功率及功率因数

与电源设备连接的电力负载,在额定功率、内部阻抗的特性、相的数量等方面彼此各有不同。

由于设备只设计用于提供额定功率,所以必须对它进行功率消耗监测。如果不这样,那么将会引起设备过载甚至损坏,它也可以自动跳闸;由于过载系统的原因,一些负载可能会受低电源电压的损害。

3.5 检测周期

防雷装置应根据其重要性、使用性质、气象、地理环境及土壤特性等安排合适的检验周期。例如,一般对安装在爆炸和火灾危险环境的防雷装置,宜每半年检测一次。对其他场所防雷装置应每年检测一次。对电力系统的输变电杆塔一般每 6 年检测一次。

实际上,对有大量测试点的某建筑物的防雷检测也是按主要测试点每年检测一次,对其他次要测试点轮流抽测来进行的。

3.6 检测程序

防雷检验就是按照规定的程序,为了确定防雷产品的一种或多种特性或性能的技术操作。为达到质量要求应采取一系列作业技术和活动。

防雷产品质量检验机构应正确配备进行检验的全部仪器设备。仪器设备验收、流转应受控。应对所有仪器设备进行正常维护,并有维护程序;如果任一仪器设备有过载或错误操作、或显示的结果可疑、或通过检定(验证)或其他方式表明有缺陷时,应立即停止使用,并加以明显标识,如可能应将其贮存在规定的地方直至修复;修复的仪器设备必须经校准、检定(验证),或检验证明其功能指标已恢复。实验室应检查由于这种缺陷对过去进行的检验所造成的影响。

每一台检测用仪器设备都应有明显的标志来表明其校准或检定状态。应有“合格”、“准用”、“停用”等计量标志;通常上述标志用“绿”、“黄”、“红”三色标志表示;(非计量)测试设备也应有类似的彩色标志,表明其经验证后是否处于完好状态。具体标志管理为:

(1)合格证(绿色)为计量检定合格者;

(2)准用证(黄色)为不必检定的设备,经检查其功能正常者(如计算机,打印机等);

多功能检测设备,某些功能已丧失,但检测工作所用功能正常,经校准合格者;测试设备某一量程准确度不合格,但检验(测)工作所用量程合格者;降级使用。

(3)停用证(红色)

检测仪器、设备损坏者;

检测仪器、设备经计量检定不合格者;

检测仪器、设备性能无法确定者;

检测仪器、设备超过检定周期者;

每次使用前都应进行仪器有效期确认、基本功能的检查和零点的调整(如果有的话)。

防雷产品质量检验机构应使用适当的方法和程序进行所有检验工作以及职责范围内的其他有关业务活动(包括样品的抽取、处置,测量不确定度的估算,检验数据的分析);这些方法和程序应与所要求的准确度和有关检验的标准规范一致。防雷产品质量检验机构除了应按《防雷装置安全检测技术规范》的条文要求进行检测作业外,最好专门制定相应的作业指导书,规范检测工作。

大多数建筑物应先通过查阅防雷工程技术资料、图纸,了解被检方的防雷设施的基本情况,然后进行现场检测。

3.7 检测数据处理

防雷产品质量检验机构应有适合自身具体情况并符合现行规章的记录制度。所有的原始测试记录、计算和导出数据、记录以及证书副本、检验证书副本、检验报告副本均应归档并保存适当的期限。例如,保存两个检测周期以上时间。

每次检验的记录应包含足够的信息以保证其能够再现。记录应包括参与检验人员的标识。记录更改应按适当程序规范进行。应使用预先设计好的原始记录表,现场记录,现场签名。杜绝现场用白纸临时记录,回去再重新登录整理记录的情况发生。

所有记录(包括有关校准和检验仪器设备的记录)、证书和报告都应安全贮存、妥善保管并为委托方保密。

对于实验室完成的每一项或每一系列检验的结果,均应按照检验方法中的规定,准确、清晰、明确、客观地在检验证书或报告中表述,应采用法定计量单位。证书或报告中还应包括为说明检验结果所必需的各种信息采用方法所要求的全部信息。

应合理地编制检验证书或报告,尤其是检验数据的表达应易于读者理解。注意逐一设计所承担不同类型检验证书或报告的格式,但标题应尽量标准化。

对已发出的检验证书或报告作重大修改,只能以另发文的方式,或采用对“编号为××××的检验证书或报告”作出补充声明或以检验数据修改单的方式。这种修改应有相应规定。

当发现诸如检验仪器设备有缺陷等情况,而对任何证书、报告或对证书或报告的修改单所给出结果的有效性产生疑问时,防雷产品质量检验机构应立即以书面形式通知被检方。

当被检方要求用电话、电传、图文传真或其他电子和电磁设备传送检验结果时,实验室应保证其工作人员遵循质量文件规定的程序,这些程序应满足本准则的要求,并为委托方保密。

关于记录、技术报告、证书的具体要求,请参见有关书籍。

第4章　防雷工程的验收

防雷工程施工质量监督验收依据也主要是《建筑物防雷设计规范》GB 50057—94、GB 50174—1993《计算机机房设计规范》、GB/T 50311—2000《建筑与建筑物综合布线系统工程设计规范》以及 IEC 62305 系列等国际标准。相关施工工艺依据各种国家建筑标准设计图集。

经审核合格的防雷工程设计方案(包括图纸),在实施时要进行施工现场防雷工程分阶段(隐蔽工程)验收,工程竣工后再进行总验收。即:新建建筑物的防雷工程施工质量监督、竣工验收分为两大部分:一是分阶段验收;二是竣工验收。

以下是国内多数省、市防雷中心目前采用的分阶段(隐蔽工程)验收程序、要求及质量评定标准并略加调整和补充。

4.1　施工现场验收的一般要求

施工方或建设方应在开工前办理施工现场验收的手续。防雷工程施工质量监督应从基础部分施工开始时介入,以保证各个环节严格按照设计方案施工,并保证施工质量。

防雷检测技术人员应制定相应的检测方案,组织专人事先吃透防雷方案和图纸内容,有计划及时地进行检测验收,以防耽误建设工期,对用户负责。对每一个防雷工程而言,检测小组技术人员应尽量固定,使验收工作贯穿于整个建设工期内。应要求施工方有专门的电气技术工程师负责防雷工程施工,与防雷检测技术人员定期会商,提早安排下一步防雷工程施工,防止遗漏防雷隐蔽工程。应如实填写《防雷工程验收手册》,隐蔽工程要照相取证。

4.2　防雷装置施工现场验收的工程项目

防雷装置施工现场分阶段、分项验收的工程内容至少可分为以下几个部分:

(1)基础接地(人工和自然接地)装置,可能有桩、承台、地梁等部分。

(2)柱筋引下线(或人工布设的引下线)。

(3)均压环(在建筑物超出规定高度时应考虑安装均压环)。

(4)等电位措施。

(5)避雷网格、避雷针、避雷带等。

(6)包括 SPD 在内的电气装置。

4.3　防雷工程施工现场验收的主要内容

按照审核合格的防雷设计图纸，进行防雷装置施工现场分阶段(隐蔽工程)验收，其主要内容是：是否严格按图施工，施工工艺及质量是否符合要求。

当工程施工进度到达以下环节时，必须派出监督、检测人员到现场履行职责：

1. 基础接地体(桩、承台、地梁等)焊接完成、浇混凝土之前，遇以下几种情况应及时到场进行检测、取证。

(1)桩筋笼绑扎和焊接完成时，在吊装至桩孔之前，应检查并照相取证桩筋笼各桩筋间的等电位连接情况，一般要求每隔 6 米用箍筋与各桩筋焊接一次。同样规格的一批桩筋笼只需检查一次即可。

(2)完成桩基础，开始绑扎承台、地梁钢筋时，检查桩筋与承台或地梁钢筋的连接。一般要求各有两根桩筋分别与承台或地梁中的上下层主钢筋通过 10 mm 直径以上的圆钢焊连接起来。

(3)完成承台或地梁浇注，开始绑扎柱钢筋时，一般要求各有一根以上柱筋(取对角线上的两根螺纹钢，以下类同)分别与承台或地梁中的上下层主钢筋焊接。

(4)完成柱的浇注，开始进行首层及每层梁筋和板筋绑扎时，一般要求各有一根桩筋(明确作为引下线的钢筋)分别与梁中的上下层主钢筋焊接。板筋与梁筋自然绑扎即可。要求用作引下线的柱筋从下面的承台或地梁中一直到顶层用电焊连接保持电气贯通；每一层圈梁中与柱筋连接的梁筋也要用电焊连接保持电气贯通，从而使其成为均压带或使其成为兼具防止侧击雷击的装置。

(5)有地下室的建筑物，施工到±0.00 之前，必须进行一次接地体(整体)接地电阻的测量。

2. 分层柱筋引下线、均压环、外墙金属门窗及玻璃幕墙、金属桥架等电位连接及绑扎板筋焊接完成、预留电气连接端子焊接完成，浇混凝土之前，一般每层应及时到场进行检测验收至少一次。

检查内容包括每层板筋绑扎情况、每层柱筋引下线焊接情况(柱筋整体采用对接焊工艺时免去此项检查)、每层均压环焊接情况(含均压环与金属门窗等电位连接的预留连接端子)、对玻璃幕墙和金属栏杆等大的金属物体的接地和等电位连接情况以及低压配电系统和弱电系统中架设电缆的金属桥架或管道、供水系统中的上下水金属管道、煤气管道等装置安装所需的预留电气接地端子排(等电位连接排)等。

完成最顶层绑扎板焊接时,完成天面避雷网格焊接(暗敷)时,完成楼顶预设天线底座的预留电气连接端子时,在浇筑混凝土前也应到场检查验收。由于天线底座必须设在梁或柱顶上以承担天线重量,其预留电气连接端子的制作要求一般为:可通过四根锚杆将支座金属板与梁筋焊连接。

3. 天面避雷装置及其他金属构件安装焊接完成时,应及时到场进行一次检测验收。检测内容包括裙楼顶避雷针(带、网)的施工情况、转换层防雷装置施工情况、天面避雷针(带、网)安装焊接情况、天面安装的冷却塔、广告牌、金属放散管等金属构件的接地安装焊接完成情况等。这些工作也允许在工程竣工总验收时一并进行。

4. 电气系统的控制、保护装置,例如配电柜、箱、盘等包括其内的各类断路器、熔断器、剩余电流动作保护器、各级电涌保护器件安装完毕时,应及时到场进行检测检验。要求配电柜、箱、盘的金属壳体就近与本楼层接地排连接或直接与墙柱内预留的钢筋连接。

4.4 防雷装置施工现场验收中的具体技术要求和指标

新建建筑物的防雷装置验收中的具体技术要求和指标,主要以《建筑物防雷设计规范》(GB 50057—94)(2000 年版)和国家、各行业防雷设计规范等为依据。以下按照防雷装置施工现场分段、分项验收的工程内容,分述验收中的具体技术要求和指标。

4.4.1 基础接地验收技术要求和指标

基础接地分为人工接地装置和自然基础接地装置两种。它们的具体技术要求和指标为:

1. 人工接地装置技术要求和指标

人工接地装置是指非利用建筑物基础桩、地梁,而用圆钢、角钢、扁钢或专用成品制作件,人工布设的接地装置。其通常做法为:

(1)材料规格:

A. 专用成品制作件。

B. 角钢∠50 mm×50 mm×5 mm、镀锌扁钢－40 mm×4 mm;厚度≥4 mm;钢管厚度≥3.5 mm;圆钢直径 D≥10 mm

(2)安装深度(埋设深度):－50～－80 cm,冻土层以下。

(3)安装长度:垂直接地体 $l=2.5$ m,间距＝5 m。水平接地体外引长度不应超过接地体有效长度:$l=2\sqrt{\rho}$,其中 ρ 为接地体周围的土壤电阻率。

(4)安装形式:①环形、水平接地体,②垂直接地体,③垂直与水平接地体混合而成的接地网。

当在建筑物周围的无钢筋的闭合条形混凝土基础内,敷设人工基础接地体时,接地体的规格尺寸规定如表 4.1,表 4.2 所列。

表 4.1　第二类防雷建筑物条形人工基础接地体的规格尺寸

闭合条形基础的周长(m)	扁钢(mm)	圆钢,根数×直径(mm)
≥60	4×25	2×Ø10
≥40 或＜60	4×50	4×Ø10 或 3×Ø12
＜40	钢材表面积总和≥4.24 m²	

表 4.2　第三类防雷建筑物条形人工基础接地体的规格尺寸

闭合条形基础的周长(m)	扁钢(mm)	圆钢,根数×直径(mm)
≥60		1×Ø10
≥40 至＜60	4×20	2×Ø8
＜40	钢材表面积总和≥1.89 m²	

(5)安装位置:按设计要求,不得将人工接地体敷设在基础坑底,一般应敷设在散水以外(距建筑物外墙皮 0.5～0.8 m),灰土基础以外的基础槽边,人工接地体距建筑物出入口或人行道不应小于 3 m。当各种接地不共用及与金属管道不相连时,其间距按不同防雷类别,其间距至少分别为,第一类:$S\geqslant 3$ m;第二类:$S\geqslant 2$ m;第三类:$S\geqslant 2$ m;建筑物地中距离按不同防雷类别应分别符合下列表达式:

第一类:$S_e\geqslant 0.4R_i$(S_e—地中距离,R_i—冲击接地电阻值)

第二类:$S_e\geqslant 0.3K_cR_i$

式中 K_c—分流系数。

当只有单根引下线时,$K_c=1$;当有两根引下线及接闪器不成闭合环的多根引下线时,$K_c=0.66$;当接闪器为网状的或成闭合环时有多根引下线的情况下,$K_c=0.44$。

(6)焊接情况:圆钢单边搭接焊接时长度不小于圆钢直径的 12 倍;双边搭接焊接时长度不小于圆钢直径的 6 倍;扁钢搭接长度为扁钢宽度的二倍,多面连续焊。

(7)降阻措施:在高土壤电阻率地区(＞1000 Ω · m)若需要可采用多种降阻措施,例如使用降阻剂。

若使用降阻剂，其基本性能必须符合接地工程技术特性的要求，主要有：

a. 良好的导电性能

b. 长效的降阻功能

c. 对金属的耐蚀缓蚀性

e. 能耐受大电流的冲击

f. 具有一定的负阻特性

g. 降阻剂本身应无毒，对环境无污染

h. 降阻剂应便于施工

(8)防腐措施：在腐蚀性较强的土壤中，接地装置材料应采用热镀锌材料，加大接地材料规格，埋在土壤中的接地装置所有焊接处做防腐处理。

(9)接地电阻值：按不同防雷类别应分别符合下列指标：

第一类、第二类：$R_i \leqslant 10\ \Omega$；第三类：$R_i \leqslant 30\ \Omega$。

对于共用接地装置，其接地电阻应符合分系统中要求最高的接地电阻值要求。

2. 自然基础接地装置技术要求和指标

自然基础接地装置是指利用建筑物混凝土基础桩、承台或地梁内钢筋作为接地的装置。

A. 基础桩作为接地装置的技术要求和指标

a. 利用主筋数：单桩实际被用作基础接地体的主筋数量，一般为 4 条，最少不应少于 2 条。若有箍筋作焊接处理，可确保所有桩筋均被用作接地体。

b. 桩利用系数：a = 用作接地体桩数/建筑物总桩数。分为 4 挡：1、0.75、0.5、≤0.25。应尽可能多利用基础钢筋。

c. 主筋表面积：在距地面≥−50 cm 与每根引下线所连接的钢筋表面积总和，第二类：$S \geqslant 4.24\ K_c^2$；第三类：$S \geqslant 1.89\ K_c^2$。

d. 接地主筋直径：钢筋混凝土作为接地装置，采用钢筋或圆钢，当仅用一根时，直径 $D \geqslant 10$ mm。钢筋混凝土构件中有箍筋连接的钢筋其截面积应大于等于一根∅10 mm 钢筋的截面积。表面积的计算：∅10 钢筋的表面积，以每一根长 2 m计算，则表面积为：$0.02\pi\ \text{m}^2$，其计算公式 $S = \pi \cdot D \cdot l$（l 为钢筋长度），单位：m^2；截面积计算公式为：$S = \pi D^2/4$，单位：m^2。

e. 单桩接地电阻平衡度：接地电阻平衡度 = 单桩内多根主筋中 R_i 最大值/R_i 最小值，要求为 1，大于 1 时应加短路环，R_i 为单根主筋的冲击接地电阻值。

f. 土壤电阻率：采用文纳四极法测量时，$\rho = 2\pi a R_{\sim}$，按实测数值填写。其中 a 为探针间距，分别取多个值，可获得土壤从地表到不同深度范围内的平均土壤电阻率。请参见第四章土壤电阻率的测量等相关内容。

g. 同位含水量（地下水位）：若基础采用硅酸盐水泥，且建筑物混凝土基础装置被利用作为接地的装置时，周围土壤含水量不应低于 4%；要知道地桩能否达到地下水位是很有意义的，若地桩深度能达到地下水位置，将非常有利于降低接地电阻。地下水位是指离地面的深度，取小数后一位。如地下水位 4 m，填写为：－4.0 m。

h. 四置距离：按建筑物地面所处的 E、S、W、N 四个方向与相邻建筑物的水平距离据实填写。如：E24，S24，W24，N22，超过 50 米时，则填＞50 m。四置距离将是判断建筑物有效截收面积以及建筑物地中距离的重要参数，可决定是否要将邻近的建筑物作联合接地处理。

i. 桩的深度：填写最深的和最浅的桩的深度，单位为 m，取小数后一位。

B. 基础承台作为接地装置的验收技术要求和指标

a. 引下线间距：按不同防雷类别应分别检测：第一类：≤12 m；第二类：≤18 m；第三类：≤25 m；且边角、拐弯处均应设置引下线。

b. 利用柱主筋数量及直径，利用柱中一条钢筋时，其直径不应小于∅10 mm，一般不少于两条。

c. 承台与桩主筋连接：检查承台与桩主筋焊接情况，桩内四条主筋，分别有两条与承台配筋上、下层搭接焊(用∅10 mm 以上圆钢搭接过渡)，圆钢单边搭接焊接时长度不小于圆钢直径的 12 倍，双边搭接焊接时长度不小于圆钢直径的 6 倍。

d. 承台与引下线柱主筋连接：同上条。

C. 地梁作为接地装置的技术要求和指标

a. 地梁与引下线柱主筋连接：检查地梁主筋与引下线主筋焊接质量，两条引下线主筋与地梁主筋焊接，做法类似于承台与桩主筋连接情况。

b. 梁与梁的主筋连接：检查地梁与地梁间主筋焊接质量，地梁间主筋焊接无交叉，使地梁周圈成为环形并实现电气连通。圆钢单边搭接焊接时长度不小于圆钢直径的 12 倍；双边搭接焊接时长度不小于圆钢直径的 6 倍。

c. 短环路：检查地梁主筋与箍筋焊接质量，要求箍筋每隔 6 m 与主筋焊接。

d. 预留电气接地：检查首层基础是否要求预留电气接地。要求离地面约 0.3 m 处用∅10 以上镀锌圆钢从接地的柱主筋引出，引出长度一般需大于 0.2 m。

e. 接地装置电阻值：对于共用接地装置，其接地电阻应符合分系统中要求最高的接地电阻值要求；人工接地体的接地电阻值第一、二类：$R_i \leqslant 10\ \Omega$；第三类：$R_i \leqslant 30\ \Omega$，但当预计雷击次数≥0.012 次/a 且≤0.06 次/a 的部、省级办公建筑物及其他重要或人员密集的公共建筑物时，$R_i \leqslant 10\ \Omega$。

4.4.2　引下线验收技术要求和指标

引下线可在建筑物外明敷，因建筑艺术要求较高者可暗敷。实际上现在框架结构的建筑物普遍采用构造柱内的钢筋作为引下线。因此，引下线分为明装引下线、暗装引下线和利用主筋作引下线的结构引下线，以下是有关技术要求和指标。

(1)明装引下线的技术要求和指标

A. 材料规格：引下线应采用圆钢(优先采用)或扁钢，圆钢直径不应小于∅8 mm，扁钢截面积不应小于 48 mm²，其厚度不应小于 4 mm；并应采取防腐措施。烟囱引下线采用圆钢时，直径≥∅12 mm，采用扁钢时，截面积≥100 mm²，厚度≥4 mm；上下电气贯通的金属爬梯可作为引下线。

B. 安装位置：第一类建筑物独立避雷针的杆塔处至少设一根引下线，第二、三类的建筑物引下线一般不少于两根，且应沿建筑物四周均匀或对称布置，第三类建筑物周长小于 25 m 且高度低于 40 m 时可只设一根引下线(特别在边角、拐弯处应设引下线)，在易受机械损伤和易于与人身接触的地方，从地上 1.7 m 处至地下 0.3 m 处，应采取暗敷或用护管保护等防护措施。

C. 固定支撑间距：引下线固定支撑间距要求均匀、平直且间距不大于 2 m。

D. 断接卡：采用多根引下线时，宜在各引下线上于距地面 0.3～1.8 m 之间设断接卡。要求其过渡电阻 $R_i \leqslant 0.03\ \Omega$。

E. 电气线路与防雷地不相连时与引下线之间距离：第一类：地上部分，当 $h_x < 5\ R_i$ 时，$S_{a1} \geqslant 0.4(R_i + 0.1\ h_x)$；当 $h_x \geqslant 5\ R_i$ 时，$S_{a1} \geqslant 0.1(R_i + h_x)$；第二类：当 $l_x < 5\ R_i$ 时，$S_{a3} \geqslant 0.3\ K_c(R_i + 0.1\ l_x)$；当 $l_x \geqslant 5\ R_i$ 时，$S_{a3} \geqslant 0.075\ K_c(R_i + l_x)$；第三类：当 $l_x < 5\ R_i$ 时，$S_{a3} \geqslant 0.2\ K_c(R_i + 0.1\ K_c)$；当 $l_x \geqslant 5\ R_i$ 时，$S_{a3} \geqslant 0.05\ K_c(R_i + K_c)$。其中 h_x 是被保护物高度；l_x 是引下线计算点距地面长度。当电气线路与防雷地相连时，第二类：$S_{a4} \geqslant 0.075\ K_c R_i$；第三类：$S_{a4} \geqslant 0.05\ K_c R_i$。

F. 布设间距：第一类：间距≤12 m；第二类：间距≤18 m；第三类：间距≤25 m。

G. 接地电阻：每根引下线所对应的冲击接地电阻值，第一、二类的 $R_i \leqslant 10\ \Omega$；第三类的 $R_i \leqslant 30\ \Omega$。

(2)暗装引下线的技术要求和指标

暗装引下线的基本要求与明装引下线的技术要求一样，但材料规格要求有所提高，暗装引下线若采用圆钢，其直径不应小于∅10 mm。

(3)结构引下线(利用建筑物柱子钢筋作引下线)的技术要求和指标

A. 材料规格：同于暗装引下线的要求，一般柱筋规格足够满足要求。

B. 安装位置：沿建筑物四周外墙柱筋布设，第一类：间距≤12 m；第二类：间距≤18 m；第三类：间距≤25 m。

C. 短路环：要求用作防雷引下线柱筋每层至少有一个箍筋与主筋相焊接。

D. 引下线数：第一类：独立避雷针的杆塔处至少设一根引下线，第二、三类：

不少于两根；利用柱主筋数不少于两条；引下线越多，安全度越高。

E. 电气预留接地：检查首层及各层是否按设计要求预留电气接地，要求离地板面约 0.3 m 处，用∅10 mm 以上镀锌圆钢与用作接地的柱主筋焊接引出，引出长度>0.2 m。

F. 引下线连接：检查连接质量，柱筋引下线选定对角的两条主筋，从承台、地梁至天面与避雷带连接，单面焊≥12 d，双面焊≥6 d，且焊接饱满。

G. 钢筋表面积总和：利用基础内钢筋网作为接地体时，在距地面 0.5 m 以下，每根引下线所连接的钢筋表面积总和应满足 $S \geqslant 4.24(1.89)K_c^2$。

H. 断接卡：当同时采用基础接地时，可不设断接卡，但应在室内外适当地点设若干连接板，供测量和作等电位连接用。当采用人工接地体时，应在各引下线上于距地面 0.3 m 以上处设接地体连接板，并有明显接地标志。

4.4.3　均压环(兼作防侧击雷装置)验收技术要求和指标

当建筑物为钢筋混凝土结构或钢结构的高层建筑物时，对第一类防雷建筑物的 30 m 以上部分、第二类防雷建筑物的 45 m 以上部分、第三类防雷建筑物的 60 m 以上部分，应装设均压环；当建筑物钢筋混凝土内的钢筋(梁筋和柱筋)具有电气贯通性连接(焊接)且上部与接闪器焊接，又与引下线可靠焊接情况下，横向钢筋可作为均压环，其技术要求和指标如下：

①材料规格：钢筋或圆钢，仅为一根时，直径应≥∅10 mm，利用混凝土构件内有箍筋连接的钢筋，其截面积总和不应小于∅10 mm 钢筋的截面积。

②环与柱主筋连接：检查有无均压环，有无与用作引下线的柱主筋全部连接，并使该高度及以上外墙上的栏杆、门、窗及大金属物与防雷装置相连。

③门窗—环过渡电阻：检测门窗—环的电气通路情况，可用低电阻测试仪检测，要求其过渡电阻 $R \leqslant 0.03\ \Omega$。

④与竖直金属管连接：检查竖直敷设的金属管道及金属构件与环的连接情况，要求可靠焊接，其顶端和底端与防雷装置可靠连接。

⑤环间间距：需安装两个以上均压环时，环间间距不大于 12 m，一般为 6 m。

⑥环间连接：与所有引下线、竖直敷设的金属管道、金属门窗等金属部件可靠连接。

⑦敷设方式：第一类建筑物从>30 m 起，每隔不大于 6 m 沿建筑物四周设水平避雷带，并与所有引下线焊接。第二、三类建筑物从 45 m、60 m 起，可利用建筑物本身的钢构架、钢筋体及其他金属，将窗框架、栏杆、表面金属装饰物等较大的金属物连接到建筑物钢构架、钢筋体进行接地，一般可不设专门防侧击雷击的接闪器。

4.4.4　避雷网格验收技术要求和指标

采用避雷网做接闪器的措施，对第一类防雷建筑物而言，仅在建筑物太高或其他原因难以装设独立避雷针、架空避雷线、网情况下，方允许采用直接安装在建筑物上的避雷网。

对于第二、三类建筑物，允许采用暗埋避雷网做接闪器的防雷措施，但其前提是允许屋顶遭雷击时，混凝土会有一些碎片脱开，造成局部防水、保温层被破坏，但对结构无损害，发现问题后需进行修补。为减少建筑物交付使用后的麻烦，应尽量采取明装避雷带与暗埋避雷网连接共用的方案。

①材料规格：采用圆钢，明敷时圆钢直径不小于 8 mm，暗敷时圆钢直径不小于 10 mm。

②网格规格：第一类防雷建筑物：不大于 5 m×5 m 或 4 m×6 m；
第二类防雷建筑物：不大于 10 m×10 m 或 8 m×12 m；
第三类防雷建筑物：不大于 20 m×20 m 或 16 m×24 m；

③支柱高度：明敷时，支柱不低于 10 cm，暗敷时不需设置支柱。

④支柱间距：明敷时，支柱间距不大于 1 m，以无起伏和弯曲为基本要求，转弯处适当加密。

⑤安装位置：暗敷时，一般利用天面板筋焊接而成，明敷时，安装在天面屋顶平面上，不允许有物体超过避雷网，否则，物体上应加装避雷针。

⑥焊接工艺：焊接长度，单边焊≥12 d，双边焊≥6 d，明敷时应连续焊接，暗敷时以绑扎为主，允许间隙焊接。

⑦与引下线连接：网格钢筋从横向和纵向的两端，每端不少于两处，必须与各主筋引下线焊接连通。

⑧预留接地：凡是天面有其他电气设施的支座时，应预留接地端子，供天面电气设备及其他装置接地专用。

⑨防腐措施：明敷时，焊接处应采取防腐措施。

4.4.5 避雷带验收技术要求和指标

①材料规格：优先采用镀锌圆钢，直径≥∅8 mm，其次采用镀锌扁钢，规格不应小于－4×25 mm。

②与支柱连接方式：对镀锌圆钢一般应尽量采用“P”型支柱，将圆钢穿入孔中固定，这样可减少焊接对镀锌层的破坏。

③支柱高度：10～15 cm，一般要求为 10 cm。

④支柱间距：一般要求不大于 1.2 m(含所有主筋引下线预留支柱)。

⑤闭合环的测试：闭合环是指一个完整的闭合避雷带，其任何两点间都必须可靠连接。

⑥曲率半径：转角处角度必须成大于 90 度的钝角。

⑦敷设方式：暗敷时，应采用两根直径大于∅8 mm 钢筋并排敷设或采用扁

钢,规格尺寸为:－4 mm×40 mm,表面水泥厚度不大于 2 cm,一般不采用后者方式。

4.4.6　避雷针验收技术要求和指标

①材料规格:宜采用镀锌圆钢和钢管,其直径不应小于:

针长 1 m 以下:圆钢为∅12 mm,钢管为∅20 mm

针长 1～2 m:圆钢为∅16 mm,钢管为∅25 mm

烟囱顶部的针:圆钢为∅20 mm,钢管为∅40 mm

旗杆、栏杆装饰物其尺寸不低于上述标准。钢管壁厚≥2.5 mm。

②安装高度:采用针、带结合措施的针高不少于 80 cm,独立式或多针保护应符合滚球法校验的保护范围,并测量实际长度。

③与避雷带、引下线连接:针与带间成弧形搭接,不允许成直角;与引下线可靠焊接,焊接长度≥12 d,机械连接时,每处过渡电阻≤0.03 Ω。

④防腐处理:所有焊接处必须采取防腐措施。

4.4.7　SPD 验收技术要求和指标

电力系统中将电源避雷器分为高压和低压两种。其技术要求和指标如下:

(1)高压避雷器验收技术要求和指标

A. 避雷器型号:检查是否按设计要求安装相应的避雷器。要求 3～10 kV 配电变压器,采用阀式避雷器保护(型号有:FS、FZ 阀式,FCD、FCZ 磁吹式,GB 管式)。

B. 安装位置:要求每相线上安装一只阀式避雷器;也可两相装阀式避雷器,一相装保护间隙或三相均用保护间隙。避雷器应并列安装在同一直线上并保持垂直,支架牢固。

C. 拉紧绝缘子串受力:拉紧绝缘子串必须紧固,弹簧应能伸缩自如,同相各拉紧绝缘子串的拉力应均匀。

D. 器件外观:避雷器外部应完整无损,封口处密封良好,器件的铭牌应位于易观察的同一侧,油漆完整,相色正确。

E. 倾斜角度:阀式避雷器必须垂直安装,排气式避雷器应倾斜安装,其轴线与水平方向夹角不应小于 15°;无续流避雷器不应小于 45°;装于污秽地区时,应加大倾斜角度。

F. 绝缘垫:放电计数器密封良好,绝缘垫子及接地良好,牢靠。

G. 接地电阻:避雷器应用最短的接地线接地,并与绝缘子铁脚、变压器接地连接。接地电阻值 R≤5 Ω。

(2)低压 SPD 验收技术要求和指标

A. SPD 型号:检查是否按设计要求安装相应的 SPD。检查通流量是否符合指标数据及防爆要求。根据IEC的规定，SPD的选择应根据雷电流分配原理确定各级SPD通流量的大小。在可能被直击雷击中的线路上，采用10/350 μs雷电流波形测试表示其通流能力的SPD。在不可能被直击雷击中的线路上，采用8/20 μs雷电流波形测试表示其通流能力的SPD。

B. 安装位置及保护等级：要求多级防护。每级防护器件安装位置为：

第一级：应安装在架空线和埋地电缆的连接处；或安装在总配电柜（屏）架上。

第二级：要求安装在楼层的配电箱（柜）上。

第三级：要求安装在被保护设备前端的配电柜处或设备处。

(3)接地电阻：接地线共用接地时，$R \leqslant 4\ \Omega$；单独接地时，$R \leqslant 5\ \Omega$。根据SPD所处位置，接地线应采用≥6 mm²（LPZ1与LPZ2区处交界处）或16 mm²（LPZ-P_B区与LPZ1区交界处）以上的多股或单股铜芯线，并尽量短。

(4)状态显示：检查器件工作状态是否正常，观察状态显示窗口或按下信号显示按钮，窗口或发光二极管为绿色时为正常，红色为不正常；重要场所应选用带有声光报警装置的SPD。

(5)漏电流和启动电压：用防雷元件测试仪检测所需安装的SPD的漏电电流、启动电压值是否符合出厂时的检测结果，是否符合设计要求。

4.4.8 等电位分类验收技术要求和指标

在装有防雷位置的空间内，避免发生生命危险的最重要措施是采用等电位连接。由于防雷装置直接装在建筑物上，要保持防雷装置与各种金属物体之间的安全距离已很难做到。因此，只能将屋内的各种金属管道和金属物体与防雷位置就近连接在一起，并进行多处连接。首先是在进出建筑物处连接，使防雷装置和邻近的金属物体电位相等或降低其间的电位差，以防反击危险。另外，严格要求各种金属物体和金属管道与防雷装置有可靠连接，以达到均压目的，是免除跳闪的最有效措施。值得引起高度注意的是，竖向金属管道、物体，更可能带有很高的电位，如处理不当，就可能出现跳闪现象：一种是金属管道带高电位，向四周的金属物跳击，一种是结构中的电位差。其验收技术要求和指标如下：

①屋顶广告牌、冷却塔等电位连接　与避雷带焊接不少于两处（对角），材料采用圆钢≥∅8 mm或扁钢－4×40 mm，厚度≥4 mm。注意：各金属物、设备间的防雷引下线不得串联，应与天面引下线预留端子连接。

②竖向金属管道　要求竖向金属管道的顶端和底端与防雷装置连接，高层建筑每三层连接一次，设计安装必须预留接地。

③屋顶的其他金属构件　与避雷带可靠焊接，并不少于两处，注意：各金属物、设备间的防雷引下线不得串联，应与天面引下线预留端子连接。

④电梯接地 电梯导轨接地，每条不少于两处，高层建筑每三层连接一次，与柱内钢筋预留端子可靠连接。

⑤高低压变压器接地 应就近与防雷地可靠连接，且不少于两处（可从最近处柱筋预留），阻值 $R \leqslant 4\ \Omega$。

⑥地下供水管道接地 应与建筑物防雷接地可靠连接，且不少于两处，测量接地电阻，阻值 $R \leqslant 10\ \Omega$。

⑦地下燃气管道与其他金属管道间距 地下燃气管道离建筑物基础的距离≥0.7 m，离供水管≥0.5 m，以上均指水平距离。地下燃气管道离其他管道或电缆的垂直距离≥0.15 m。注意：燃气管道进出建筑物必须与防雷地连接，并不少于两处。

⑧低压配电保护接地 检查PE干线是否接地，检查受电设备的外露导体有无通过保护线与接地预留端子连接。

4.4.9 高低压线路验收技术要求和指标

进出建筑物的高低压线路的敷设方式和建筑物防雷措施的正确与否，对建筑物及其内部的各种设备和人身安全影响很大，因此，应采取严格的防雷措施，其验收技术要求和指标如下：

①高压线路敷设方式 为防止雷电流沿电力线侵入机房，在距变压器300～500 m的高压线上方架设避雷线，终端杆及前四杆必须接地（注意不允许用杆筋做引下线）；埋地入机房配电房，埋地长度 $l \geqslant 2\sqrt{\rho}$，并且不小于50 m。电缆金属护套（管）、钢带两端应分别与防雷接地连接。

a. 线杆（塔）的接地 各杆（塔）接地应设计成环形或辐射形，变压器终端杆及前四杆必须分别接地，接地电阻依次为：$R_1 \leqslant 4\ \Omega$，$R_2 \leqslant 10\ \Omega$，$R_3 \leqslant 20 \sim 30\ \Omega$，$R_4 \leqslant 20—30\ \Omega$；3 kV以上高压线路相互交叉或与较低的低压线路、通信线路交叉时，交叉两端的杆塔（共四基）不论有无避雷线，均应接地。

b. 电缆接地 高压电缆两端金属护层，钢带在入机房前和入机房处应分别接地，钢筋混凝土杆铁横担、横担线路的避雷器支架、导线横担与绝缘子固定部分或瓷横担部分之间，应可靠连接，并与引下线相连接地。

②低压线路敷设方式 全线采用电缆埋地或一段金属铠装电缆穿钢管埋地进入建筑物内，埋地长度 $l \geqslant 2\sqrt{\rho}$ 并且不小于15 m。

a. 埋地电缆 金属铠装电缆的外皮、穿线的钢管、电缆桥架、电缆接线盒、终端盒的外壳等均应可靠接地。接地电阻 $R \leqslant 10\ \Omega$。

b. 线杆（塔）、铁横担等接地 线杆铁横担、绝缘子铁脚及装在杆塔上的开关设备、电容器等电器设备均应可靠接地。接地电阻 $R \leqslant 5\ \Omega$。入户前三基电杆均应可靠接地，接地电阻第一杆 $R \leqslant 5\ \Omega$；其余 $R \leqslant 20\ \Omega$。

第5章　防雷工程的设计、施工与技术评价

防雷装置工程竣工验收后，应依据有关质量评定标准，对分阶段验收和总验收的《新建建筑物防雷装置验收手册》中每个小项目进行质量等级评定，并填写《新建建筑物防雷装置小项目质量检测评定表》，然后，依此填写《新建建筑物防雷装置综合质量检测评定表》。

防雷装置施工质量评定工作的主要任务是：新建建筑物是否按照国家防雷规范设计、施工以及工程质量情况。它不仅是施工单位负责，更是对建设单位负责，同时也是对施工验收人员的监督。以下是一些省市防雷中心目前在用的新建建筑物防雷装置综合质量评定标准，可供参考。

5.1　新建建筑物防雷装置综合质量评定标准

参考有关省市防雷质量管理手册有关规定，小项目的质量评定共分为八个类别，共有基本项目51项，另有参考项目9项，按类别分述如下：

5.1.1　接地装置(含人工接地装置和自然接地装置)小项目的质量评定标准

1. 桩的利用系数，分四个等级

一级：利用系数为($0.75<a\leqslant1$)；(优)

二级：利用系数为($0.5<a\leqslant0,75$)；(良)

三级：利用系数为($0.5<a\leqslant0.5$)；(合格)

四级：利用系数为($a\leqslant0,25$)。(不合格)

2. 单柱利用系数，分四个等级

一级：利用主筋数为四根；(优)

二级：利用主筋数为三根；(良)

三级：利用主筋数为二根；(合格)

四级：利用主筋数为一根。(不合格)

3. 单桩接地电阻平衡度,分三个等级

一级:各桩平衡度均为1;(优)

二级:各桩平衡度均为1的占50%;(合格)

四级:各桩平衡度均为1的少于50%。(不合格)

4. 承台引下线间距,分三个等级

一级:引下线间距为＜12 m或18 m或25 m,且边角拐弯处均有引下线;(优)

二级:引下线间距为＝12 m或18 m或25 m,且四角均有引下线;(合格)

四级:引下线间距为＞12 m或18 m或25 m,且四角中有个别缺少引下线。(不合格)

5. 承台引下线利用柱主筋数,分为四个等级

一级:利用柱主筋数为:4根,主筋直径＞10 mm;(优)

二级:利用柱主筋数为:2根,主筋直径＞10 mm;(良)

三级:利用柱主筋数为:1根,主筋直径＞10 mm;(合格)

四级:利用柱主筋数为:2根,主筋直径＜10 mm。(不合格)

6. 承台与柱主筋连接,分为三个等级

一级:连接正确,焊接长度、质量全部符合要求;(优)

二级:连接正确,焊接长度、质量基本符合要求;(合格)

四级:未连接或部分连接,焊接长度及质量不符合要求。(不合格)

7. 承台与引下线主筋连接,分为三个等级

一级:连接正确,焊接长度、质量全部符合要求;(优)

二级:连接正确,焊接长度、质量基本符合要求;(合格)

四级:未连接或部分连接,焊接长度及质量不符合要求。(不合格)

8. 承台每条引下线在－50 cm钢筋总面积,分三个等级

一级:连接正确,质量全部符合要求,$S \geqslant 4.24\ K_c^2(1.89\ K_c^2)$;(优)

二级:连接正确,质量基本符合要求,$S \geqslant 4.24\ K_c^2(1.89\ K_c^2)$;(合格)

四级:焊接错误,$S \leqslant 4.24\ K_c^2(1.89\ K_c^2)$。(不合格)

9. 地梁主筋与引下线主筋连接,分三个等级

一级:连接正确,焊接长度、质量全部符合要求;(优)

二级:连接正确,焊接长度、质量基本符合要求;(合格)

四级:未连接或部分连接,焊接长度及质量不符合要求。(不合格)

10. 地梁与地梁之间主筋连接,分三个等级

一级:连接正确,焊接长度、质量全部符合要求;(优)

二级:连接正确,焊接长度、质量基本符合要求;(合格)

四级:未连接或部分连接,焊接长度及质量不符合要求。(不合格)

11. 地梁短环路，分三个等级

一级：间距不大于 6 m，焊接长度、质量全部符合要求；（优）

二级：间距不大于 6 m，焊接长度、质量基本符合要求；（合格）

四级：无短环路。（不合格）

12. 地梁预留电气接地，分为二个等级

一级：距地面高≥0.3 m 且预留端子长度大于等于 0.2 m，用≥∅12 mm 镀锌圆钢引出预留，接地电阻、焊接长度、质量符合要求；（优）

四级：距地面高<0.3 m 且预留端子长度小于 0.2 m，或用<∅12 mm 镀锌圆钢引出预留，或接地电阻不符合要求。（不合格）

13. 地梁接地电阻值，分为二个等级

一级：接地电阻值符合设计要求；（优）

四级：接地电阻值不符合设计要求。（不合格）

5.1.2 引下线（含柱筋引下线和明装引下线）小项目的质量评定标准

1. 柱筋引下线连接，分三个等级

一级：连接正确，焊接长度、质量全部符合要求；（优）

二级：连接正确，焊接长度、质量基本符合要求；（合格）

四级：未连接或部分连接，焊接长度及质量不符合要求。（不合格）

2. 柱筋引下线短路环，分三个等级

一级：各层都焊接短路环≥1 个；（优良）

二级：大多数层焊接短路环，个别漏焊；（合格）

四级：每隔一层焊接或无短路环。（不合格）

3. 柱筋引下线预留电气接地，分为二个等级

一级：预留接地长度≥20 cm，且电阻值符合设计要求；（优良）

四级：预留接地长度<20 cm 或电阻值不符合设计要求。（不合格）

4. 引下线材料、规格，分为三个等级

一级：圆钢 $D>8$ mm，扁钢（截面积）$S>48$ mm^2，且厚度≥4 mm；（优良）

二级：圆钢 $D\geq 8$ mm，扁钢（截面积）$S\geq 48$ mm^2，且厚度≥4 mm；（明敷时为合格，暗敷时为优良）

四级：圆钢 $D<8$ mm，扁钢（截面积）$S<48$ mm^2，且厚度<4 mm。（不合格）

5. 引下线数量、间距，分为三个等级

一级：>2 根，且间距符合防雷等级的规定；（一类：<12 m，二类：<18 m，三类：<25 m，为优良）

二级：≥2 根，且间距符合防雷等级的规定；（一类：≤12 m，二类：≤18 m，三类：≤25 m，为合格）

四级：＜2 根，且间距不符合防雷等级的规定。（一类：＞12 m，二类：＞18 m，三类：＞25 m，为不合格）

6. 引下线固定间距、断接卡，分为三个等级

一级：间距均匀且间距≤2 m，距地面 0.3～1.8 m，安装了断接卡；（优良）

二级：间距均匀且间距≤3 m，距地面 0.3～1.8 m，安装了断接卡；（合格）

四级：间距均匀且间距＞3 m，距地面 0.3～1.8 m，未安装了断接卡。（不合格）

5.1.3　均压环小项目的质量评定标准

1. 均压环敷设方式，分为三个等级

一级：按设计有均压环，且两环间距＜6 m，焊接长度、质量、接地电阻值等全部符合要求；（优良）

二级：按设计有均压环，且两环间距≤6 m，焊接长度、质量、接地电阻值等基本符合要求；（合格）

四级：未按设计有均压环，或按设计安装了均压环，但两环间距＞6 m，焊接长度不符合要求。（不合格）

2. 均压环与预留钢筋焊接，分为三个等级

一级：连接正确，焊接长度、质量全部符合要求；（优良）

二级：连接正确，焊接长度、质量基本符合要求；（合格）

四级：未连接或部分连接，焊接及质量不符合要求。（不合格）

3. 均压环与门、窗过渡电阻，分为三个等级

一级：连接正确，焊接长度、质量全部符合要求，过渡电阻 $R<0.03\ \Omega$；（优良）

二级：连接正确，焊接长度、质量基本符合要求，过渡电阻 $R=0.03\ \Omega$；（合格）

四级：连接错误，或过渡电阻 $R>0.03\ \Omega$。（不合格）

4. 均压环与环间连接及柱主筋连接方式，分为二个等级

一级：环间与所有引下线、柱主筋、竖直敷设的金属管道的顶端和底端及环所在高度上的门窗、栏杆等大金属物可靠焊接；（优良）

四级：环间未与外墙柱主筋引下线、竖直敷设的金属管道及门窗可靠焊接，或环间距＞6 m。（不合格）

5.1.4　避雷网格小项目的质量评定标准

1. 避雷网格及材料规格，分为三个等级

一级：网格市寸、材料、规格符合要求，连接正确；（优良）

二级:网格市寸、材料、规格基本符合要求,连接正确;(合格)

四级:网格市寸、材料、规格不符合要求。(不合格)

2. 避雷网格的敷设,分为三个等级

一级:明敷平直无起伏和弯曲,拐弯处大于90°,焊接良好,支持卡搭焊接,焊接处防锈处理良好;(优良)

二级:明敷平直无起伏和弯曲,拐弯处大于90°,焊接良好,支持卡搭焊接,焊接处防锈处理一般;(合格)

四级:明敷弯曲起伏不平直,拐弯处小于90°。(不合格)

3. 避雷网格焊接,分为三个等级

一级:网格尺寸符合设计要求,且两端与柱主筋引下线焊接,焊接长度及质量好;(优良)

二级:网格尺寸符合设计要求,且两端与柱主筋引下线焊接,焊接长度及质量一般;(合格)

四级:网格尺寸不符合设计要求,且两端未与柱主筋引下线焊接,焊接长度及质量不符合要求。(不合格)

4. 避雷网格与引下线焊接,分为三个等级

一级:连接正确,焊接长度、质量全部符合要求;(优良)

二级:连接正确,焊接长度、质量基本符合要求;(合格)

四级:未连接或部分连接,焊接及质量不符合要求。(不合格)

5. 避雷网格与预留电气焊接,分为二个等级

一级:距地面高约0.3 m且>0.2 m,用≥∅12 mm镀锌圆钢引出预留,接地电阻、焊接长度、质量符合要求;(优良)

四级:距地面高约0.3 m且<0.2 m,或用<∅12 mm镀锌圆钢引出预留,或接地电阻不符合要求。(不合格)

6. 避雷网格接地电阻,分为二个等级

一级:自然接地$R\leqslant 1\ \Omega$或$4\ \Omega$;人工接地第一、二类$R\leqslant 10\ \Omega$;第三类$R\leqslant 30\ \Omega$,符合设计要求;(优良)

四级:自然接地$R>1\ \Omega$或$4\ \Omega$;人工接地第一、二类$R>10\ \Omega$;第三类$R>30\ \Omega$,不符合设计要求。(不合格)

5.1.5 避雷带小项目的质量评定标准

1. 避雷带与柱主筋引下线预留连接,分为三个等级

一级:连接正确,焊接长度、质量全部符合要求;(优良)

二级:连接正确,焊接长度、质量基本符合要求;(合格)

四级:未连接或部分连接。(不合格)

2. 避雷带敷设方式，分为三个等级

一级：暗敷应用 2 根>∅8 mm 钢筋并排敷设或用－40×4 mm 扁钢，表面水泥厚度≤2 cm，明敷带体用≥∅10 mm 镀锌圆钢，且连接正确，焊接长度、质量、曲率全部符合要求；(优良)

二级：暗敷应用 2 根>∅8 mm 钢筋并排敷设或用－40×4 mm 扁钢，表面水泥厚度≤2 cm，明敷带体用＝∅10 mm 镀锌圆钢，且连接正确，焊接长度、质量、曲率基本符合要求；(合格)

四级：材料不符合设计要求，且连接错误，曲率<90°。(不合格)

3. 避雷带支持卡间距、高度，分为三个等级

一级：符合间距≤1.5 cm，高度 10～15 cm 的要求，支持卡成"T"形且垂直，并焊接质量好；(优良)

二级：间距符合要求，支持卡垂直，且焊接质量基本良好；(合格)

四级：间距不符合要求，支持卡垂直但未焊接或质量差。(不合格)

4. 避雷带材料、规格，分为二个等级

一级：要求优先采用镀锌圆钢，规格≥∅8 mm，其次采用－4×12 mm 的镀锌扁钢，符合要求；(优良)

四级：要求优先采用镀锌圆钢，规格<∅8 mm，或采用－4×12 mm 的镀锌扁钢，不符合要求。(不合格)

5. 避雷带闭合环测试，分为二个等级

一级：环路测试任何两点间都连通；(优良)

四级：环路测试任何两点间有断开。(不合格)

6. 避雷带接地电阻，分为二个等级

一级：自然接地 $R\leqslant 1\ \Omega$ 或 $4\ \Omega$；人工接地第一、二类 $R\leqslant 10\ \Omega$；第三类 $R\leqslant 30\ \Omega$，符合设计要求；(优良)

四级：自然接地 $R>1\ \Omega$ 或 $4\ \Omega$；人工接地第一、二类 $R>10\ \Omega$；第三类 $R>30\ \Omega$，不符合设计要求。(不合格)

5.1.6　避雷针小项目的质量评定标准

1. 避雷针材料、规格，分为三个等级

一级：>∅12(Φ12)；>∅16(Φ25)；>∅20(∅40)；(优良)

二级：＝∅12(Φ20)；＝∅16(Φ25)；＝∅20(∅40)；(合格)

四级：<∅12(Φ20)；<∅16(Φ25)；<∅20(∅40)。(不合格)

2. 避雷针安装高度，分为二个等级

一级：单针保护在有效保护高度范围内用滚球法校验，符合要求；短针与带结合时，短针高度不低于 80 cm；(优良)

四级:单针保护在有效保护高度范围内用滚球法校验。(不合格)

3. 避雷针安装位置,分为二个等级

一级:间隔距离满足滚球法校验均安装在易受雷击的部位(女儿墙、屋角、水塔、屋脊等),其牢固性符合要求;(优良)

四级:间隔距离、安装位置(同上)及牢固性,不符合要求,易受雷击部位未安装短针达二处以上。(不合格)

4. 避雷针连接形式,分为二个等级

一级:针、带、引下线之间连接正确,焊接良好,机械连接每处过渡电阻≤0.03 Ω;(优良)

四级:针、带、引下线之间连接不正确,机械连接每处过渡电阻>0.03 Ω,超过2处。(不合格)

5. 避雷针接地电阻,分为二个等级

一级:自然接地 $R\leqslant 1\ \Omega$ 或 4 Ω;人工接地第一、二类 $R\leqslant 10\ \Omega$;第三类 $R\leqslant 30\ \Omega$,符合设计要求;(优良)

四级:自然接地 $R>1\ \Omega$ 或 4 Ω;人工接地第一、二类 $R>10\ \Omega$;第三类 $R>30\ \Omega$,不符合设计要求。(不合格)

5.1.7 SPD小项目的质量评定标准

1. 低压避雷器型号及通流能力,分为二个等级

一级:安装的低压避雷器型号符合气象行政主管机构的规定要求,通流能力及电流波形符合设计要求;(优良)

四级:安装的低压避雷器型号不符合气象行政主管机构的规定要求,通流能力及电流波形不符合设计要求。(不合格)

2. 低压避雷器安装位置及保护等级,分为四个等级

一级:按设计要求安装,保护等级在三级或以上时;(优良)

二级:按设计要求安装,保护等级在二级或以上时;(合格)

三级:按设计要求安装,保护等级在一级且建筑物中没有计算机机房等贵重弱电设备;(合格)

四级:未按设计要求安装,未采取防雷电波侵入措施。(不合格)

3. 低压避雷器接地电阻及接地,分为二个等级

一级:共用接地时 $R\leqslant 4\ \Omega$;单独接地时 $R\leqslant 10\ \Omega$;就近可靠接地,接地线长度≤0.5 m;(优良)

四级:共用接地时 $R>4\ \Omega$;单独接地时 $R>10\ \Omega$;未就近可靠接地,接地线长度>0.5 m。(不合格)

5.1.8　等电位分类小项目的质量评定标准

1. 天面冷却塔、广告牌及其他金属物等电位连接，分为三个等级

一级：与避雷带连接>2 处；（优良）

二级：与避雷带连接=2 处；（合格）

四级：与避雷带连接<2 处。（不合格）

2. 竖直金属管道等电位连接，分为二个等级

一级：上端和下端与避雷装置可靠焊接；（优良）

四级：上端和下端仅有一端未与避雷装置可靠焊接。（不合格）

3. 电梯等电位连接，分为二个等级

一级：每条轨道与避雷装置接地可靠焊接≥2 处；（优良）

四级：每条轨道与避雷装置接地可靠焊接<2 处。（不合格）

4. 地下供水管道等电位连接，分为二个等级

一级：每条轨道与避雷装置接地可靠焊接≥2 处；（优良）

四级：每条轨道未与避雷装置接地可靠焊接。（不合格）

5. 燃气等金属管道等电位连接，分为二个等级

一级：与接地装置可靠焊接≥2 处；（优良）

四级：未与接地装置可靠焊接或焊接<2 处。（不合格）

6. 高低压连合变压器，分为二个等级

一级：与接地装置可靠焊接，且 $R \leqslant 4\ \Omega$；（优良）

四级：未与接地装置可靠焊接或 $R > 4\ \Omega$。（不合格）

7. 低压配电重复接地，分为二个等级

一级：与接地装置可靠焊接≥2 处，且 $R \leqslant 10\ \Omega$；（优良）

四级：未与接地装置可靠焊接或焊接<2 处或 $R > 10\ \Omega$。（不合格）

8. 低压配电保护接地，分为二个等级

一级：PE 干线和受电设备与接地装置可靠焊接≥2 处，且 $R \leqslant 10\ \Omega$；（优良）

四级：PE 干线和受电设备与接地装置可靠焊接<2 处，且 $R > 10\ \Omega$。（不合格）

5.2　新建建筑物综合质量的评定程序、标准和方法

在新建建筑物防雷装置施工质量监督及分段小项目验收及竣工总验收的基础上，对整个新建建筑物防雷装置施工质量监督及竣工验收，给予最终的综合质量评定，填写《新建建筑物防雷装置综合质量检验评定表》。新建建筑物防雷装置质量综合评定标准和评定办法，按当地《新建建筑物防雷装置质量管理手册》

中的评定标准和评定办法进行评定。

5.2.1 评定程序

(1)由负责该新建建筑物防雷装置施工质量监督及竣工验收的质检员在工程质量监督和具体工作全部完成后,根据上述小项目的质量评定标准填写《新建建筑物防雷装置验收手册》。

(2)根据《新建建筑物防雷装置验收手册》中小项目的质量评定结果填写出《新建建筑物防雷装置小项目质量检验评定表》和《新建建筑物防雷装置综合质量检验评定表》。

(3)由技术负责人把好技术关,并签字后报防雷主管机构批准。对申报"优良"工程的,技术负责人认为有必要时,应到现场复检,以做到认真负责、实事求是。

5.2.2 评定标准及办法

根据小项目质量等级评定情况进行综合评定,共分为四个等级:

(1)优良:小项目优良率达 80%以上,(一等)。

(2)良好:小项目优良率>50%,<80%,(二等)。

(3)合格:小项目优良率<50%,(三等)。

(4)不合格:小项目为不合格时,(四等)。

第6章 雷电灾害风险评估

雷电灾害是一种爆发性的自然灾害，其危害随着社会信息化和电子化的发展变得更加明显而广泛。雷电灾害长期不断地威胁人身安全和财产安全并危害公共服务和文化遗产。雷电对机场、高尔夫球场、通信公司、电力公司和数据处理中心等的正常运行有着关键性的影响。灾害是一种风险，防治灾害就是管理并降低或者消除风险。为此，需要正确认识和评估风险，对于雷电灾害来讲，就是开展雷电灾害风险评估，进而实施合理的雷电防护。

风险评估是认识和评价风险的有效方法，也是风险控制和风险管理的前提和基础。风险评估在国内外受到高度的重视并得到广泛的应用。在教育、医学、环境、农业、军事等行业，风险评估已经获得了成熟的发展，形成了许多评估理论、方法和模型，取得了很多的成绩。风险评估在环境评价中的作用得到了淋漓尽致的发挥。为了更好地实施和应用空气质量评估，EAP(Environmental Action Programme)采取了以下5种措施：确保现有的环境法规的执行；协调所有相关政策涉及的环境利害关系；同商业和消费者紧密合作来共同确定解决方案；为市民提供很好的和更容易获取的环境信息；提高土地使用的环境意识。在经济风险方面，VaR技术是主要的风险评估方法，用于经济风险的测量、评估和控制。风险评估还应用于工业安全管理和海洋作业风险评估中。自然灾害风险评估是风险评估在自然灾害领域的应用。在地震灾害、火山灾害、泥石流灾害、洪水灾害、干旱灾害、风沙灾害、雪崩灾害和低温冷害等地质灾害和气象灾害的风险评估中，形成了一系列的评估指标和评估体系。地质灾害风险评估体系由危险性分析、易损性分析和期望损失3部分组成，地质灾害风险评估指标体系包括危险性历史灾害形成条件、易损性(包含人口、财产与经济、资源与环境和防治能力等指标)、期望损失等系列指标。

雷电灾害风险评估的研究现状基本上仍然处于初级阶段。国外，国际电工委员会(IEC)和国际电信联盟(ITU)等组织对雷电灾害风险评估做了大量的研究并提供了相应的评估标准。IEC 61662和IEC 62305，IEC 62305是国际电工委员会关于雷电灾害风险评估的标准，其适用范围是地闪雷电对建筑物(包括其服务设施)造成的风险的评估，其内容主要包括建筑物与服务设施的分类、雷灾损害与雷灾损失、雷灾风险、防护措施的选择过程以及建筑物与服务设施防护的基本标准等。ITU-T K.39 是由国际电信联盟发布的标准,其名称为通信局站雷电损坏危险的评估,其适用范围是通信局站雷电过电压(过电流)造成的设备危害和人员安全危害的风险的评估,其主要内容包括标准适用范围、危险程度的决定因素、损失、评估原则、有效面积的计算、概率因子、损失因子和可承受风险(允许风险)等。风险评估的主要公式包括:(1)$F=F_d+F_n+F_s+F_a$,其中$F_d=N_g\times A_d\times P_d$,$F_n=N_g\times A_n\times P_n$,$F_s=N_g\times A_s\times P_s$,$F_a=N_g\times A_a\times P_a$;(2)$R=(1-e^{-F\times t})\times\delta\approx F\times\delta=\sum F_i\times\delta_i$。评估的主要参数包括面积$A_d$,$A_n$,$A_s$和$A_a$,损害次数$F_d$,$F_n$,$F_s$和$F_a$,风险$R$,损失$\delta$。国内,雷电灾害风险评估的成果主要来自雷击危害风险评估和 QX 3—2000 等标准。其中 QX 3—2000 是气象信息系统雷击电磁脉冲防护规范,其适用范围是由雷击电磁脉冲(LEMP)对气象信息系统造成损失的风险的评估,风险评估的评估参数主要是年平均直击雷次数N和年平均允许雷击次数N_C,其中N_C是年平均允许雷击次数,其数值取决于建筑材料因子、信息系统重要程度因子、设备耐冲击类型因子、设备的 LPZ 因子和雷击后果因子。防护级别划分为 A、B、C 和 D 4 个级别。QX 3—2000 的雷电灾害风险评估方法相对比较简单,评估结构清晰,比较有针对性和实用性。这些雷电灾害风险的评估模型存在定量化不足和缺乏选择性等不足之处,参数的选取大多以经验为主,取值不连续而且很难达到比较高的精度,对风险的理解不够全面和准确,对评估原则和评估流程的说明不够清楚,没有重视用户的参与,评估体系复杂而且操作性差。因此,遵循借鉴改造和发展创新的研究思路,对雷电灾害风险评估进行参数研究和模型设计是很有必要的,也是具有广阔的发展前景的。

开展自然灾害与雷电灾害调查的研究,提高人们对雷电灾害风险的认识、正确对待雷电灾害风险,进行雷电灾害风险评估对防雷减灾、保护人民的生命财产有着非常实际而重要的意义。

6.1 风险、风险态度、风险意识与风险评估

为了更好地进行雷电灾害风险评估的研究,首先要明确风险的定义、风险态度、风险意识与风险评估。进行风险识别(包括风险特征、风险分类、风险来源和风险识别方法);表明风险态度;提高对雷电灾害的防护意识,这有助于了解雷电灾害风险评估的重要性及其研究意义。

6.1.1 风险与风险识别

风险是指具有不确定性的潜在损失。风险识别的关键是认清风险特征、明

确风险分类、确定风险来源和采用恰当的风险识别方法。

1. 风险

风险是一个捉摸不定和难以把握的概念，一般定义为遭受损失的可能性，或者具有不确定性的可能损失。

风险是指损失发生的不确定性，它是不利事件或损失发生概率及其后果的函数，用数学公式表示为 $R=f(P,C)$，R 表示风险，P 表示不利事件发生的概率，C 表示该事件产生的后果。风险管理是指经济单位对可能遇到的风险进行预测、识别、评估和分析，并在此基础上有效地处理风险，以最低成本实现最大安全保障的科学管理方法。风险管理包括风险识别、风险评估、风险处理和风险监控。

一种前瞻性的风险定义认为，风险是测算一种潜在变化的指标，这种变化来自一种差异所具有的改变一个组合的价值的潜力，而这种差异存在于在现在和未来某个时刻的环境之间。

风险是指具有不确定性的潜在损失。为了确定特定的风险，需要明确风险来源、风险对象和风险主体。通常采用相对值指标来衡量风险。

对于自然灾害风险，要正确理解灾害风险，首先必须深刻认识灾害风险的行为主体特征，认清风险载体（风险对象）和风险的承担者（风险主体），同时把握灾害风险的时间尺度，包括有效时间尺度和时间尺度特征。雷电灾害是一种典型的自然灾害，雷电灾害风险（简称为雷灾风险）是指特定雷灾对象受到雷击时可能造成的潜在损失，包括人身雷灾风险和经济雷灾风险。人身雷灾风险是指特定雷灾对象受到雷击时可能造成的潜在人身风险，经济雷灾风险是指特定雷灾对象受到雷击时可能造成的潜在经济风险。

2. 风险识别

(1)风险特征

风险识别应该首先明确作为研究对象的风险的基本特征，在识别时可以进行正确的判定。风险是针对危险和损失等不利后果的，风险存在于随机状态中，风险是针对未来的，风险是客观存在的，风险是相对的，风险主要决定于行动方案和未来环境状态。概括起来，风险具有随机性、潜在性、普遍性和损失性 4 个特征。

① 随机性（不确定性）

风险虽然是客观存在的，不以人们的意志为转移，但它存在于随机状态中。风险的发生具有随机性，即不确定性。使用概率统计方法可以得到风险的分布状态。

② 潜在性（可能性）

风险不是明显的，而是若隐若现的，隐藏在特定事件的背后，容易被忽视，但风险是可能发生的。所以,风险具有潜在性,即可能性。

③ 普遍性(广泛性)

风险是无处不在和无时不有的,它存在于人们追求收益的整个过程中。风险和收益的关系如同祸福一般,正是祸兮福所倚,福兮祸所伏。风险和收益是矛盾的对立统一体,具有普遍性,即广泛性。

④ 损失性(破坏性)

风险的最大特征就是其损失性,即风险具有破坏性。可以说,风险就是损失。

(2)风险分类

对风险进行分类是风险识别的重要步骤之一,也是风险表述的必要手段。按风险的存在性质分为客观风险和主观风险;按风险的对象分为财产风险、人身风险、责任风险和信用风险;按风险的产生原因分为自然风险、社会风险、经济风险和技术风险;按风险的承受能力分为可承受风险和不可承受风险。

在本书中,雷电灾害风险是按照风险的对象来划分的。雷电灾害风险分为人身雷电灾害风险和经济雷电灾害风险。

(3)风险来源

不同的风险具有不同的风险来源,这需要具体问题具体分析。

雷电灾害风险的来源分为 *S*1、*S*2、*S*3 和 *S*4 等 4 类。*S*1 是雷电直接击中建筑物,这会造成由雷电流产生直接机械损害、火灾或爆炸,由电阻耦合和感应耦合的过电压产生的火花而引起的火灾或爆炸,由电阻耦合和感应耦合的跨步电压和接触电压导致的人身伤亡,以及由电阻耦合和感应耦合过电压或部分雷电流通道产生的电力或电子系统的失灵与故障等 4 种损害产生的风险。*S*2 是雷电直接击中引入设施,这会造成由进入建筑物的外部电源线过电压的火花诱发的火灾或爆炸,由进入建筑物的外部线过电压和过电流导致的人身伤亡,以及由进入建筑物的外部线过电压产生的电力或电子系统的失灵与故障等 3 种损害产生的风险。*S*3 是雷电击中建筑物附近的地面,这会造成由感应耦合过电压产生的电力或电子系统的失灵与故障等损害产生的风险。*S*4 是雷电击中引入设施附近的地面,这会造成进入建筑物的外部线路感应过电压产生的电力或电子的失灵与故障等损害产生的风险。

(4)风险识别方法

风险识别需要使用正确的识别方法,常用的方法包括检查表法(Check List)、关键路线法 CPM(Critical Path Method)、工作分解结构法 WBS(Work Breaking Structure)和事故树分析法。

6.1.2　风险态度

风险是无处不在和无时不有的，任何人、任何工程、任何项目都会不断地涉及风险。面对风险，一部分人喜欢选择用逃避的方式来处理，但逃避不是出路，正确的方法是正视它并认识它，寻找有效的措施来降低风险或让风险产生效益。风险评估就是人们处理风险的一种常用措施。

风险态度是指风险主体对风险的看法和观点。不同的风险主体会持有不同的风险态度，一般根据对风险的喜好程度将风险主体划分成风险爱好型、风险中庸型和风险逃避型 3 种类型，对应的称呼为风险爱好者、风险中庸者和风险逃避者。其中风险爱好者很喜欢风险，因为他们相信高风险会带来高收益；风险中庸者对风险持有一种不偏不倚的态度，认为适度的风险才是最佳的选择，所以面对风险他们是中庸的；风险逃避者一般会习惯性地采取逃避的态度，他们认为风险越小越好，风险越低就会越安全，在决策时会选择风险最小的方案。

6.1.3　风险意识

提高公众的风险意识有助于他们正确地处理风险。风险意识增强的原因主要有巨额损失增加、损害范围扩大、社会福利意识增强和利润最大化驱动。

1. 自然灾害的危害性

在 20 世纪，全球自然灾害造成的死亡人数高达 6000 多万人，灾害造成的经济损失为 9107.88 亿美元，这些自然灾害包括干旱、洪水、地震、风暴、滑坡、瘟疫、森林火灾、饥荒、火山、海啸和焚风等，其中瘟疫、干旱、洪水和饥荒是造成人员死亡的主要灾害，而洪水、地震和风暴是造成经济损失的主要灾害。在 1950—1999 年的半个世纪中全球重大自然灾害共计发生 234 次，保险损失高达 1410 亿美元。

2. 国内外雷电灾害典型实例

1987 年 3 月 26 日美国国家航空航天局 NASA 的大力神火箭发射升空后，闪电击中了火箭的外壳，打穿了一个很小的孔使内部个别电子元件损坏，导致火箭失去控制，NASA 不得不下令炸掉火箭及其携带的卫星，损失超过了 1.5 亿美元。美国国家雷电安全研究所对雷电所造成的经济影响所进行的调查结果，报告综合了保险公司、消防协会、联邦航空局、电力研究所、石油部门、国家公园、能源系统、计算机安全的雷电灾害数据，认为每年美国因雷电引起的损失约为 40～50 亿美元。

1989 年 8 月 12 日，青岛市黄岛油库遭受雷击引起 5 号油罐爆炸起火，大火燃烧了 104 个小时，烧掉了原油 4 万多立方米，烧毁了 250 亩* 罐区的生产设施和 10 辆消防车，造成 19 人死亡，78 人受伤，直接经济损失 3540 万元，加上间接损失的总损失高达 8500 万元。表 6.1 统计了仓储行业的部分重大雷电灾害，其损失是相当严重的。

表 6.1　1998—2001 年仓储行业的重大雷电灾害

地区(省)	地点	时间(年月)	行业	灾害表现	直接经济损失(万元)	伤亡人数
江西	棉麻储备库	199802	仓储	设备损坏　雷击火灾	1800	
江西	棉麻储备库	199806	仓储	设备损坏　雷击火灾	1200	
广东	厂房	200105	仓储	设备损坏　雷击爆炸　人身伤亡	1000	20
湖北	炸药库	199808	仓储	人身伤亡　设备损坏	800	197

3. 中国雷电灾害的现状

1998—2001 年全国直接经济损失超过 100 万元的雷电灾害每年都在 10 次以上，其损失每年都大于 5000 万元；全国同期平均每年雷击死亡 379 人，受伤 310 人。

(1)地区分析

全国重大雷电灾害在空间上呈现明显的区域性分布特点。1998—2001 年这四年间，全国 56 次重大雷电灾害的 46.4%(约一半)发生在 5 个省，其中山东 7 次、广东 6 次、江西 5 次、河南 4 次、浙江 4 次，这 5 省重大雷电灾害的直接经济损失为 8337 万元，占全国的 57.9%；其余的发生在贵州等 17 个地区；另外，新疆等 9 个省区没有重大雷电灾害的记录。图 6.1 给出了 1998—2001 年中国重大雷电灾害空间分布(各省用省会城市来表示)，全国重大雷电灾害主要分布在东南地区和华北地区，形成一南一北的两个明显的雷灾中心区。雷灾在南方集中在浙江—江西—广东一线，呈带状分布；在北方集中在山东和河南，呈圆形分布。这两个雷灾中心区在地形上具有很好的代表性，北区以平原为主，南区以山地为主。在直接经济损失方面，北区的损失强度为 235 万元/次，比北区更严重的南区为 383 万元/次，其原因主要是南区发生了 3 次损失都在 1000 万元以上的重大雷电灾害，其中 1998 年 2 月和 6 月江西两次棉麻储备库遭雷击引发火灾分别造成 1800 万元和 1200 万元的损失，2001 年 5 月广东某厂房遇雷击并引发爆炸造成 1000 万元的损失并有人员伤亡。这 3 次雷电灾害都与仓储行业有关，和下面所做的雷灾行业分析的结果是吻合的。从整体来看，全国重大雷电灾害在东部

* 1 亩＝0.0667 公顷，下同。

比西部更严重，其原因主要是社会状况尤其是经济水平存在差异，经济相对发达的东部地区发生重大雷电灾害的可能性较大。西南地区的雷电灾害也比较严重，成为仅次于两大雷灾中心区的第三雷灾区。整个广大的西北地区是全国雷电灾害最轻的地区。

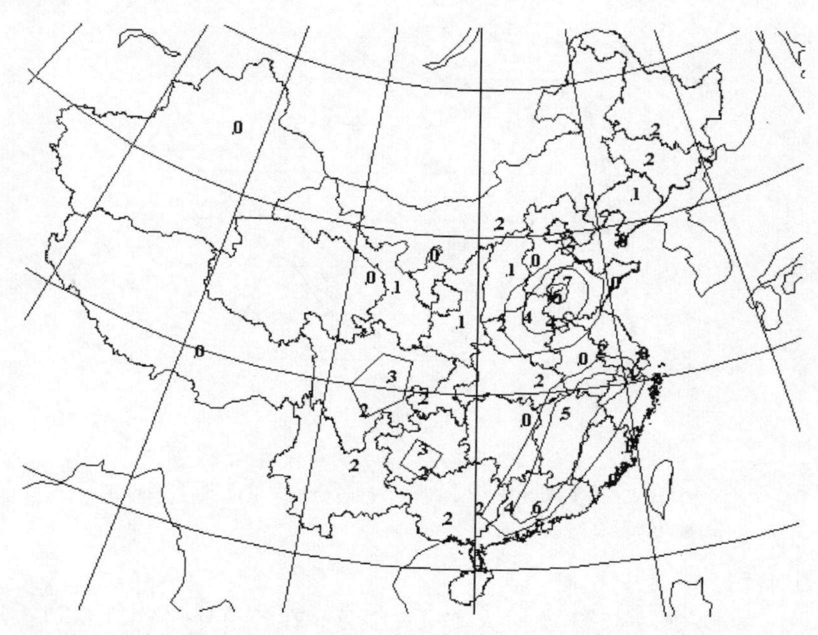

图 6.1　1998—2001 年中国重大雷电灾害空间分布图(单位:次)

(2)行业分析

1998—2001 年全国重大雷电灾害 56 次分布在采矿、仓储、电力、纺织、旅游、农业、石化、通信、冶金、医药等 10 个行业，其中雷灾最严重的三大行业是通信、电力和仓储，雷灾次数(指重大雷电灾害次数，下同)分别为 15 次、14 次和 9 次，占全部的 67.9%。这三大行业的直接经济损失为 10757.8 万元，占全部的 74.7%。图 6.2 给出了 1998—2001 年中国重大雷电灾害行业分布，实线代表雷灾直接经济损失，虚线代表雷灾次数，行业损失和雷灾次数的相关系数为 0.6965，存在一定的相关性。通信和仓储行业最具有代表性，通信行业的重大雷电灾害发生最频繁，而仓储行业的经济损失最严重。通信行业自身的特点以及伴随电子化的发展是导致雷电灾害日益频繁的根本原因，特别是雷电电磁脉冲(LEMP)的危害变得越来越严重，这也是雷电灾害的发展趋势之一。通信行业的雷电灾害往往有一个明显的特点，就是其经济损失不仅存在严重的直接经济损失，而且伴有更严重的间接经济损失如服务中断和数据丢失等。而仓储行业的重大雷电灾害的发生有两个显著的特点：一是雷灾损失强度很大，即单次雷电灾害造成的经济损失很高，全国 9 次重大雷电灾害的直接经济损失高达 5470 万元,平均 607.8 万元/次;二是雷灾的后续危害很严重,容易发生雷击火灾和雷击爆炸等,尤其是当雷电袭击存放棉麻、火药、粮食等易燃易爆物品的仓库或厂房时。对重大雷电灾害单次直接经济损失按行业进行比较,最高的是仓储行业,其次为农业、采矿和石化行业,居中的是电力、医药和冶金行业,而通信、纺织和旅游行业最低。

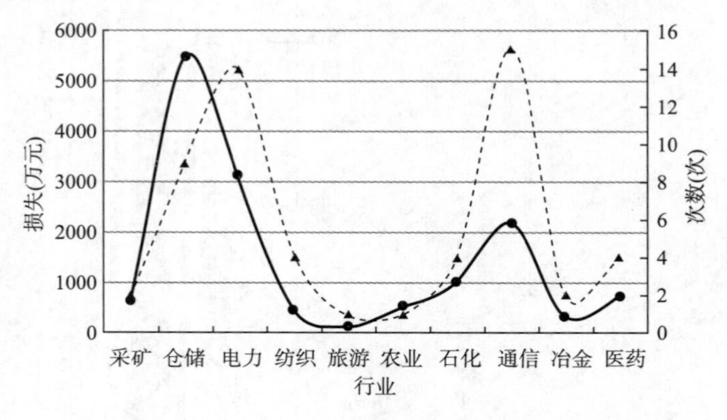

图 6.2　1998—2001 年中国重大雷电灾害行业分布图
(实线代表雷灾直接经济损失,单位:万元,坐标左轴;虚线代表雷灾次数,单位:次,坐标右轴)

(3)时间分析

全国 1998—2001 年 56 次重大雷电灾害分布在各年分别为 21 次、17 次、8 次和 10 次,其中 52 次发生在 4—8 月的时间段内,占全部的 92.9%。4—8 月的重大雷电灾害在很大程度上可以代表全年的同类灾害,这一点在下面的雷电灾害预测中将会得到应用。全部 56 次雷灾按月统计,8 月最多为 18 次,其次 7 月为 14 次,1、3、11、12 月为 0 次。使用季节指数 f 的计算公式 f=月平均值/年平均值×100%,得到最大的月季节指数为 8 月的 386%。图 6.3 给出了 1—12 月的重大雷电灾害次数的季节指数,显著表明雷灾集中发生在 4—8 月,尤其是 7 月和 8 月。雷电灾害次数和直接经济损失之间的相关系数 r 为 0.9284,具有良好的相关性,因此,下面的雷电灾害分析与预测将以雷灾次数为主,其直接经济损失可以用雷灾次数乘以单次雷灾损失而得到。按月的距平百分率分析结果表明,重大雷电灾害每月平均发生 1.167 次。1998 年的 7 月与 8 月和 1999 年的 7 月与 8 月是主要的正偏移月份,而每年的 1、2、3 月和 9、10、11、12 月几乎没有重大雷电灾害的发生,为主要的负偏移月份。雷灾的发生呈现周期性,集中在每年的 4—8 月,并且有逐渐递减的趋势,重大雷电灾害次数 1998—2001 年的 48 个月中平均每月递减 0.027 次。但由于年度数据太少,并不能得出确切的雷灾年际周期及年际趋势。

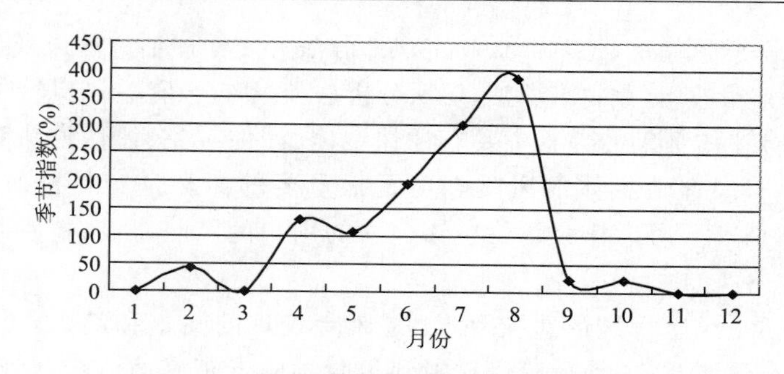

图 6.3 重大雷电灾害次数的季节指数

(4)人身雷电灾害

雷电灾害的危害不仅体现在经济损失方面,也多造成人身伤亡。1998—2001 年雷击死亡人数每年分别为 421、227、451 和 417 人,四年共死亡 1516 人,平均每年 379 人;同期雷击受伤分别为 192、194、372 和 483 人,四年共受伤 1241 人,平均每年 310 人。其中最严重的 1998 年 8 月发生在湖北的炸药库雷灾,一次性造成 197 人死伤。造成人身伤亡的雷击多发生在海边、河边、树下、农村田间和山坡等易受雷击的地方。全国雷电典型灾害造成人身伤亡最多的是广东省,其次为广西、贵州、福建、云南等 4 省区,这 5 个省区每年的雷击人身伤亡人数占全国的 60%左右,其中广东约占全国的 1/4。这类灾害主要发生在广大的农村,具有很大的不确定性,很难得到根本的防治。最有效的防治方法就是加强雷电灾害的宣传和教育,提高人们的防雷意识,让人们主动避开易受雷击的时候和远离易受雷击的地方。

对于雷电灾害,开展灾害预测是必要的,可以对未来雷电灾害的风险评估提供重要的指导。钟万强等人对中国的雷电灾害做过初步的预测,雷电灾害的预测主要根据雷灾与时间的关系,分别采用时间序列平滑法和季节变动预测法,预测结果表明,在 2002—2005 年期间全国将分别发生重大雷电灾害 14、12、11、11 次,四年合计 47 次,平均每年 12 次,每年将造成直接经济损失约 3000 万元,平均每年人身伤亡 580 人左右。

6.1.4 风险评估

风险评估是指为了衡量风险而对特定风险做评价与估算的一个过程,和风险评价相比,风险评估侧重于对风险的定量估算。一般采用两类方法来进行评估风险,即相对值法和绝对值法。风险评估的关键是评估体系(评估结构)和评估参数(评估指标)。

风险评估包括定性评估和定量评估,定性评估可以为定量评估提供指导,利用概率统计、运筹学和计算机技术可以实现风险的定量评估。风险评估的具体方法包括外推法、头脑风暴法、德尔菲法和主观评分法等定性评估方法以及包括期望值优化法、计划评审技术、蒙特卡罗法、层次分析法和矩阵分析法等定量评估法。

影响风险评估结果的因素主要有评估主体、评估对象、评估方法和评估体系与评估参数，其中评估主体的风险态度是很重要的而又是容易被忽略的因素。因此，风险评估需要考虑作为评估主体之一的用户的风险态度，特别重视用户的评估参与。

风险评估是风险管理的重要环节，是风险处理的前提和基础。风险评估对风险管理具有重要意义，使风险管理者和风险预防者正确地认识和评价风险，有针对性地采取最有效的或者最好的风险处理措施。

6.2 雷电灾害风险评估的理论与方法

雷电灾害风险评估需要通过研究雷电灾害原理来明确雷灾风险来源和雷灾的作用机制，以风险评估理论作为评估基础和理论指导。同时遵循一定的评估原则、评估流程和评估方法。

为了更好地进行雷电灾害风险评估，就需要选择最合适的评估理论和评估方法，然后结合雷电灾害风险评估的实际，在选择与借鉴有效评估理论的基础上，加以适当的改进，最终确定雷电灾害风险评估的理论和方法。

6.2.1 战略环境评价 SEA

SEA 是 EIA(环境影响评价)在战略层次上的应用，研究内容包括 SEA 评价因子的确定和 SEA 技术方法的研究。其构成包括评价者、评价对象、评价目的、评价标准和评价方法，其工作程序包括评价工作方案制订、评价实施和评价总结，其评价标准包括评价指标体系和评价标准两部分，其评价方法主要有定性分析法、数学模型法、系统模型法、综合评价法、对比分析法、成本效益分析法、统计分析法、灰色系统分析法。

SEA 包括政策 SEA、规划 SEA 和程序 SEA 等 3 种类型。SEA 作为一种评价和实现可持续性的手段，具有许多优点，也存在很多的问题。其优点包括为实现可持续性目标的政策制定和规划提供一个完整的程序，提供可持续性的操作性原则，改善了政策制定、规划与程序发展的信息基础，促进了对累积效应的合理注意，在战略层次上提高了透明度和推动了更多有效的公众参与，为项目层次的评估提供了一个更加有效果和高效率的工作框架，为项目设计与实施提供了基础；其问题包括信息的有限性和不可避免的不确定性，边界设定的复杂性，简单的方法论，定义公众参与的合理角色存在一些困难，制度方面的阻力，整体评估和局部分割之间的冲突，标准的合理规划和政策制定模型的局限性，在核心政策制定方面对整体战略评价的阻力。

6.2.2　前瞻性风险评估理论

前瞻性风险评估理论的 4 个要素是时间段、场景、风险指标和基准点。不同的人会选择不一样的时间段，每个人在特定时刻可以选择多个时间段。一种场景就是对未来某个预定时刻的世界状态的一连串相互关联的描述。场景可以帮助人们更好地认识未来事件，进而更好地做出决策；还可以提供一个基础，使人们能评估自己对未来各种可能结果的感受，这些感受会决定人们的决策。在展望未来时，场景是减少不确定性的有力工具。风险指标应该根据具体的风险态度来调整，把测量风险的方式和做出投资决策的方式结合起来。基准点就如同物理学中的参照物或参考系。

前瞻性风险评估理论认为，目前对风险评估存在着两种认识不足的现象：一是从历史数据推断未来风险，二是没有考虑对风险的感受因人而异。在经济风险中，应该分析后悔值(regret)，控制潜在损失(downside)，争取潜在收益(upside)。潜在收益具有明显的诱惑力，但只看到潜在收益而忽视潜在损失，就会产生危险的偏见。美国的经验表明，未来展望型方法和风险调整价值分析法有助于控制和防范共同基金中的风险。传统的基于概率的风险决策方法，其指标要求重复试验，所以不能用来处理一次性决策。概率决策在一次性决策中的应用受到了广泛的怀疑。彼得·伯恩斯坦提出了一个很好的问题，如果一个结果的概率大于另一个结果的概率，但概率较小的结果造成的后果要严重得多，该怎么办？应该说，这些后果的严重性会压倒概率的数值。大多数情况只有一次或几次机会来决定一座厂房的生产目的、类型、规模和地址，大多数职业人士只选择一次职业，这些决策活动发生在很长的一段时间之内，相互间隔也很不均匀，把它们当作一组系列化试验放在一起是不合情理的，如同把 100 个错误情形和正确情形分别乘上毫不相干的数字，然后全部加起来得到的所谓平均值到底意义何在呢？风险从本质上来说是复杂的，因此，很难为它建立一个能在实际生活中发挥作用的模型。

为了理解风险的复杂性，考虑一项投资的风险，参见图 6.4。

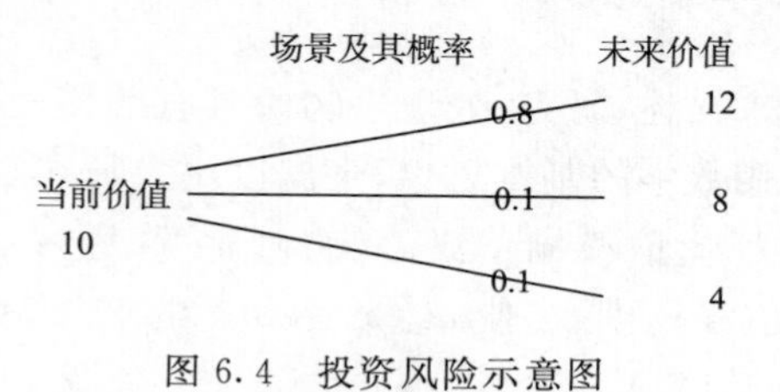

图 6.4　投资风险示意图

图6.4表明赔钱的可能性是20%,赚钱的机会是80%。最初的10元投资的损失不会超过6元的可能性是90%,损失不会超过2元的可能性是90%。这种方法把重点放在你的现有财产有多少要承担风险,因此,它被称为风险价值(VaR)。这个指标已经成为银行和其他金融机构测算潜在损失风险的一个标准。它甚至有幸得到国际监管机构的青睐,被认为一种合理的测算企业风险的方法。另一种处理风险的方法考虑到随着时间的推移,这三个概率会产生某种平均结果。把它们发生的可能性作为加权的权重,得到:

$$12\times0.8+8\times0.1+4\times0.1=10.8$$

这表明,10元的投资在一定时期后会取得10.8元的平均报酬,可以增值0.8元。同时,人们会关心潜在结果围绕平均值怎样波动。通常使用方差(标准差)来作为风险指标。

$$0.8\times(12-10.8)^2+0.1\times(8-10.8)^2+0.1\times(4-10.8)^2=2.56^2=6.55$$

围绕平均值10.8会有2.56的波动范围。一般认为,标准差较大的投资会有较大的风险。

以上的风险理论是基于概率的传统风险理论,其结果在现实中经常会产生偏差,根本原因就是它没有考虑风险主体(投资者)的风险态度,缺乏对心理学的研究。因此,更好的和更有效的风险理论是考虑了基于心理学的风险态度而形成的投资风险调整理论。该理论的核心指标是风险调整价值。

风险调整价值=潜在收益价值-潜在损失价值

风险调整价值大于0的项目就会得到投资者的喜欢,而风险调整价值小于0的项目就会受到投资者的抛弃。当然,不同的投资者因为具有不同的风险态度而对同一项目产生不一样的风险调整价值,进而做出不同的投资决策。这需要计算后悔值(Regret),并测算风险态度。风险调整价值的计算公式可以表示为:

$$V=U-\lambda R$$

其中V是风险调整价值,U是潜在收益价值(Upside),R是潜在损失价值(Regret),λ是风险系数($\lambda<1$,风险喜好型;$\lambda=1$,风险中庸型;$\lambda>1$,风险逃避型)。

6.2.3 模糊数学理论

模糊数学是指用来描述、研究、处理事物所具有的模糊特征(模糊概率)的数学。隶属度思想是模糊数学的基本思想,隶属度由隶属函数确定,隶属函数表示模糊关系。对于论域U上的模糊子集A,映射u_A称为A的隶属函数,$u_A(x)$称为x对A的隶属程度(隶属度)。使$u_A(x)=0.5$的点x称为A的过渡点,即模糊性最强的点。

$$u_A:\rightarrow U \qquad [0,1],\rightarrow x \qquad u_A(x)\in[0,1]$$

λ 截集指由隶属度大于等于λ 的元素构成的经典集合，是将模糊集合转化为经典集合的工具。其中λ 称为阀值或置信水平。隶属函数的确定方法包括模糊统计法，指定法(梯形分布，正态分布等)。隶属度 μ 代表模糊关系 R 的相关程度，$\mu\in[0,1]$。

模糊聚类分析包括以下 3 个步骤：

①数据标准化。标准差变换 $x'_{ik}=\frac{x_{ik}-\overline{x_k}}{s_k}$；极差变换 $x'=\frac{x-x_{\min}}{x_{\max}-x_{\min}}$；

②建立关系矩阵；

③聚类。

模糊模式识别遵循以下 3 个识别原则：

①最大隶属原则Ⅰ，一个元素属于隶属度最大的模糊集合(多个集合)。

②最大隶属原则Ⅱ，一个模糊集合优选属于隶属度最大的元素(多个元素)。

③择近原则，优选贴近度最大的元素。通常使用格贴近度来代替贴近度，也可用贴近度。

6.2.4　数理统计与回归分析

数理统计是确定风险评估参数的主要方法，在必要时需要使用回归分析。

回归分析法是通过对大量观察数据的统计分析和处理，研究与确定事物间相关关系和联系形式的方法。回归分析的目的是认识规律并进行预测。首先分析所获得的统计数据，确定变量之间的数学关系形式，即建立回归模型；然后对回归模型的进行参数估计和统计检验，分析影响因素对预测对象的影响程度，确定回归模型；利用回归模型和自变量的未来可能值，估计预测对象的结果，并分析预测结果的误差范围及精度。简单回归分析法的公式为 $Y=a+bX$，其中

$$a=\overline{y}-b\overline{x},b=\frac{n\sum_{i=1}^{n}x_iy_i-\sum_{i=1}^{n}x_iy_i}{n\sum_{i=1}^{n}x_i^2-\left(\sum_{i=1}^{n}x_i\right)^2}$$

为了获得最好的回归效果，可以进行回归系数的显著性检验(t 检验)、回归方程的显著性检验(F 检验)、回归标准差检验($S_y/\overline{y}$)和拟合优度检验(R^2)。由于回归分析法是以研究因果关系为基础，当预测对象的影响因素太多且关系复杂时，回归分析法的预测效果欠佳。而采用时间序列平滑法，以时间 t 来代替各种因素，往往能取得良好的预测效果。时间序列平滑法是依据预测对象过去的统计数据，按时间变化规律建立时序模型来进行预测的一种统计预测方法。时间序列平滑法主要有以下方法：

移动平均法：$F_{T+1}=\frac{1}{T}\sum_{i=1}^{T}Y_i$，$T$ 为平滑期数。

加权移动平均法：$F_{T+1}=\sum a_i Y_i,\sum_{i=1}^{T} a_i=1$

指数平滑法：$F_{T+1}=aY_t+(1-a)F_t$，a 为平滑常数。

季节平滑：$I_t=\beta\frac{Y_t}{S_t}+(1-\beta)I_{t-L}$，$(0<\beta<1)$

倾向平滑：$b_t=\gamma(S_t-S_{t-1})+(1-\gamma)b_{t-1}$，$(1<\gamma<1)$

季节性水平模型 $\hat{Y}_t=\overline{Y}f_t$，$f_t$ 为季节指数。

季节性交乘趋势模型：$\hat{Y}_t=(a+bt)f_i$，f_i 为月平均/年平均。

6.3　雷电灾害风险评估方法

雷电灾害风险评估需要评估原则的指导，并遵循一定的评估流程，结合评估概念模型，使用合适的评估方法。

6.3.1　雷电灾害风险评估的基本原则

在雷电灾害风险评估时，明确评估原则是十分必要的。在此提供以下 5 个评估原则：

(1)认清评估对象，选择符合其适用范围的评估标准。这要求在做风险评估时应该根据评估对象而有针对性地处理问题。

(2)评估方法和评估标准要及时更新。由于各种技术和产品的更新与发展更加日新月异，滞后的评估方法和标准是不能满足社会需求的。特别是 LEMP 危害逐渐占据主导地位时，通信、电子和网络等行业的发展给雷电灾害风险评估提出了很多需要解决的问题。

(3)抓住风险评估的两个关键因素，即评估结构(评估体系)和评估指标(评估参数)。

(4)雷电灾害风险评估要以风险(损失)为中心，而不是以风险的来源为中心。

这是因为雷电灾害的来源与损失相比而言是很难准确确定的。同时要尽量避免重复性计算或遗漏性计算。

(5)风险对于不同的评估主体(评估者)是具有不确定性的，风险评估应该考虑评估主体的风险偏好。

6.3.2　评估的工作流程和概念模型

一般而言，评估工作应该按照一定的工作流程来执行。第一，确定评估对象；第二，明确评估范围；第三，选择评估标准，包括评估体系、评估指标及其基准值;第四,确定评价方法,包括评估公式;第五,收集信息,进行评估;第六,提供评估结论,包括评估等级,并提出适当的对策与相应的措施。

在开展一项评估工作时,需要对所做的评估在宏观上形成一个清晰的概念模型,目的是为了在评估过程中紧紧抓住中心问题而不至于迷失方向。作为评估主体的评估者(防雷工程师和防雷用户),以评估对象(建筑物或服务设施)为中心,选择合适的评估标准,确定有效的评估方法,把工作重点放在评估因子的分析与计算上,目的是得出全面而准确的评估结论,同时按照一定的评估级别来提出适当的防护措施。图 6.5 的概念模型比较恰当地描述了风险评估的整体框架。

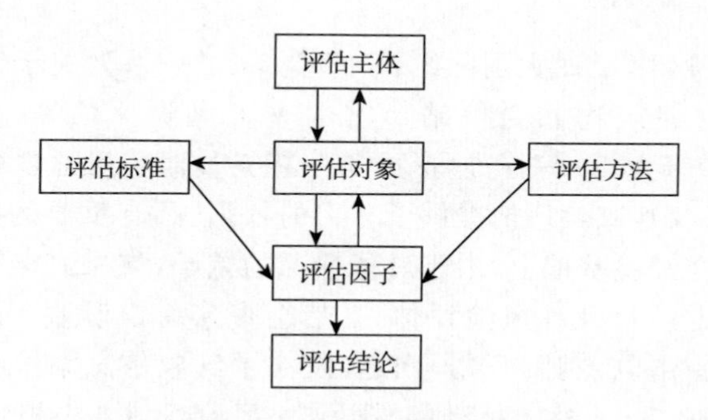

图 6.5 风险评估的概念模型

6.3.3 雷电灾害风险评估的常用方法

常用的雷电灾害风险评估方法包括 IEC 61662 和 IEC 62305 评估方法和 ITU-T k.39 评估方法和 QX 3-2000 评估方法。

IEC 61662 和 IEC 62305 评估方法的计算公式是 $R=\sum R_x, R_x=\mathrm{NPD}$,按雷击类型把雷电灾害风险($R$)分为直接雷击风险($R_D$)和间接雷击风险($R_I$):

$$R=R_D+R_I$$

其中 $R_D=R_A+R_B+R_C, R_I=R_M+R_U+R_V+R_W+R_Z$。

ITU-T k.39 评估方法的评估重点是确定雷电损害次数 F,$F=F_d+F_n+F_s+F_a$,其中 $F_d=N_g\times A_d\times P_d$,$F_n=N_g\times A_n\times P_n$,$F_s=N_g\times A_s\times P_s$,$F_a=N_g\times A_a\times P_a$,一般情况下以 F_s 为主;而面积 A_d,A_n,A_s 和 A_a,概率因子 P 的确定方法基本上来自于经验,其大小与设备自身性质和特定的保护措施有关。

QX 3-2000 评估方法的评估重点是确定年平均允许雷击次数 N_c,其中 $N_c=5.8\times10^{-3}/C$ 或 $N_c=5.8\times10^{-4}/C$,$C=C_1+C_2+C_3+C_4+C_5$,C_1、C_2、C_3、C_4、C_5 分别是建筑材料因子、信息系统重要程度因子、设备耐冲击类型因子、设备的 LPZ 因子和雷击后果因子。

6.4 雷电灾害风险评估的参数研究

评估参数(评估指标)是雷电灾害风险评估的两大核心之一,是雷电灾害风险评估模型的基础。在目前常用的雷电灾害风险评估标准中已经建立了很多评估参数,在借鉴并改造这些参数的基础上,本章主要介绍雷电灾害风险评估的参数体系(指标体系)。

6.4.1 雷电灾害风险评估标准中的雷电灾害风险评估参数

在国外,IEC 和 ITU 两大国际组织相继发布了一系列关于雷电防护的标准与规范,特别针对建筑物和通信站等雷电灾害风险评估制定了 IEC 61662、IEC 62305和 ITU-T k.39 等标准,形成了一套完整而实用的雷电灾害风险评估体系,对雷电防护及其风险评估提供了有力的依据,具有重要的指导意义。但这些标准大都建立在经验基础上,由于具体情况的差异,如果完全抄袭和照搬它们来在国内进行雷电防护及其风险评估,必然会带来一定误差。因而,在国内,针对气象信息系统雷击电磁脉冲防护问题,发布了气象信息系统雷击电磁脉冲防护规范规范 QX 3-2000。这个标准的雷电灾害风险评估方法相对比较简单,评估结构清晰,比较有针对性和实用性。

目前有多个关于雷电灾害风险评估的标准,对各个标准的分析和比较可以提供更好的评估参考。人们有理由坚信在没有发现更好的处理方法时,目前的处理方法是最好的。

QX 3-2000 是气象信息系统雷击电磁脉冲防护规范,其中风险评估的适用范围是由雷击电磁脉冲(LEMP)对气象信息系统造成损失的风险的评估。该标准中风险评估的评估参数主要是年平均直击雷次数 N 和年平均允许雷击次数 N_c。

建筑物的年平均直击雷次数 N,$N=k\times N_g\times A_e$,$N_g=0.024\times T_d^{1.3}$。

年平均允许雷击次数 N_c,公式为 $N_c=5.8\times10^{-3}/C$,其中 $C=C_1+C_2+C_3+C_4+C_5$,C_1 是建筑材料因子(金属取值 0.5,钢筋混凝土取值 1.0,砖混结构取值 1.5),C_2 是信息系统重要程度因子(A 类机房取值 3.0,B 类机房取值 2.0,C 类机房取值 1.0),C_3 是设备耐冲击类型因子,C_4 是设备的 LPZ 因子,C_5 是雷击后果因子。

信息系统 LEMP 防护分级 E:$E=1-N_c/N$。按 E 值分为四个级别,$E>0.98$ 为 A 级,$0.95<E\leqslant0.98$ 为 B 级,$0.8<E\leqslant0.95$ 为 C 级,$E\leqslant0.8$ 为 D 级。

ITU-T k.39 是由国际电信联盟发布的标准,其名称为通信局站雷电损坏危险的评估。该标准的主要内容包括标准适用范围、危险程度的决定因素、损失、评估原则、有效面积的计算、概率因子、损失因子和可承受风险(允许风险)等。

其适用范围是通信局站雷电过电压(过电流)造成的设备危害和人员安全危害的风险的评估。危险程度的决定因素包括:(1)输入线路的类型(电源线和通信线);(2)设备所在建筑物的形状、大小及其屏蔽效果;(3)内部布局;(4)防护措施。损失分为硬件损害、软件资源破坏和服务中断等 3 类。评估的主要公式包括:(1) $F = F_d + F_n + F_s + F_a$,其中 $F_d = N_g \times A_d \times P_d$,$F_n = N_g \times A_n \times P_n$,$F_s = N_g \times A_s \times P_s$,$F_a = N_g \times A_a \times P_a$;(2)$R = (1 - e^{-F \times t}) \times \delta \approx F \times \delta = \sum F_i \times \delta_i$。评估的主要参数包括面积 A_d,A_n,A_s和 A_a,损害次数 F_d,F_n,F_s 和 F_a。风险 R,损失 δ。面积 A_d 的计算公式是:$A_d = a \times b + 6 \times h \times (a + b) + \pi \times (3 \times h)^2$,其中 a、b 和 h 分别是通信局站的长度、宽度和高度;A_n 主要与土壤电阻率有关;A_s 主要与线路性质和线路长度;A_a 是附近关联目标的直接雷击面积,与 A_d 的计算方法相同。概率因子 P:概率因子的确定方法基本上来自于经验,其大小与设备自身性质和特定的保护措施有关;整个风险评估的可信度和准确性主要取决于概率因子 P 的确定方法和具体数值。损失因子 δ:δ 表示为损失值与总价值的比值,是一个相对值;对于人身损失,人可能遭受严重伤害时 $\delta = 1$;对于服务损失,$\delta = (t/8760) \times (n/n_t)$,其中 t 是服务中断时间,n 是服务中断用户数目,n_t 是服务用户总数;对于物理损失,一般网络接口 $\delta = 0.2$,而无任何防护措施的局站 $\delta = 0.8$。可承受风险(允许风险)R_A:除人身损失外,R_A 一般由业主(用户)来决定,但提供了一定的参考值,如 $R_A = 10^{-3}$ 和 $R_A = 10^{-5}$。

IEC 61662 和 IEC 62305 是国际电工委员会关于雷电灾害风险评估的标准。IEC 61662 和 IEC 62305 的适用范围是地闪雷电对建筑物(包括其服务设施)造成的风险的评估。IEC 61662 和 IEC 62305 标准主要包括建筑物与服务设施的分类、雷电损害与雷灾损失、雷灾风险、防护措施的选择过程以及建筑物与服务设施防护的基本标准等评估参数。

建筑物与服务设施的分类:按照建筑物雷灾伴随作用和建筑物本身及其环境,将建筑物分为 $A1$、$A2$、$A3$、$A4$、$A5$、$A6$ 和 $A7$ 等 7 类。$A1$ 是普通建筑物,指用于一般目的包括商业、工业、农业和居住的建筑物。$A2$ 是爆炸性危险建筑物,指储存固体爆炸物或 IEC 60079-10 确定的危害类型为 0 的建筑物。$A3$ 是电子系统建筑物,指安装大量电子系统包括通信设备、控制系统或测量系统的建筑物。$A4$ 是环境危害性建筑物,指可能由雷电引发而产生生物的、化学的或放射性危害的建筑物,包括化学工厂、石化工厂和核工厂等。$A5$ 是高火灾风险性建筑物,指由易燃物质建造的建筑物、房顶由高度可燃物质组成的建筑物或燃料荷载大于 45 kg/m^2 的建筑物。$A6$ 是一般火灾风险性建筑物,指燃料荷载介于 20 kg/m^2和 45 kg/m^2 之间的建筑物。$A7$ 是低火灾风险性建筑物,指燃料荷载小于 20 kg/m^2 的建筑物或偶尔储存易燃物质的建筑物。按照服务设施的类型,将服务设施分为 $B1$、$B2$ 和 $B3$ 等 3 类。$B1$ 是通信线,指不同建筑物之间通信设备的传输媒介包括电话线和数据线等。B2 是电源线，指电力传输线包括低压和高压等电力干线。B3 是管道，指为建筑物输送流体的管道包括煤气管线、水管线和油管线。

雷电损害：当雷电威胁建筑物时，可以造成建筑物本身的损坏和其居住者及财产的损害，包括设备特别是电子电力系统的失灵。同时可能扩展而造成对建筑物周围物体和环境的损害，其扩展程度取决于建筑物特征和雷电特征。建筑物雷电损害的影响因素包括建筑物结构（木结构、砖结构、混凝土、钢筋混凝土、钢架结构等）、建筑物功能（住房、办公室、农场、剧院、宾馆、学校、医院、博物馆、教堂、监狱、百货公司、银行、工厂、体育场）、居住者和财产（人和动物、不可燃物、可燃物、不爆炸混合物、爆炸混合物、电磁场不敏感设备或电磁场敏感设备）、引入装置（电源干线、通信线、数据线、其他服务设施）、限制损害后续影响的措施（包括减少火灾、限制爆炸混合物浓度、限制过电压、限制跨步电压和接触电压等保护措施）、危害扩散程度（局部的轻危害建筑物、封闭的强危害建筑物、危害周围物体的建筑物、危害环境的建筑物）等 6 个因素。建筑物雷电损害的风险来源分为 S1、S2、S3 和 S4 等 4 类（意义如第一节所述）。综合来讲，雷电对于建筑物会造成 C1、C2 和 C3 等 3 类损害。C1 是跨步电压和接触电压导致的生物伤害，C2 是由雷电流及危险的火花的机械或热效应产生的物理损害（火灾、爆炸、机械破坏、化学释放），C3 是过电压产生的电力或电子的失灵。

当雷电威胁服务设施时，可以造成设施本身的损坏和相关电力和电子设备的损害。同时可能扩展而造成与服务设施相连的建筑物内电力和电子系统的损害，其扩展程度取决于服务设施特征、电力和电子系统的类型与范围、雷电特征。服务设施雷电损害的影响因素包括设施结构（架空线、埋地线、屏蔽线、无屏蔽线、光纤、金属管、塑料管）、设施功能（通信和数据线、电力干线、煤气干线、油干线）、使用规则（公用、个人）、相应建筑物（结构、材料、大小、位置）和防护措施（备用线路、流体储存系统、发电装置、不间断电源）等 5 个因素。服务设施雷电损害的风险来源分为 S1、S2 和 S3 等 3 类。S1 是雷电直接击中相应建筑物，这会造成由线内雷电流产生的金属线及屏蔽物的熔化，由电阻耦合引发的线路和相连设备的绝缘下降，管线刺穿等 3 种损害。S2 是雷电直接击中服务设施，这会造成由雷电流产生设施的直接机械损害，直接电源线路损坏（绝缘下降）和相连设备损害，管线刺穿并引发火灾或爆炸等 3 种损害。S3 是雷电击中引入设施附近的地面，这会造成由感应过电压引发的线路和相连设备的绝缘下降，管线刺穿等损害。综合来讲，雷电对于服务设施会造成 C1、C2 和 C3 等 3 类损害。C1 是跨步电压和接触电压导致的生物伤害，C2 是由雷电流及危险的火花的机械或热效应产生的物理损害（火灾、爆炸、机械破坏、化学释放），C3 是过电压产生的电力或电子的失灵。

由雷电灾害造成的雷灾损失分为 $D1$、$D2$、$D3$ 和 $D4$ 等 4 类损失。$D1$ 是人身伤亡损失，$D2$ 是公共服务损失，$D3$ 是文化遗产损失，$D4$ 是财产经济损失。

雷灾风险：在 IEC 61662 和 IEC 62305 中，风险是指雷电对建筑物和服务设施造成的年度可能损失。与雷灾损失正好对应，雷灾风险分为 $R1$、$R2$、$R3$ 和 $R4$ 等 4 类。$R1$ 是人身伤亡风险，$R2$ 是公共服务风险，$R3$ 是文化遗产风险，$R4$ 是财产经济风险。每一类风险分别由公式 $R=N\times P\times D$ 来计算，其中 R 是雷灾风险，N 是年危险性雷击次数，P 是每次雷击造成损失的概率，D 是平均相对损失。雷灾允许风险 R_A 是指雷电灾害评估标准或评估主体能够允许的风险水平。雷电防护的目的就是降低雷灾风险到雷灾允许风险，即 $R\leqslant R_A$。当雷灾损失有多种类型时，要求每种类型都满足 $R\leqslant R_A$ 这个条件。在建筑物风险评估时，要求实现两个目的，即确定建筑物雷电防护的必要性（针对于人身伤亡风险 $R1$、公共服务风险 $R2$ 和文化遗产风险 $R3$）和确定建筑物雷电防护的经济效益（针对于财产经济风险 $R4$）。

防护措施的选择过程：建筑物和服务设施的雷电防护需要首先确定是否需要防护，然后在需要防护时选择适当的防护措施。防护措施的选择应该遵循以下 5 个主要步骤。(A)确定将要防护的建筑物（或服务设施）及其特征；(B)确定雷电损害和雷灾风险的类型；(C)对每类损害分别计算其雷灾风险 R，选择雷灾允许风险 R_A，然后比较 R 和 R_A。当 $R\leqslant R_A$ 时，雷电防护不是必需的；当 $R>R_A$ 时，应该采取防护措施使 $R\leqslant R_A$。(D)选择雷电防护措施来降低所有类型的风险至 $R\leqslant R_A$。(E)根据技术条件和经济因素来选择最适当的防护措施。对于建筑物，雷电防护措施包括外部雷电防护系统（LPS）、电涌保护器（SPD）和磁场屏蔽（MS）；对于服务设施，雷电防护措施包括地线（GW）和电涌保护器（SPD）。

建筑物与服务设施防护的基本标准：(1)防护级别：按雷电流参数，结合各个级别的最大（度量标准）雷电流参数和最小（拦截标准）雷电流参数，划分Ⅰ级、Ⅱ级、Ⅲ级和Ⅳ级等 4 个级别。(2)建筑物防护：建筑物雷电防护遵循防护带原则，该原则允许对建筑物的不同部分分别采取最适当的防护措施。对于物理损害和人身危害，可以对建筑物安装外部 LPS（包括接闪系统、引下系统和接地系统）和内部 LPS（等电位连接、距离分隔和电绝缘）。对于雷电电磁脉冲（LEMP），可以采取接地、屏蔽和连接等防护措施。(3)引入设施防护：第一，尽量避免雷电直击服务设施，如将架空线路埋地，增加管道厚度等。第二，增加屏蔽，降低过电压。第三，利用 SPD 来分流过电流和限制过电压。第四，提高线路和相连设备的雷电抵抗力。

6.4.2　存在的问题与改进的途径

1. 评估标准的比较、问题与改进

QX 3-2000、ITU-T k.39、IEC 61662 和 IEC 62305 等标准的雷电灾害风险评估都把评估的重点放在雷电灾害损害次数这个参数上，而决定损害次数的子参数的选取大多以经验为主。各标准都需要计算出实际损害次数(实际风险)和允许损害次数(允许风险),然后给出风险级别并提供适当的防护措施。各标准在处理雷电灾害损失和雷电灾害风险时,都使用相对值,大部分参数都以表格等形式给出一定的典型值,取值不连续而且很难达到比较高的精度。从风险评估的复杂程度来看,IEC 61662 和 IEC 62305 是最复杂的,应该说也是最准确的且可信度最高的。同时,通过对各个标准之间做两两比较,可以发现 ITU-T k.39、IEC 61662 和 IEC 62305 都是以公式 $R=N\times P\times\delta$ 为基本计算公式,两个标准都考虑了人身损失和经济损失等,都是通过人为提供允许风险(可承受风险)来最终确定评估对象的雷电防护必要性和防护等级(防护级别)。但以上各个标准之间存在许多区别。QX 3-2000 标准的评估重点是确定年平均允许雷击次数 N_c,TU-T k.39 标准的评估重点是确定雷电损害次数 F,IEC 61662 和 IEC 62305 标准的评估重点是确定雷击次数 N、雷灾概率 P 和雷灾损失 D。

2. 雷电灾害风险评估参数的定量化

(1)环境因子 C_d 的参数细化

IEC 61662 和 IEC 62305 对影响建筑物雷击次数的环境因子 C_d 的取值存在两个问题,一是只考虑了地形因素而忽略了土壤和建筑物材料等因素,二是只提供了 0.25、0.5、1 和 2 这四个不连续且梯度过大的数值。怎样解决?在此,设计环境因子 K_H 来代替 IEC 61662 和 IEC 62305 中的环境因子 C_d。

在雷电灾害风险评估中,年雷击次数 N 对最终的评估结果有着决定性的影响,除了雷暴日数和有效雷击面积之外,环境因子 C_d 在计算 N 时是必须考虑的。很明显,雷击是具有选择性的,即雷击点的分布不是随机而是有规律的,单纯地使用雷暴日数和有效雷击面积的乘积来确定年雷击次数是有失偏颇的。引入环境因子,提高年雷击次数的准确性是一种有效的解决方法。显然,要确定环境因子,仅仅考虑地形因素是远远不够的,而且由于环境因子的选取太粗将会导致风险评估精度过低。为了提高环境因子的精度,解决环境因子的不连续性和梯度太大的问题,在此引入环境因子 K_H。

对于环境因子,建筑物的地形、建筑物的大地电阻率和建筑物的建筑材料是最关键的 3 个因素。根据已有的取值标准,将环境因子 K_H 限定在[0.25,2]的区间内。对于正常情况(平均状态)的建筑物,$K_H=1$;最不容易遭受雷击的建筑物,$K_H=0.25$(当计算结果小于 0.25 时,取 0.25);最容易遭受雷击的建筑物,$K_H=2$。由此,得到环境因子 K_H 的计算公式:

$$K_H=(h_t\times h_c\times h_m)^{1/3}$$

$$h_t=1+(h_{t1}-h_{t0})/(h_{t1}+h_{t0})$$

$$h_c=1-(h_{c1}-h_{c0})/(h_{c1}+h_{c0})$$

$$h_m=1+(h_{m1}-h_{m0})/(h_{m1}+h_{m0})$$

其中 K_H 是环境因子（根据 IEC 61662 和 IEC 62305 标准，令 $K_H \geqslant 0.25$），h_t 是地形因子，h_c 是大地电阻率因子，h_m 是建筑物材料因子。

h_{t1} 是评估建筑物的大地坡度，h_{t0} 是评估建筑物所在地区的平均大地坡度。

h_{c1} 是评估建筑物的大地电阻率，h_{c0} 是评估建筑物所在地区的平均大地电阻率。

h_{m1} 是评估建筑物的金属百分比含量，h_{m0} 是评估建筑物所在地区的建筑物平均金属百分比含量。

由公式可以得到一个介于 0.25 和 2 之间的环境因子，这样就将环境因子连续化。至于环境因子 K_H 的上下界 0.25 和 2，目前的依据是 IEC 62305 的规定，是否应该调整需要更多的理论与实践的支持或者评估各方达成共识。

（2）附近建筑物有效面积的处理方法

对于建筑物群体，在计算建筑物直接雷击的有效接收面积时，必须考虑附近建筑物的影响，两建筑物之间的距离 d 以 3 倍两建筑物高度 $3\times(H+H_A)$ 为临界点。当 $d\geqslant 3\times(H+H_{mA})$ 时，两建筑物之间没有叠合面积，两者是相互独立的；当 $d<3\times(H+H_A)$ 时，评估对象建筑物的有效接收面积应当扣除附近建筑物叠合的部分面积 S_1，在处理时减去两者迭合面积的一半 $0.5\times S_1$。特别是，当两建筑物之间距离 d 小于评估对象建筑物 3 倍高度 $3\times H$ 时，即 $d<3\times H$，附近建筑物的全部有效接收面积包含在评估对象建筑物的面积之内。

接下来，分析对于两建筑物的距离 d 介于 $3\times H$ 和 $3\times(H+H_A)$ 之间的叠合面积处理方法。按两圆相交的情况来处理，分别以两建筑物的最近边缘点为圆心，两圆的半径分别为 r_1 和 r_2，圆心之间的距离为 d。其中，$r_1=3\times H$，$r_2=3\times H_A$，具体关系见图 6.6。

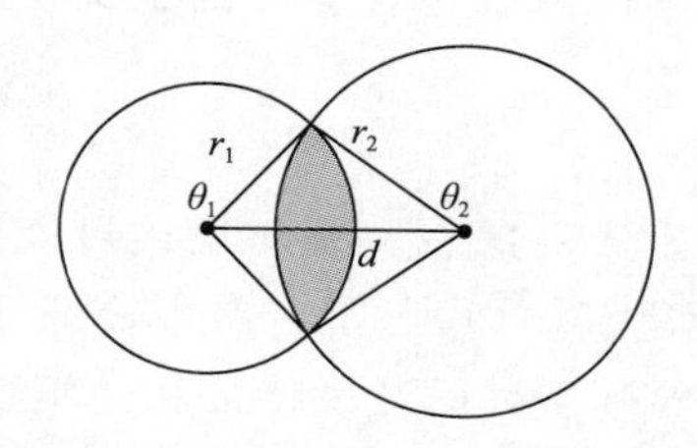

图 6.6　附近建筑物雷击有效面积的叠合示意图

两建筑物直接雷击有效接收面积的叠合面积为图 6.6 中的阴影部分的面积，两夹角分别用 θ_1 和 θ_2 来表示。用 S 表示考虑附近建筑物影响后的有效接收面积，S_0 表示考虑附近建筑物影响前的建筑物有效接收面积，S_1 表示两建筑物之间的叠合面积。

$$S=S_0-0.5\times S_1$$

先求叠合部分的面积 S_1：

$$S_1=2\times(S_{扇1}+S_{扇2}-S_{\triangle})$$

$$S_{扇1}=0.5\times r_1\times r_1\times\theta_1$$

$$S_{扇2}=0.5\times r_2\times r_2\times\theta_2$$

$$S_{\triangle}=0.5\times d\times r_1\times\sin\theta_1$$

列方程：

$$r_1\times\sin\theta_1=r_2\times\sin\theta_2$$

$$r_1\times\cos\theta_1+r_2\times\cos\theta_2=d$$

求解得：

$$\cos\theta_1=(r_{12}+d_2-r_{22})/(2\times d\times r_1)$$

$$\cos\theta_2=(r_{22}+d_2-r_{12})/(2\times d\times r_2)$$

$$\theta_1=\arccos(r_{12}+d_2-r_{22})/(2\times d\times r_1)$$

$$\theta_2=\arccos(r_{22}+d_2-r_{12})/(2\times d\times r_2)$$

将 θ_1 和 θ_2 代入 S_1 的计算公式，得：

$$S_1=r_1\times r_1\times\theta_1+r_2\times r_2\times\theta_2-d\times r_1\times\sin\theta_1$$

$S_1=r_1\times r_1\times\arccos((r_1\times r_1+d\times d-r_2\times r_2)/(2\times r_1\times d))+r_2\times r_2\times\arccos((r_2\times r_2+d\times d-r_1\times r_1)/(2\times r_2\times d)-d\times r_1\times\sin(\arccos(r_1\times r_1+d\times d-r_2\times r_2)/(2\times r_1\times d))$

6.4.3　雷电灾害风险评估参数

雷电灾害风险评估参数包括雷击次数 N、雷灾概率 P、雷灾损失 D、雷灾风险 R 和雷电防护级别与防护效率 E 等 5 类基本参数，所有参数共同形成一个评估参数体系。各个参数的具体内容包含参数的定义、参数的决定因素和取值方法以及取值范围。

1. 雷击次数 N

雷击次数是指特定的雷灾对象在一定时期内可能受到雷电袭击的次数，单位：次·年$^{-1}$或 a^{-1}。对于建筑物而言，雷击次数 N 取决于建筑物尺寸、建筑物特征、建筑物引入设施、建筑物所处的环境特征和建筑物所在地区的雷电的地闪密度。一般的，雷击次数 N 的数值取决于雷灾对象所处地区的雷电频率 F 和雷灾对象的雷击面积 A，计算公式：$N=F\times A$。

雷击次数 N 的确定要着眼于参数精度的提高，最好的方法是使用地闪频率来代替落雷密度。地闪频率由卫星和地面闪电定位仪的观测数据而确定。FORTE(Fast on-Orbit Recording of Transient Event)卫星是观测闪电的具有专业水准的卫星，再配合地面先进的闪电定位仪，可以将雷电频率 F 的精度提高到一个崭新的定量水平，进而提高雷击次数 N 的精度。

(1)雷电频率 F

雷电频率是指特定地区在一定时期内雷电发生的次数，单位：次·年$^{-1}$·千米$^{-2}$

或 $a^{-1}\cdot km^{-2}$。其数值取决于该地区的纬度和地理条件，一般直接通过闪电定位仪和卫星观测来确定，或者间接由该地区的雷暴日数 T_D 并结合经验公式来确定。

① 总闪频率 F_T

总闪频率是指特定地区在一定时期内闪电发生的总次数，单位：次·年$^{-1}$·千米$^{-2}$或次·$a^{-1}\cdot km^{-2}$。闪电包括云地闪电（地闪）和云内闪电与云间闪电（云闪）。总闪频率一般通过先进的闪电定位仪和卫星观测来确定。

② 地闪频率 F_G

地闪频率是指特定地区在一定时期内地闪发生的次数，单位：次·年$^{-1}$·千米$^{-2}$或次·$a^{-1}\cdot km^{-2}$。其数值取决于总闪频率 F_T 和地闪比例 K_F，计算公式：$F_G=K_F\times F_T$。

(2)落雷密度 N_g

落雷密度是指特定地区在一定时期内雷电对地放电发生的次数，单位：次·年$^{-1}$·千米$^{-2}$ 或次·$a^{-1}\cdot km^{-2}$。其数值取决于该地区的纬度和地理条件，与该地区的雷暴日数 T_d 有关，可以使用经验公式来确定，通用的计算公式：$N_g=0.04\ T_d{}^{1.25}$，中国国家标准的计算公式：$N_g=0.024\ T_d{}^{1.3}$。

(3)雷暴日数 T_d

雷暴日数是指特定地区在一定时期内雷暴发生的天数，单位：天·年$^{-1}$或 $d\cdot a^{-1}$。其数值取决于该地区的纬度和地理条件，一般由长时间观测记录的雷暴活动资料来确定。

(4)雷击面积 A

雷击面积是指特定的雷灾对象可能受到雷击的有效接收面积，单位：千米$^{-2}$或 km^{-2}。其数值取决于雷灾对象的特征、大小和相关设施等因素，具体由建筑物雷击面积 A_B、服务设施雷击面积 A_L 和特殊雷击面积 A_S 等组成，计算公式：$A=A_B+A_L+A_S$。

①建筑物雷击面积 A_B

建筑物雷击面积是指作为雷灾对象的建筑物可能受到雷击的有效接收面积，单位：千米$^{-2}$或 km^{-2}。其数值取决于建筑物的特征和大小等因素，按雷击点的不同，将建筑物雷击面积 A_B 分为建筑物直接雷击面积 A_{BD} 和建筑物间接雷击面积 A_{BI}，具体的计算公式是十分复杂的，涉及一系列的参数，可以参考 IEC 61662和 IEC 62305 的计算方法。A_{BD} 的计算公式：$A_{BD}=LW+6\ C_D\ H(L+W)+9\pi(C_D\ H)^2$，其中 L、W、H 和 C_D 分别是建筑物的长度、宽度、高度和环境因子，环境因子 C_D 的取值是 0.25、0.5、1 或 2。

②服务设施雷击面积 A_L

服务设施雷击面积是指作为雷灾对象的服务设施可能受到雷击的有效接收面积，单位：千米$^{-2}$或 km^{-2}。其数值取决于服务设施的类型、长度和土壤电阻率等因素，主要包括通信线雷击面积 A_{LC} 和电力线雷击面积 A_{LE}，计算公式：$A_L = A_{LC} + A_{LE}$。

③通信线雷击面积 A_{LC}

通信线雷击面积是指作为雷灾对象的通信线路可能受到雷击的有效接收面积，单位：千米$^{-2}$或 km^{-2}。其数值取决于通信线路的方式、长度和土壤电阻率等因素，按雷击点的不同，将通信线路雷击面积 A_{LC} 分为通信线路直接雷击面积 A_{LCD} 和通信线路间接雷击面积 A_{LCI}，计算公式：$A_{LC} = A_{LCD} + A_{LCI}$。

④电力线雷击面积 A_{LE}

电力线雷击面积是指作为雷灾对象的电力线路可能受到雷击的有效接收面积，单位：千米$^{-2}$或 km^{-2}。其数值取决于电力线路的方式、长度和土壤电阻率等因素，按雷击点的不同，将电力线路雷击面积 A_{LE} 分为电力线路直接雷击面积 A_{LED} 和电力线路间接雷击面积 A_{LEI}，计算公式：$A_{LE} = A_{LED} + A_{LEI}$。

⑤特殊雷击面积 A_S

特殊雷击面积是指作为雷灾对象的除去建筑物和服务设施之外的其他对象可能受到雷击的有效接收面积，或者是指由用户自定义的雷击的有效接收面积，单位：千米$^{-2}$或 km^{-2}。其数值根据雷灾对象的具体情况来确定。

2. 雷电特征参数

雷电参数是反映雷电的强度、极性、频谱等雷电特征的指标，主要包括峰值电流 I、放电电量 Q、波形参数和雷电极性。

(1)峰值电流 I

峰值电流是指雷电流的最大值，它反映了雷电的强度，是衡量雷电防护级别的主要指标，单位：千安，或 kA。

(2)放电电量 Q

放电电量是指整个闪电周期内雷电流对时间的积分，单位：库仑，或 C。其计算公式：$Q = \int i\mathrm{d}t$。

(3)波形参数

波形参数是指表征雷电流随时间变化的指标，一般使用波头时间 T_1 与半峰值时间 T_2 来表示，其表达式为 T_1/T_2。最常见的 2 种波形参数是 8 μs/20 μs 和 10 μs/350 μs。

(4)闪电极性

闪电极性是指闪电携带的电荷的正负性，正闪电携带正电荷，负闪电携带负电荷。一般而言，向下的地闪以向下负地闪为主，向下负地闪约占向下地闪总数的 90%，向下正地闪约占 10%。

3. 土壤电阻率 ρ

土壤电阻率是指特定地区的大地电阻率，是反映大地导电性的指标，单位：欧姆·米，或 Ω·m。

4. 雷灾概率 P

雷灾概率是指特定的雷灾对象受到雷击时可能造成损失的概率，其数值取决于雷灾对象的特征、雷电特征和雷电防护措施的种类及其效率。建筑物特征包括建筑物类型、用途与内容、内部装置类型和引入设施类型。雷电特征取决于雷电流的强度、陡度、电荷、单位能量和持续时间及其分布规律。雷灾概率包括人身雷灾概率 P_L 和经济雷灾概率 P_E，一般将两者分开单独处理。结合模糊数学理论，使用隶属度来表示雷灾概率。雷灾概率 P 的取值范围：[0,1]。

(1)人身雷灾概率 P_L

人身雷灾概率是指人员受到雷击时可能造成死亡或受伤的概率，其数值取决于人员所处的环境特征、雷电特征和雷电防护措施的种类及其效率。人身雷灾概率 P_L 包括跨步电压人身雷灾概率 P_{LV}、接触电压人身雷灾概率 P_{LT}、火灾人身雷灾概率 P_{LF} 和特殊人身雷灾概率 P_{LS}，其计算公式：$P_L = P_{LV} + P_{LT} + P_{LF} + P_{LS}$。

①跨步电压人身雷灾概率 P_{LV}

跨步电压人身雷灾概率是指人员受到雷电引起的跨步电压危害时可能造成死亡或受伤的概率。

②接触电压人身雷灾概率 P_{LT}

接触电压人身雷灾概率是指人员受到雷电引起的接触电压危害时可能造成死亡或受伤的概率。

③火灾人身雷灾概率 P_{LF}

火灾人身雷灾概率是指人员受到雷电引起的火灾危害时可能造成死亡或受伤的概率。

④特殊人身雷灾概率 P_{LS}

特殊人身雷灾概率是指人员受到除去跨步电压、火灾和过电压之外的其他雷灾危害时可能造成死亡或受伤的概率，或者是指由用户自定义的人身雷灾概率。

(2)经济雷灾概率 P_E

经济雷灾概率是指特定的雷灾对象受到雷击时可能造成经济损失的概率，其数值取决于雷灾对象的经济价值及其所处的环境特征、雷电特征和雷电防护措施的种类及其效率。经济雷灾概率 P_E 包括火灾经济雷灾概率 P_{EF}、过电压经济雷灾概率 P_{EO} 和特殊经济雷灾概率 P_{ES}，其计算公式：$P_E = P_{EF} + P_{EO} + P_{ES}$。

①火灾经济雷灾概率 P_{EF}

火灾经济雷灾概率是指特定的雷灾对象受到雷电引起的火灾危害时可能造成经济损失的概率。

②过电压经济雷灾概率 P_{EO}

过电压经济雷灾概率是指特定的雷灾对象受到雷电引起的过电压危害时可能造成经济损失的概率。

③特殊经济雷灾概率 P_{ES}

特殊经济雷灾概率是指特定的雷灾对象受到除去火灾和过电压之外的其他雷灾危害时可能造成经济损失的概率，或者是指由用户自定义的经济雷灾概率。

5. 雷灾损失 D

雷灾损失是指特定的雷灾对象受到雷击时可能造成的潜在性损失。雷灾损失取决于雷击造成的损害程度和后续效应，其数值取决于处于危险区域的人数与总人数、公共服务的类型及其重要性、财产价值，使用相对值来表示雷灾损失。雷灾损失 D 包括人身雷灾损失 D_L 和经济雷灾损失 D_E，一般将这两种雷灾损失分开单独处理。

(1)人身雷灾损失 D_L

人身雷灾损失是指特定雷灾对象的人员受到雷击时可能造成的潜在性损失。其数值取决于处于危险区域的人数与总人数，使用相对值来表示。引入风险态度后，人身雷灾损失 D_L 的表达式为：$D_L=[D_{L1}\,D_{L2}\,D_{L3}]$。

①人员总数 M_T

人员总数是指特定雷灾区域的人员的数目总量。

②最大人身伤亡总数 M_{T1}

最大人身伤亡总数是指特定雷灾对象的人员受到雷击时可能造成的人身伤亡的最大总人数。从风险态度的角度，对应于风险爱好型评估主体的估计值。

③一般人身伤亡总数 M_{T2}

一般人身伤亡总数是指特定雷灾对象的人员受到雷击时可能造成的人身伤亡的一般总人数。从风险态度的角度，对应于风险中庸型评估主体的估计值。

④最小人身伤亡总数 M_{T3}

最小人身伤亡总数是指特定雷灾对象的人员受到雷击时可能造成的人身伤亡的最小总人数。从风险态度的角度，对应于风险逃避型评估主体的估计值。

⑤最大人身雷灾损失 D_{L1}

最大人身雷灾损失是指特定雷灾对象的人员受到雷击时可能造成的最大潜在性损失。其数值取决于最大人身伤亡总数 M_{T1} 和人员总数 M_T，计算公式：$D_{L1}=M_{T1}/M_T$。

⑥一般人身雷灾损失 D_{L2}

最大人身雷灾损失是指特定雷灾对象的人员受到雷击时可能造成的一般潜在性损失。其数值取决于一般人身伤亡总数 M_{T2} 和人员总数 M_T，计算公式：$D_{L2}=M_{T2}/M_T$。

⑦最小人身雷灾损失 D_{L3}

最小人身雷灾损失是指特定雷灾对象的人员受到雷击时可能造成的最小潜在性损失。其数值取决于最小人身伤亡总数 M_{T3} 和人员总数 M_T，计算公式：$D_{L3}=M_{T3}/M_T$。

(2)经济雷灾损失 D_E

经济雷灾损失是指特定雷灾对象受到雷击时可能造成的潜在性经济损失。其数值取决于公共服务的类型及其重要性和财产价值,使用相对值来表示。经济雷灾损失包括直接经济雷灾损失 D_{ED} 和间接经济雷灾损失 D_{EI}。引入风险态度后,经济雷灾损失 D_E 的表达式为:

$$D_E=[D_{E1}\ D_{E2}\ D_{E3}]$$

$$D_{E1}=D_{ED1}\times V_{TD}/V_{TE}+D_{EI1}\times V_{TI}/V_{TE}$$

$$D_{E2}=D_{ED2}\times V_{TD}/V_{TE}+D_{EI2}\times V_{TI}/V_{TE}$$

$$D_{E3}=D_{ED3}\times V_{TD}/V_{TE}+D_{EI3}\times V_{TI}/V_{TE}$$

这里 V_{TE} 为经济总值,是指特定雷灾对象的经济总价值,单位:万元。包括直接经济总值 V_{TD} 和间接经济总值 V_{TI},计算公式:$V_{TE}=V_{TD}+V_{TI}$。

a. 直接经济雷灾损失 D_{ED}

直接经济雷灾损失是指特定雷灾对象受到雷击时可能造成的潜在性直接经济损失。包括建筑物损失价值,设备损失价值,特殊损失价值。

①直接经济总值 V_{TD}

直接经济总值是指特定雷灾对象的直接经济总价值,单位:万元。包括建筑物价值,设备价值和特殊价值。

②最大直接经济损失总值 V_{ED1}

最大直接经济损失总值是指特定雷灾对象受到雷击时可能造成的最大潜在性直接经济损失的总价值,单位:万元。包括建筑物损失价值,设备损失价值,特殊损失价值。

③一般直接经济损失总值 V_{ED2}

一般直接经济损失总值是指特定雷灾对象受到雷击时可能造成的一般潜在性直接经济损失的总价值,单位:万元。包括建筑物损失价值,设备损失价值,特殊损失价值。

④最小直接经济损失总值 V_{ED3}

最小直接经济损失总值是指特定雷灾对象受到雷击时可能造成的最小潜在性直接经济损失的总价值,单位:万元。包括建筑物损失价值,设备损失价值,特殊损失价值。

⑤最大直接经济雷灾损失 D_{ED1}

最大直接经济雷灾损失是指特定雷灾对象受到雷击时可能造成的最大潜在性直接经济损失。其数值取决于直接经济总值 V_{TD} 和最大直接经济损失总值 V_{ED1},计算公式:$D_{ED1}=V_{ED1}/V_{TD}$

⑥一般直接经济雷灾损失 D_{ED2}

一般直接经济雷灾损失是指特定雷灾对象受到雷击时可能造成的一般潜在

性直接经济损失。其数值取决于直接经济总值 V_{TD} 和一般直接经济损失总值 V_{ED2}，计算公式：$D_{ED2}=V_{ED2}/V_{TD}$

⑦最小直接经济雷灾损失 D_{ED3}

最小直接经济雷灾损失是指特定雷灾对象受到雷击时可能造成的最小潜在性直接经济损失。其数值取决于直接经济总值 V_{TD} 和最小直接经济损失总值 V_{ED3}，计算公式：$D_{ED3}=V_{ED3}/V_{TD}$

b. 间接经济雷灾损失 D_{EI}

间接经济雷灾损失是指特定雷灾对象受到雷击时可能造成的潜在性间接经济损失。包括生产(服务)损失，环境损失，特殊损失。

①间接经济总值 V_{TI}

间接经济总值是指特定雷灾对象的间接经济总价值，单位：万元。包括生产(服务)价值，环境价值，特殊价值。

②最大间接经济损失总值 V_{EI1}

最大间接经济损失总值是指特定雷灾对象受到雷击时可能造成的最大潜在性间接经济损失的总价值，单位：万元。包括生产(服务)损失价值，环境损失价值，特殊损失价值。

③一般间接经济损失总值 V_{EI2}

一般间接经济损失总值是指特定雷灾对象受到雷击时可能造成的一般潜在性间接经济损失的总价值，单位：万元。包括生产(服务)损失价值，环境损失价值，特殊损失价值。

④最小间接经济损失总值 V_{EI3}

最小间接经济损失总值是指特定雷灾对象受到雷击时可能造成的最小潜在性间接经济损失的总价值，单位：万元。包括生产(服务)损失价值，环境损失价值，特殊损失价值。

⑤最大间接经济雷灾损失 D_{EI1}

最大间接经济雷灾损失是指特定雷灾对象受到雷击时可能造成的最大潜在性间接经济损失。其数值取决于间接经济总值 V_{TI} 和最大间接经济损失总值 V_{EI1}，计算公式：$D_{EI1}=V_{EI1}/V_{TI}$

⑥一般间接经济雷灾损失 D_{EI2}

一般间接经济雷灾损失是指特定雷灾对象受到雷击时可能造成的一般潜在性间接经济损失。其数值取决于间接经济总值 V_{TI} 和一般间接经济损失总值 V_{EI2}，计算公式：$D_{EI2}=V_{EI2}/V_{TI}$

⑦最小间接经济雷灾损失 D_{EI3}

最小间接经济雷灾损失是指特定雷灾对象受到雷击时可能造成的最小潜在性间接经济损失。其数值取决于间接经济总值 V_{TI} 和最小间接经济损失总值

V_{EI3}，计算公式：$D_{EI3}=V_{EI3}/V_{TI}$

6. 雷灾风险 R

雷灾风险是指特定雷灾对象受到雷击时可能造成的潜在损失。包括人身雷灾风险 R_L 和经济雷灾风险 R_E。

(1)人身雷灾风险 R_L

人身雷灾风险是指特定雷灾对象受到雷击时可能造成的潜在人身风险。

(2)经济雷灾风险 R_E

经济雷灾风险是指特定雷灾对象受到雷击时可能造成的潜在经济风险。

(3)雷灾允许风险 R_A

雷灾允许风险是指特定雷灾对象受到雷击时可能承受的风险。

①人身雷灾允许风险 R_{AL}

人身雷灾允许风险是指特定雷灾对象受到雷击时可以承受的人身风险。

②经济雷灾允许风险 R_{AE}

经济雷灾允许风险是指特定雷灾对象受到雷击时可以承受的经济风险。

7. 雷电防护级别与防护效率 E

(1)防护级别

防护级别是指将特定雷灾对象的雷灾风险降低到雷灾允许风险而采取的雷电防护措施级别。一般依据防护效率划分为 A、B 、C、D 四级。

(2)防护效率 E

防护效率是指将特定雷灾对象的雷灾风险降低到雷灾允许风险而采取的雷电防护措施效率。防护效率 E 的数值取决于雷灾风险 R 和雷灾允许风险 R_A，其计算公式：$E=1-R_A/R$ 。

(3)防护成本 C

防护成本是指将特定雷灾对象的雷灾风险降低到雷灾允许风险而采取的雷电防护措施的经济费用，单位：万元。防护成本 C 包括外部防护成本 C_E 和内部防护成本 C_I，计算公式：$C=C_E+C_I$。

①外部防护成本 C_E

外部防护成本是指将特定雷灾对象的雷灾风险降低到雷灾允许风险而采取的外部雷电防护措施的经济费用，单位：万元。

②内部防护成本 C_I

内部防护成本是指将特定雷灾对象的雷灾风险降低到雷灾允许风险而采取的内部雷电防护措施的经济费用，单位：万元。

(4)雷电防护经济效率 E_E

雷电防护经济效率是指降低经济雷灾风险至经济雷灾允许风险的雷电防护措施的经济效率。其计算公式：$E_E=1-C/V_{TE}$，其中 E_E 是雷电防护经济效率，

V_{TE}是经济总值,单位:万元,C是雷电防护成本,单位:万元。

表6.2给出了雷电灾害风险评估参数汇总表。

表6.2 雷电灾害风险评估参数汇总表

基本参数	雷击次数 N	雷灾概率 P	雷灾损失 D	雷灾风险 R	防护级别与防护效率 E
相关参数	F(雷电频率)	P_L	D_L	R_L	C
	F_T(总闪频率)	P_{LV}	D_{L1}	R_E	C_E
	F_G(地闪频率)	P_{LT}	D_{L2}	R_A	C_I
	N_G(落雷密度)	P_{LF}	D_{L3}	R_{AL}	E_E
	A(雷击面积)	P_{LS}	D_E	R_{AE}	
	A_B(建筑物雷击面积)	P_E	D_{ED}		
	A_L(服务设施雷击面积)	P_{EF}	D_{EI}		
	A_S(特殊雷击面积)	P_{EO}	V_{TD}		
		P_{ES}	V_{TI}		

6.5 雷电灾害风险评估的模型设计

雷电灾害风险评估体系(评估结构)是雷电灾害风险评估的两大核心之一,而评估体系的具体表现是评估模型。通过应用模糊数学、矩阵、前瞻性风险管理等理论与方法,本节建立了一个雷电灾害风险评估模型,该模型由一套完整的评估模块组成。评估模型充分考虑了评估对象的行业性和地区性,考虑了评估主体(评估用户)的风险态度。

6.5.1 雷电灾害风险评估标准中的雷电灾害风险评估模型

IEC 61662和IEC 62305标准、ITU-T k. 39标准和QX 3—2000标准都有各自的雷电灾害风险评估模型,其中以IEC 61662和IEC 62305的评估模型最为完整。本节的雷电灾害风险评估模型以IEC 61662和IEC 62305标准的评估模型为基本参考。

IEC 61662和IEC 62305标准的评估体系(评估结构)可以用图6.7、图6.8和图6.9表示。评估体系是一个完整的评估系统,也可以用评估结构来表达。要正确地改造IEC 61662和IEC 62305标准的评估体系来进行雷电灾害风险评估,就应该准确和完整地理解它。图6.7给出了雷电灾害风险评估体系分析图,从雷电灾害风险评估的结果出发,反向推出需要提供的条件和参数。为了得到风险R,需要计算年雷击次数N、雷灾概率P和雷灾损失D等3个基本量。要计算N,就要知道有效雷击面积A和落雷密度N_g,而N_g可以由当地的雷暴日数T_d利用一定的公式求得。同理，P 可以由 P_h、P_f 和 P_o 来计算，D 可以由各类雷灾损害 δ 来求得。图 6.8 是雷电灾害风险评估体系综合图，从雷电灾害风险评估的条件和参数出发，正向求得评估结果。各个参数的具体意义及其计算方法请参考 IEC 61662 和 IEC 62305 标准。图 6.9 是雷电灾害风险评估模型的结构示意图。

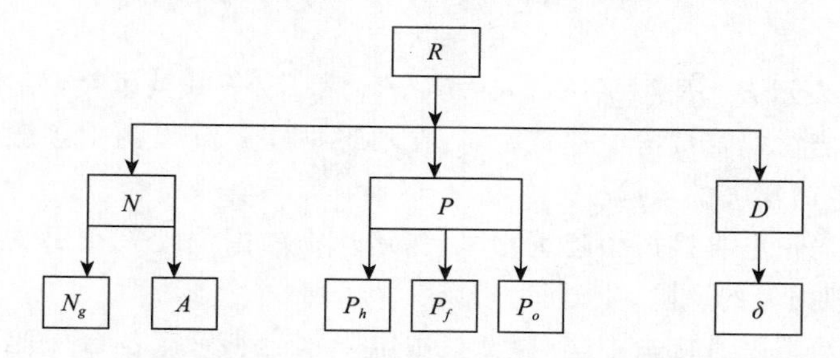

图 6.7　IEC 61662 和 IEC 62305 雷电灾害风险评估体系分析图

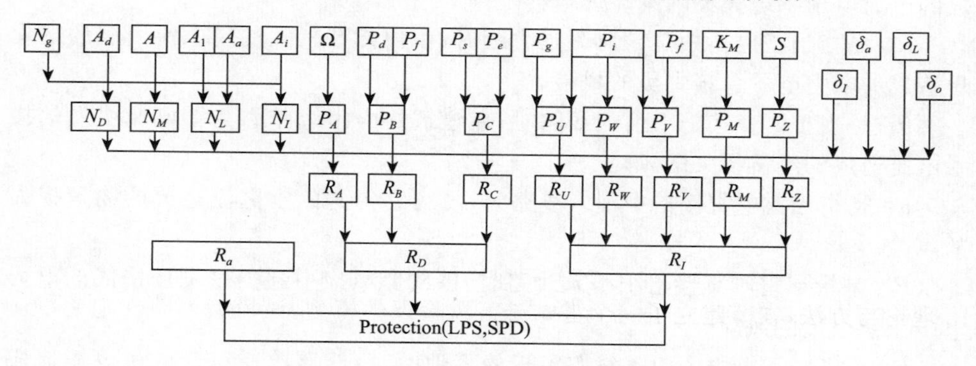

图 6.8　雷电灾害风险评估体系综合图

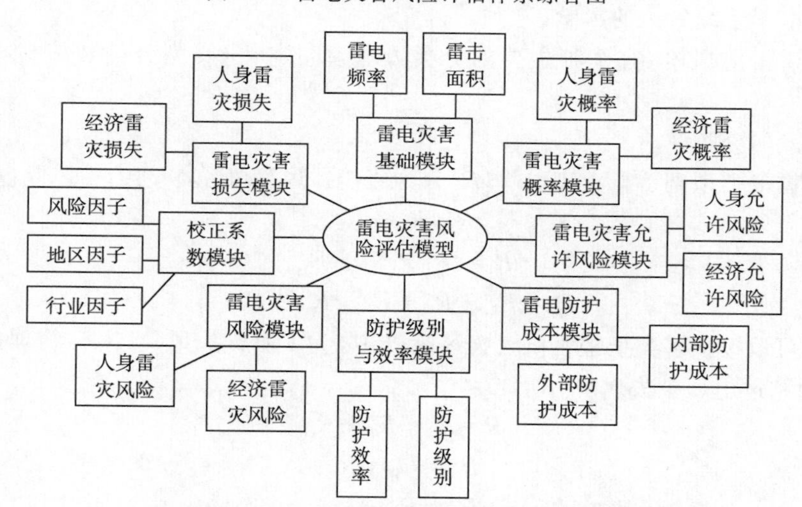

图 6.9　雷电灾害风险评估模型的结构示意图

IEC 61662 和 IEC 62305 标准的评估模型采用的评估方法是相对值法，雷灾损失是相对损失。具体的评估方法可以用一组评估公式来表示。

评估的基本公式：

$$R = \sum R_x$$

$$R_x = NPD$$

其中 R_x 分别表示 R_A、R_B、R_C、R_M、R_U、R_V、R_W 和 R_Z 等 8 类风险，分述如下：

R_A 是指当雷电直接击中建筑物时，在建筑物外 2 m 以内由接触电压和跨步电压造成的生命损失的风险。

R_B 是指当雷电直接击中建筑物时，在建筑物内由危险火花引发的火灾和爆炸造成的物理损失的风险。

R_C 是指当雷电直接击中建筑物时，由电阻耦合和感应耦合引起的过电压造成的电力电子系统失灵的风险。

R_M 是指当雷电击中建筑物附近大地时，由内部装置上的雷电流引起的过电压造成的电力电子系统失灵的风险。

R_U 是当雷电直接击中引入线路时，在建筑物内由线路引入雷电流引发的接触电压造成的经济损失的风险。

R_V 是指当雷电直接击中引入线路时，由线路传送的雷电流造成的物理损失的风险。

R_W 是指当雷电直接击中引入线路时，由线路感应引起的过电压造成的电力电子系统失灵的风险。

R_Z 是指当雷电击中引入线路附近的大地时，由线路感应引起的过电压造成的电力电子系统失灵的风险。

对于雷电风险，有 2 种主要的分类方法，即按雷击类型分类和按损害类型分类。

风险的分类：

按雷击类型把雷电灾害风险(R)分为直击雷风险(R_D)和间击雷风险(R_I)：

$$R = R_D + R_I$$

$$R_D = R_A + R_B + R_C$$

$$R_I = R_M + R_U + R_V + R_W + R_Z$$

也可以按损害类型把雷电灾害风险(R)分为人身损失风险(R_S)、物理损失风险(R_F)和过电压损失风险(R_O)：

$$R = R_S + R_F + R_O$$

$$R_S = R_A + R_U$$

$$R_F = R_B + R_V$$

$$R_O = R_M + R_W + R_C + R_Z$$

现在，只要分别计算出 R_A、R_B、R_C、R_M、R_U、R_V、R_W 和 R_Z 等 8 类风险，就可以得到各类风险和总风险。下面是风险评估的具体公式。

评估的具体公式：

$R_A = N_D \times P_A \times D_A$，其中 $D_A = r_a \times \delta_a$

$R_B = N_D \times P_B \times D_B$，其中 $D_B = r \times h \times \delta_f$，$P_B = P_d \times P_f$

$R_C = N_D \times P_C \times D_C$，其中 $D_C = \delta_a$，$P_C = 1 - (1 - P_s) \times (1 - P_e)$

$R_M = N_M \times P_M \times D_M$，其中 $D_M = \delta_o$

$R_U = N_L \times P_U \times D_U$，其中 $D_U = \delta_u$，$P_U = P_i \times P_g$

$R_V = N_L \times P_V \times D_V$，其中 $D_V = r \times h \times \delta_f$，$P_V = P_i \times P_f$

$R_W = N_L \times P_W \times D_W$，其中 $D_L = \delta_o$，$P_L = P_i$

$R_Z = N_I \times P_Z \times D_z$，其中 $D_Z = \delta_o$。

表 6.3 是雷灾来源和损失类型的雷灾风险表。

表 6.3　雷灾来源和损失类型的雷灾风险表

雷灾来源 \ 损失类型	雷电				雷灾风险 R
	直击雷	间击雷			
	S_1	S_2	S_3	S_4	
C_1	$R_A = N_D P_A r_a \delta_a$		$R_U = N_L p_i p_g \delta_u$		$R_S = R_A + R_U$
C_2	$R_B = N_D p_d p_f r h \delta_f$		$R_V = N_L p_i p_f r h \delta_f$		$R_F = R_B + R_V$
C_3	$R_C = N_D(1-(1-p_s)(1-p_e))\delta_o$	$R_M = N_M P_M \delta_o$	$R_W = N_L p_i \delta_o$	$R_Z = N_I p_i \delta_o$	$R_O = R_C + R_M + R_W + R_Z$
雷灾风险 R	$R_d = R_A + R_B + R_C$	$R_i = R_M + R_U + R_V + R_W + R_Z$			

6.5.2　存在的问题与改进的途径

1. 存在的问题

雷电灾害风险评估是一项充满挑战性的工作，目前的评估模型及其评估方法存在一些不足之处，需要不断地改进和更新。主要有以下问题：

(1)对风险的理解不够全面和准确，对评估原则和评估流程的说明不够清楚，没有重视用户的参与。

(2)评估体系复杂而且操作性差。

(3)评估参数的确定主要依赖于经验值。

2. 改进风险评估的发展方向

(1)考虑风险态度，在评估过程中应该充分发挥用户评估主体的作用。

(2)调整评估体系，使评估体系清晰化和实用化。一种发展途径是以雷灾损失为中心，将人身伤亡与经济损失分开，其中经济损失分为直接经济损失与间接经济损失。

(3)评估参数的确定从经验取值方法向数值公式方法转变。要以确定的建筑物属性参数、设备性能参数、土壤参数和雷电参数等数值为基础,发展一系列的评估参数的确定公式。

3. 二次风险评估

对原有防雷措施的建筑物进行雷电灾害风险评估时,是否考虑外部 LPS 和内部雷电防护措施的防雷效率将直接影响最终的评估结果。在评估时,原则上是必须考虑已有防雷措施的效果的,但在经过一定时期使用后防雷措施的防雷效率会有所变化,而其现有的真实效率的计算并不是一件简单和容易的事情。实际上,完整的建筑物雷电灾害风险评估包括两次风险评估,即在建筑物安装防雷措施前的初次风险评估和在建筑物安装防雷措施后的二次风险评估。这对于需要雷电防护措施的新建筑物来说,风险评估相对简单些。但实际情况不可能如此统一,而会出现多种情况,使得建筑物雷电灾害风险评估变得复杂起来。对于已经安装防雷装置但又因不符合要求而需要改进的建筑物,其雷电灾害风险评估是有所选择的。一种处理方法是忽略已有防雷措施,将建筑物还原后进行初次风险评估,计算出重新需要的防雷效率,在防雷设计时再利用原有防雷装置,将其融合到新防雷装置系统中去。另一种处理方法是直接对已经安装防雷装置的建筑物进行二次风险评估,计算出需要增加的防雷效率,然后在原有基础上叠加一套防雷装置。理论上,两种方法都可以达到建筑物雷电灾害风险评估和雷电防护的目的,可谓殊途同归,但它们之间存在差别。就最终的防雷效果来讲,第一种方法要优于第二种方法,原因在于雷电防护是一个系统工程,在设计和施工时要当作一个整体来对待。

4. 风险分级与防护级别

在 IEC 61662 和 IEC 62305 中,风险评估的结果只提供了定性的防护措施,而没有给出定量的防护建议。既然是一种评估,就应该给出详细的评估报告,包括相应的处理措施。对于建筑物雷电灾害风险评估来说,常用的处理措施就是给出建筑物雷电防护的风险级别。关于风险分级,QX 3000 标准中使用公式$E=1-Nc/N$来处理,并按风险分为 A、B、C 和 D 等 4 个防护级别。但在实际运用时,往往由于风险集中,即风险差距过小,而出现风险级别划分不显著的现象。同时,在雷电灾害风险评估中,计算风险 R 时一般采用相对值法,雷电灾害损失 δ 通常采用损失值与总值的比值,这说明风险评估的结果本身就是相对值,而使用相对值来进行级别划分是很方便和恰当的。因此,可以考虑直接使用雷灾风险 R 来进行防护级别的划分。这样风险级别的划分精度可以得到提高,而且又是特别方便和合理的。

首先,确定基准风险。基准风险相当于允许风险,在 IEC 61662 和 IEC 62305中经济损失的允许风险一般是 0.001,即 1‰,如果经济损失超过总财产的 1‰,就需要采取防护措施。然后,确定风险级别。按通常的 4 级划分为 A 级、B 级、C 级和 D 级。最后,确定各级风险的取值范围。若实际风险 R 达到 50 倍基准风险 R_A 的水平,$R \geqslant 50 \times R_A$(即 $R \geqslant 50‰$),则风险级别是 A 级;同理,$50‰ > R \geqslant 10‰$,则是 B 级;$10‰ > R \geqslant 2‰$,则是 C 级;$2‰ > R \geqslant 1‰$则是 D 级。综合起来,A 级、B 级、C 级和 D 级风险之间有 3 个分界点,其数值分别是 0.05、0.01 和 0.002。对应的,防护级别划分为 4 级。采用上述方法,对于人身伤亡损失的基准风险是 0.00001,A 级、B 级、C 级和 D 级风险之间 3 个分界点的数值分别是 0.0005、0.0001 和 0.00002。

对所有的建筑物雷电灾害风险评估提供一个标准的风险评估结果是很有必要的,这样便于不同建筑物之间的互相比较和参考。因而,标准风险评估结果是必需的,也是符合风险评估标准的。但是,在实际的风险评估中,应该尊重作为评估主体之一的用户的风险态度,结合用户的评估意见,提供一个用户风险评估结果。

5. 建筑物群的整体风险评估

在雷电灾害风险评估的实际工作中,经常会对由多个建筑物组成的建筑物群进行风险评估,这在评估标准中没有做明确的规定,但提出需要考虑建筑物之间的相互影响。如果与附近建筑物的距离小于两建筑物高度之和的 3 倍时,就应该考虑建筑物之间的直接雷击接收面积的重叠。这种情况使得密集的建筑物群整体风险的评估变得更加复杂。鉴于此,可以采用两种方法来处理,一种方法是将一定范围内的所有建筑物当作一个建筑物来进行整体评估,另一种方法是对每一个建筑物先单独评估然后汇总评估。从评估精度上讲,整体评估的精度似乎比汇总评估的精度要低一些;但从模糊角度和系统角度来,整体评估应该是一种事半功倍的方法。不过,汇总评估仍然是应该首先考虑的整体风险评估方法。

在汇总评估时,先单独对各个建筑物进行风险评估,计算出每一个建筑物的年雷击次数 N、雷灾概率 P 和雷灾损失 D,分别用 N_i、P_i 和 D_i 来表示。对于 n 个建筑物,可以得到 n 个风险 R_i,需要解决的问题是计算 n 个建筑物的整体风险,整体风险用 R 来表示。在此,分别使用简单平均法和加权平均法来计算整体风险,都需要提供建筑物的 n 个 N_i、n 个 P_i 和 n 个 D_i。

简单平均法可以使用以下 2 个公式:

$$R_i = N_i \times P_i \times D_i$$

$$R = \sum_{i=1}^{n} R_i$$

加权平均法以雷灾损失 D 为基础进行加权处理。首先确定加权因子,即损失权重因子,用 k_i 来表示。然后将建筑物群的 n 个风险 R_i 进行加权平均,得到

建筑物群的整体风险 R,用公式表示为:

$$k_i = D_i / \sum_{i=1}^{n} D_i$$

$$R = \sum_{i=1}^{n} k_i \times N_i \times P_i \times D_i$$

当然,得到了建筑物群的整体风险,可以进而确定建筑物群的风险级别及其防护级别。如果为了提高建筑物群的雷电灾害防护能力,可以使用最大风险替代平均风险来作为建筑物群的整体风险,采用最高的防护级别。

6. 评估体系的改进方向

目前使用的评估体系对风险的理解不够全面和准确,对评估原则和评估流程的说明不够清楚,没有重视用户的参与,评估结果复杂而且不易操作,评估参数的确定主要依赖于经验值。鉴于此,今后风险评估应该考虑风险偏好度,在评估过程中应该充分发挥用户的评估主体的作用,调整评估体系使其清晰化和实用化,评估参数的确定从经验取值方法向数值公式方法转变,要以确定的建筑物属性参数、设备性能参数、土壤参数和雷电参数等数值为基础,发展一系列的评估参数的确定公式。

IEC 61662 和 IEC 62305 标准的评估体系的根本问题是要求按雷电灾害来源进行分类。但在实践中是很难或无法分清灾害来源的。对此,使用辩证方法,从横向和纵向两方面加以改进。一种发展途径是改变原有的评估体系和评估结构。以雷灾损失为中心,将人身伤亡损失与经济损失分开,其中经济损失分为直接经济损失和间接经济损失。在计算经济损失时,以直接经济损失为主,同时确定间接经济损失系数;通过间接经济损失系数和直接经济损失来计算间接经济损失。另外,对于雷电灾害风险评估,在指标和参数的计算时,可以引入隶属度的概念,采用模糊分析方法。隶属度思想是模糊数学的基本思想,隶属度由隶属函数确定,隶属函数表示模糊关系。

因此,在进行雷电灾害风险评估时,从评估雷电灾害损失出发,包括人身伤亡损失和经济损失(直接经济损失和间接经济损失),建立一套系统的评估体系。各项损失将分别进行横向展开和纵向展开,但最终的目的是得到人身雷电灾害风险 R_L 和经济雷电灾害风险 R_E。

6.5.3 雷电灾害风险评估模型

首先从宏观上确立模型的总体结构,并进行模块化设计模块;然后从微观上设计各模块中各个指标的确定方法以及取值范围。模型由模块组成,参数由指标来表示。评估模型结构包括雷电灾害基础模块、雷电灾害概率评估模块、雷电灾害损失评估模块、雷电灾害允许风险评估模块、雷电防护成本评估模块、校正系数模块、雷电灾害风险评估模块、雷电防护级别与效率分析模块等 8 个模块。雷电灾害风险评估模型以 IEC 61662 和 IEC 62305 的评估模型为基本参考，以 QX 3—2000 的评估模型为辅助参考，充分体现扩展性、用户性、简洁性、经济性、定量性、前瞻性、层次性、地区性和行业性等设计思想，通过模块设计提供扩展接口，引入用户自定义的特殊参数来方便用户的参与，简化模型使评估更易于操作，优化雷电防护效率来提高经济性，以定量评估来代替定性评估，使用多场景和不同风险态度来实现评估的前瞻性，以雷灾损失为中心层层展开而获得更好的层次性，结合地区差异和行业特色来反映模型的地区性和行业性。

1. 雷电灾害基础模块

(1)雷击次数 N

$$N=F\times A$$

其中 N 是雷击次数，F 是雷电频率，A 是雷击面积。

(2)雷电频率 F

可以使用 2 种方法来确定，采用地闪频率 F_G 或者采用落雷密度 N_g。

①地闪频率 F_G

$$F_G=K_F\times F_T$$

其中 F_G 是地闪频率，K_F 是地闪比例，F_T 是总闪频率。

②落雷密度 N_g

$$N_g=0.024{T_d}^{1.3}$$

其中 N_g 是落雷密度，T_d 是雷暴日数。

(3)雷击面积 A

$$A=A_B+A_L+A_S$$

其中 A 是雷击面积，A_B 是建筑物雷击面积，A_L 是服务设施雷击面积，A_S 是特殊雷击面积。

①建筑物雷击面积 A_B

$$A_B=A_{BD}+A_{BI}$$

其中 A_B 是建筑物雷击面积，A_{BD} 是建筑物直接雷击面积，A_{BI} 是建筑物间接雷击面积，单位：千米$^{-2}$或 km^{-2}。

A. 建筑物直接雷击面积 A_{BD}

$$A_{BD}=L_W+6\ K_H H(L+W)+9\pi(K_H H)^2$$

其中 L、W、H 和 K_H 分别是建筑物的长度、宽度、高度和环境因子，环境因子 K_H 的取值范围：[0.25,2]。

环境因子 K_H 取决于建筑物的地形、建筑物的大地电阻率和建筑物的建筑材料等 3 个因素。根据已有的取值标准，将环境因子 K_H 限定在[0.25,2]的区间内。对于正常情况(平均状态)的建筑物，$K_H=1$；最不容易遭受雷击的建筑物，

$K_H=0.25$(当 K_H 的计算结果小于 0.25 时,取 $K_H=0.25$);最容易遭受雷击的建筑物,$K_H=2$(当 K_H 的计算结果大于 2 时,取 $K_H=2$)。环境因子 K_H 的计算公式:

$$K_H=(h_t\times h_c\times h_m)^{1/3}$$
$$h_t=1+(h_{t1}-h_{t0})/(h_{t1}+h_{t0})$$
$$h_c=1-(h_{c1}-h_{c0})/(h_{c1}+h_{c0})$$
$$h_m=1+(h_{m1}-h_{m0})/(h_{m1}+h_{m0})$$

其中 K_H 是环境因子,h_t 是地形因子,h_c 是大地电阻率因子,h_m 是建筑物材料因子。h_{t1} 是评估建筑物的大地坡度,h_{t0} 是评估建筑物所在地区的平均大地坡度。h_{c1} 是评估建筑物的大地电阻率,h_{c0} 是评估建筑物所在地区的平均大地电阻率;h_{m1} 是评估建筑物的金属百分比含量,h_{m0} 是评估建筑物所在地区的建筑物平均金属百分比含量。

为了准确地计算建筑物直接雷击面积 A_{BD},当作为评估对象的建筑物与其他附近建筑物的距离小于 $3(H+H_A)$时,需要消除附近建筑物的影响。具体的计算方法参考图 6.6(6.4.2 节)。

B. 建筑物间接雷击面积 A_{BI}

$$A_{BI}=\begin{cases}A_N-A_{BD},A_N>A_{BD}\\0,A_N<A_{BD}\end{cases}$$

其中,
$$A_N=\begin{cases}\rho^2\times\pi\times10^{-6},\ \rho<500\ \Omega\cdot\mathrm{m}\\0.25\pi,\ \rho>500\ \Omega\cdot\mathrm{m}\end{cases}$$

②服务设施雷击面积 A_L

$$A_L=A_{LC}+A_{LE}$$

其中 A_{LC} 是通信线雷击面积,A_{LE} 是电力线雷击面积。

A. 通信线雷击面积 A_{LC}

$$A_{LC}=A_{LCD}+A_{LCI}$$

其中 A_{LC} 是通信线路雷击面积,A_{LCD} 是通信线路直接雷击面积,A_{LCI} 是通信线路间接雷击面积。

$$A_{LCD}=\begin{cases}6\times H_C\times(L-3\times(H+H_A))\times10^{-6},\text{空中线}\\0.4\times L\times\sqrt{\rho}\times10^{-6},\text{地下线}\end{cases}$$

$$A_{LCI}=\begin{cases}100\times L\times\sqrt{\rho}\times10^{-6},\text{空中线}\\50\times L\times\sqrt{\rho}\times10^{-6},\text{地下线}\end{cases}$$

其中 H_C 是导线距离地面的高度,单位:m,ρ 是土壤电阻率,单位:$\Omega\cdot$m,L 是建筑物距离第一个线路节点之间的导线长度,单位:m,最大值为 1000 m,H 是建筑物的高度,单位:m,H_A 是附近建筑物的高度,单位:m。

B. 电力线雷击面积 A_{LE}

$$A_{LE}=A_{LED}+A_{LEI}$$

电力线路雷击面积 A_{LE} 分为电力线路直接雷击面积 A_{LED} 和电力线路间接雷击面积 A_{LEI}。

$$A_{LED}=\begin{cases}6\times H_C\times(L-3\times(H+H_A))\times10^{-6}, \text{空中线}\\0.4\times L\times\sqrt{\rho}\times10^{-6}, \text{地下线}\end{cases}$$

$$A_{LEI}=\begin{cases}100\times L\times\sqrt{\rho}\times10^{-6}, \text{空中线}\\50\times L\times\sqrt{\rho}\times10^{-6}, \text{地下线}\end{cases}$$

其中 H_C 是导线距离地面的高度，单位：m，ρ 是土壤电阻率，单位：Ω·m，L 是建筑物距离第一个线路节点之间的导线长度，单位：m，最大值为 1000 m，H 是建筑物的高度，单位：m，H_A 是附近建筑物的高度，单位：m。

③特殊雷击面积 A_S

特殊雷击面积是指作为雷灾对象的除去建筑物和服务设施之外的其他对象可能受到雷击的有效接收面积，或者是指由用户自定义的雷击的有效接收面积。其数值根据雷灾对象的具体情况来确定。这是一个扩展的接口，可以方便用户的参与和特殊情况的处理。

2. 雷电灾害概率评估模块

(1)雷电灾害承受能力分析

① 雷电灾害承受能力的参考数据

表 6.4 是 220/380 V 三相配电系统各种设备耐冲击过电压额定值，表 6.5 是通信设备预期耐共模冲击过电压值，表 6.6 是电缆设备的耐冲击过电压值。

表 6.4　220/380 V 三相配电系统各种设备耐冲击过电压额定值

设备位置	电源设备	配电线路和分支线路设备	用电设备	需要保护的特殊设备
耐压类型	Ⅳ类	Ⅲ类	Ⅱ类	Ⅰ类
耐压额定值，kV	6	4	2.5	1.5

注：Ⅰ类——需要将瞬态过电压限制到特定水平的设备

Ⅱ类——家用电器、手提工具和类似负荷

Ⅲ类——配电盘、断路器、布线系统和工业设备

Ⅳ类——电气计量仪表、一次性过流保护设备和波纹控制设备

表 6.5　通信设备预期耐共模冲击过电压值

设备名称	预期耐共模冲击过电压
电话交换局或电信中心的数字设备	1.0 kV(10/700 μs)
电信用户终端设备	1.5 kV(10/700 μs)
建筑物内的 ISDS T/S 总线设备	1.0 kV(1.2/50 μs)

表 6.6 电缆设备的耐冲击过电压值

电缆的额定电压(kV)	电缆的耐冲击过电压(kV)
≤0.05	5
0.22	15
10	75
15	95
20	125

②雷灾程度的定性评估

A. 雷电强度与雷灾对象的雷电承受能力分析

雷灾对象受雷电影响的程度与雷灾对象遭受雷击的频率、过电压的幅度及其概率、网络结构、设备抗过电压能力,保护元件、接地等有关。

B. 环境条件

雷电活动频繁及大地电阻率高的地区的设备,容易受直击雷和邻近雷击所破坏。周围埋地金属物如水管、电缆铠装及屏蔽,可以降低雷击在线路上引起的感应过电压。一般可把使用环境划分为非暴露和暴露两大类:非暴露环境是指城市中心和低雷暴活动的地区,其间极少出现超过保护元件残压的过电压;暴露环境是指除以上列出外的所有其他环境,也包括必须采用一切有效保护措施,才能有满意效果的特殊暴露环境。

(2)雷电特征

雷电特征参数的数值与雷电灾害承受能力将共同决定雷灾概率,进而影响雷电防护级别的划分。

雷电特征参数的最大值与相应的防护级别的关系可以参考表 6.7。

表 6.7 雷电特征参数的最大值与相应的防护级别

首次雷击			防护级别			
雷电参数	符号	单位	Ⅰ	Ⅱ	Ⅲ	Ⅳ
峰值电流	I	kA	200	150	100	
雷击电荷	Q	C	100	75	50	
单位能量	W/R	KJ/Ω	10	5.625	2.5	
波形参数	T1/T2	μs/μs	10/350			

(3)人身雷灾概率 P_L

$$P_L = P_{LV} + P_{LF} + P_{LO} + P_{LS}$$

其中 P_{LV} 是跨步电压人身雷灾概率,P_{LT} 是接触电压人身雷灾概率,P_{LF} 是火灾人身雷灾概率,P_{LS} 是特殊人身雷灾概率。$P_L \in [0,1]$。

①跨步电压人身雷灾概率 P_{LV}

跨步电压人身雷灾概率是指人员受到雷电引起的跨步电压危害时可能造成

死亡或受伤的概率。具体的数值参考表6.8。

表6.8 跨步电压人身雷灾概率 P_{LV}

接触电阻(kΩ)		跨步电压人身雷灾概率 P_{LV}
<1	腐殖质、混凝土	10^{-2}
1—10	大理石	10^{-3}
10—100	沙砾岩	10^{-4}
>100	沥青、油布、木板、地毯	10^{-5}

②接触电压人身雷灾概率 P_{LT}

通过 $P_{LT}=P_I\times P_G$ 来计算:P_I 是由线路中的雷电流产生危险性接触电压的概率,P_G 是接触电压造成线路连接设备的绝缘击穿的概率。P_I 和 P_G 的取值见表6.9和表6.10。

表6.9 线路中的雷电流产生危险性接触电压的概率 P_I

U_C(kV)	$S\leqslant5$	$5<S\leqslant10$	$S>10$
1.5	1	0.9	0.8
2.5	0.4	0.1	0.04
4	0.2	0.05	0.006
6	0.05	0.02	0.003

注:P_I 取决于线路屏蔽层截面积 S 和设备的冲击承受电压 U_C,S 单位:mm^2。当线路无屏蔽时,$P_I=1$。

表6.10 接触电压造成线路连接设备的绝缘击穿的概率 P_G

接触电阻(kΩ)	地面特征	P_G
1～10	混凝土、陶瓷制品	10^{-3}
10～100	大理石、地毯	10^{-4}
>100	油布、木板	10^{-5}

③火灾人身雷灾概率 P_{LF}(表6.11)

表6.11 火灾人身雷灾概率 P_{LF}

建筑物及其内部特征	火灾人身雷灾概率 P_{LF}
易爆物质	1
易燃物质	10^{-1}
普通物质	10^{-2}
难燃物质	10^{-3}
不燃物质	0

④特殊人身雷灾概率 P_{LS}

特殊人身雷灾概率是指人员受到除去跨步电压、火灾和过电压之外的其他雷灾危害时可能造成死亡或受伤的概率，或者是指由用户自定义的人身雷灾概率。$P_{LS}\in[0,1]$。

(4)经济雷灾概率 P_E

$$P_E=P_{EF}+P_{EO}+P_{ES}$$

其中 P_E 是经济雷灾概率，P_{EF} 是火灾经济雷灾概率，P_{EO} 是过电压经济雷灾概率，P_{ES} 是特殊经济雷灾概率。$P_E\in[0,1]$。

①火灾经济雷灾概率 P_{EF}

$$P_{EF}=P_DP_F+P_IP_F$$

其中 P_D 的数值见表 6.12，P_F 的数值见表 6.13，P_I 的数值见表 6.9。

表 6.12 雷电危险性放电概率 P_D

LPS 类型	P_D
无	1
Ⅰ	0.02
Ⅱ	0.05
Ⅲ	0.1
Ⅳ	0.2

表 6.13 火灾概率 P_F

建筑物及其内部特征	火灾概率 P_F
易爆物质	1
易燃物质	10^{-1}
普通物质	10^{-2}
难燃物质	10^{-3}
不燃物质	0

②过电压经济雷灾概率 P_{EO}

雷电过电压是通过感应耦合和电阻耦合产生的危险性过电压，过电压经济雷灾概率 P_{EO} 的数值取决于感应耦合概率 P_S 和电阻耦合概率 P_R，其计算公式：$P_{EO}=1-(1-P_S)(1-P_R)$。

其中，P_S 的数值见表 6.14，P_R 的数值见表 6.15。P_S 取决于因子 K_S，$K_S=K_{S1}\times K_{S2}\times K_{S3}\times K_{S4}\times K_{S5}$，其中 K_{S1} 是外部屏蔽效果因子，K_{S2} 是内部屏蔽效果因子，K_{S3} 是内部线路类型因子，K_{S4} 是内部线路布局因子，K_{S5} 是设备承受电压因

子。K_S 的数值确定方法请参考 IEC 61662 和 IEC 62305。

表 6.14　由 K_S 决定的感应耦合概率 P_S 数值表

K_S	P_S
≥0.03	1
0.02	0.995
0.015	0.98
0.012	0.95
0.010	0.90
0.008	0.75
0.007	0.70
0.006	0.60
0.005	0.50
0.004	0.30
0.003	0.18
0.002	0.04
0.0015	0.01
0.0012	0.005
0.0011	0.003
≤0.001	0.001

表 6.15　电阻耦合概率 P_R

N	1			2			3		
U_C(kV)	$S\leqslant5$	$5<S\leqslant10$	$S>10$	$S\leqslant5$	$5<S\leqslant10$	$S>10$	$S\leqslant5$	$5<S\leqslant10$	$S>10$
1.5	1	0.9	0.8	0.9	0.8	0.4	0.8	0.4	0.25
2.5	0.4	0.1	0.04	0.1	0.04	0.003	0.04	0.003	———
4	0.2	0.05	0.006	0.05	0.006	———	0.006	———	———
6	0.05	0.02	0.003	0.02	0.003	———	0.003	———	———

注：P_R 取决于线路屏蔽层截面积 S，服务设施数目 N 和设备的冲击承受电压 U_C，S 单位：mm²。当线路无屏蔽时，$P_R=1$。

③特殊经济雷灾概率 P_{ES}

特殊经济雷灾概率是指特定的雷灾对象受到除去火灾和过电压之外的其他雷灾危害时可能造成经济损失的概率，或者是指由用户自定义的经济雷灾概率。$P_{ES}\in[0,1]$。

3. 雷电灾害损失评估模块

(1)人身雷灾损失 D_L

$$D_{L1}=M_{T1}/M_T$$
$$D_{L2}=M_{T2}/M_T$$

$$D_{L3}=M_{T3}/M_T$$

其中 D_{L1} 是最大人身雷灾损失，M_{T1} 是最大人身伤亡总数，D_{L2} 是一般人身雷灾损失，M_{T2} 是一般人身伤亡总数，D_{L3} 是最小人身雷灾损失，M_{T3} 是最小人身伤亡总数，M_T 是人员总数。

人身雷灾损失包括由于雷电引起的接触电压与跨步电压、火灾（爆炸、机械破坏或化学释放）和过电压所造成的人身损失。

如果人身雷灾损失是不确定的或者其确定是十分困难的，可以取表 6.16 的典型值。

表 6.16　人身雷灾损失的典型值

雷灾对象	最大人身雷灾损失 D_{L1}	一般人身雷灾损失 D_{L2}	最小人身雷灾损失 D_{L3}
建筑物外部	0.02	0.01	0.005
建筑物内部	0.0002	0.0001	0.00005
医院、宾馆、工业设施、商业设施、学校、办公楼	0.01	0.005	0.001
具有爆炸或化学释放的雷灾对象	0.1	0.05	0.01

（2）经济雷灾损失 D_E

$$D_E=[D_{E1}\,D_{E2}\,D_{E3}]$$

$$D_{E1}=D_{ED1}\times V_{TD}/V_{TE}+D_{EI1}\times V_{TI}/V_{TE}$$

$$D_{E2}=D_{ED2}\times V_{TD}/V_{TE}+D_{EI2}\times V_{TI}/V_{TE}$$

$$D_{E3}=D_{ED3}\times V_{TD}/V_{TE}+D_{EI3}\times V_{TI}/V_{TE}$$

其中 D_{E1} 是最大经济雷灾损失，D_{E2} 是一般经济雷灾损失，D_{E3} 是最小经济雷灾损失，D_{ED1}、D_{ED2}、D_{ED3} 分别是最大直接经济雷灾损失、一般直接经济雷灾损失、最小直接经济雷灾损失，D_{EI1}、D_{EI2}、D_{EI3} 分别是最大间接经济雷灾损失、一般间接经济雷灾损失、最小间接经济雷灾损失，V_{TD} 是直接经济总值，V_{TI} 是间接经济总值，V_{TE} 是经济总值，$V_{TE}=V_{TD}+V_{TI}$。

①直接经济雷灾损失 D_{ED}

$$D_{ED1}=V_{ED1}/V_{TD}$$

$$D_{ED2}=V_{ED2}/V_{TD}$$

$$D_{ED3}=V_{ED3}/V_{TD}$$

其中 D_{ED1}、D_{ED2}、D_{ED3} 分别是最大直接经济雷灾损失、一般直接经济雷灾损失、最小直接经济雷灾损失，V_{ED1}、V_{ED2}、V_{ED3} 分别是最大直接经济损失总值、一般直接经济损失总值、最小直接经济损失总值，V_{TD} 是直接经济总值。

直接经济雷灾损失包括由于雷电引起的火灾（爆炸、机械破坏或化学释放）和过电压所造成的直接经济损失。直接经济损失总值包括建筑物损失价值，设备损失价值，特殊损失价值。

②间接经济雷灾损失 D_{EI}

$$D_{EI1}=V_{EI1}/V_{TI}$$
$$D_{EI2}=V_{EI2}/V_{TI}$$
$$D_{EI3}=V_{EI3}/V_{TI}$$

其中，D_{EI1}、D_{EI2}、D_{EI3}分别是最大间接经济雷灾损失、一般间接经济雷灾损失、最小间接经济雷灾损失，V_{EI1}、V_{EI2}、V_{EI3}分别是最大间接经济损失总值、一般间接经济损失总值、最小间接经济损失总值，V_{TI}是间接经济总值。

间接经济雷灾损失包括由于雷电引起的火灾（爆炸、机械破坏或化学释放）和过电压所造成的间接经济损失。间接经济损失总值包括生产（服务）损失价值，环境损失价值，特殊损失价值。

如果经济雷灾损失是不确定的或者其确定是十分困难的，可以取表 6.17 中的典型值。

表 6.17　经济雷灾损失的典型值

雷灾对象	最大经济雷灾损失 D_{E1}	一般经济雷灾损失 D_{E2}	最小经济雷灾损失 D_{E3}
医院、宾馆、工业设施、博物馆	0.2	0.1	0.05
居民设施	0.18	0.1	0.01
农业设施	0.18	0.1	0.01
学校、办公楼	0.15	0.05	0.01
教堂、商业设施、公共娱乐场所	0.12	0.05	0.01
监狱	0.1	0.01	0.005
供气设施	0.2	0.02	0.01
供水、广播、通信、电力	0.1	0.05	0.01
具有爆炸或化学释放的雷灾对象	0.8	0.2	0.1

4. 雷电灾害允许风险评估模块

雷电灾害允许风险是决定雷电防护级别和防护措施的关键因素之一，其数值与雷灾对象的雷电承受能力和雷灾主体的风险态度有关。如何确定合理的雷灾允许风险，需要数据的支持和风险评估有关人员达成共同的认识。目前，一般将人身允许风险 R_{AL} 设定为 10^{-5}，将经济允许风险 R_{AE} 设定为 10^{-3}。当然，具体的数值可以根据具体情况进行适当的调整。

表 6.18 给出了雷电灾害允许风险的典型值。

表 6.18　雷电灾害允许风险的典型值

风险类型	允许风险
人身允许风险 R_{AL}	10^{-5}
经济允许风险 R_{AE}	10^{-3}

5. 雷电防护成本评估模块

防护成本 C 是指将特定雷灾对象的雷灾风险降低到雷灾允许风险而采取的雷电防护措施的经济费用,单位:万元。防护成本 C 包括外部防护成本 C_E 和内部防护成本 C_I。

$$C=C_E+C_I$$

其中,C_E 是外部防护成本,包括避雷针、避雷带、避雷网、外部屏蔽系统、接地系统等外部雷电防护措施的经济费用,单位:万元。C_I 是内部防护成本,包括 SPD、等电位连接系统、内部屏蔽系统等内部雷电防护措施的经济费用,单位:万元。

6. 校正系数模块

(1)风险权重因子 ω

为了将不同的风险态度结合在一起,引入风险权重因子 ω,使用加权平均法把风险喜好型、风险中庸型和风险逃避型等 3 种评估结果进行处理,提供风险权重因子的默认值。推荐使用:

$$[\omega_1,\omega_2,\omega_3]=[0.25,0.5,0.25]$$

根据具体情况适当调整风险权重因子 ω,$\omega\in[0,1]$。

(2)地区因子 K_P

根据雷电灾害的统计分析结果表明,雷电灾害呈现一定的地区性,因此,引入地区因子 K_P,$K_P\in[0.9,1.1]$。K_P 的数值取决于雷灾对象所处地区的雷灾指数。为了方便评估,直接使用重大雷灾指数 I_S。

$$K_P=1+(I_S-5)/50$$

其中 I_S 是重大雷灾指数,其数值由公式 $I_S=10\times(1-e^{-k\frac{N_{sD}}{nN_gA}})$ 确定,I_S 的典型数值见表 6.19。

表 6.19 中国重大雷灾指数及雷灾分区结果统计表

地区	重大雷灾指数	雷灾分区	地区	重大雷灾指数	雷灾分区
天津	10	Ⅰ	吉林	2.6	Ⅱ
山东	8.6	Ⅰ	辽宁	2.4	Ⅱ
河南	7.3	Ⅰ	海南	1.8	Ⅱ
浙江	6.4	Ⅰ	山西	1.7	Ⅱ
重庆	4.9	Ⅰ	四川	1.7	Ⅱ
江苏	4.6	Ⅰ	黑龙江	1.3	Ⅱ
江西	3.7	Ⅰ	福建	1.3	Ⅱ
陕西	3.3	Ⅰ	甘肃	1.2	Ⅱ
广东	3.0	Ⅰ	广西	0.7	Ⅲ
湖北	2.7	Ⅱ	云南	0.7	Ⅲ
贵州	2.7	Ⅱ	内蒙古	0.5	Ⅲ

图 6.10 展示了按重大雷灾指数对中国重大雷电灾害进行分区的结果,雷灾Ⅰ区、Ⅱ区和Ⅲ区分布包括 9、10、12 个省。雷灾状况较严重的地区呈现马蹄状,

由东南部北上经山东半岛转向沿黄河西进再折向大巴山；雷灾中度的地区比较分散；雷灾状况较轻的地区集中在西北地区。

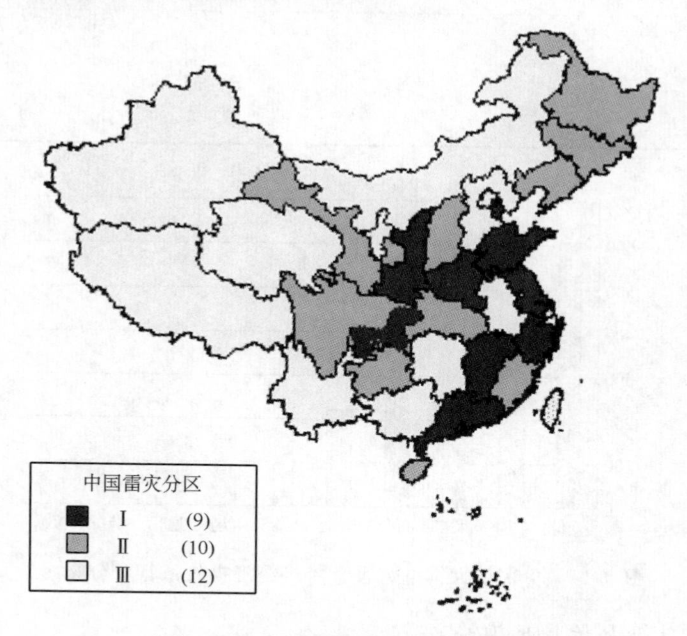

图 6.10　中国重大雷电灾害分区图

（Ⅰ代表雷灾重度区，Ⅱ代表雷灾中度区，Ⅲ代表雷灾轻度区）

(3)行业因子 K_V

根据雷电灾害的统计分析结果表明，雷电灾害呈现一定的行业性，因此，引入行业因子 K_V，$K_V \in [0.9, 1.1]$。K_V 的数值取决于雷灾对象所处行业的单次重大雷电灾害直接接经济损失值 V，单位：万元。

$$K_V = 1 + (V - 300)/3000$$

其中 V 是行业雷电灾害经济损失值，其典型数值见表 6.20。图 6.11 提供了典型行业的雷电灾害经济损失值分布情况。

表 6.20　单次重大雷电灾害直接接经济损失值行业统计表(单位:万元)

行业	经济损失值 V
仓储	600
农业	500
采矿	300
石化	250
电力	223
医药	176

（续表）

行业	经济损失值 V
冶金	150
通信	145
纺织	113
旅游	100

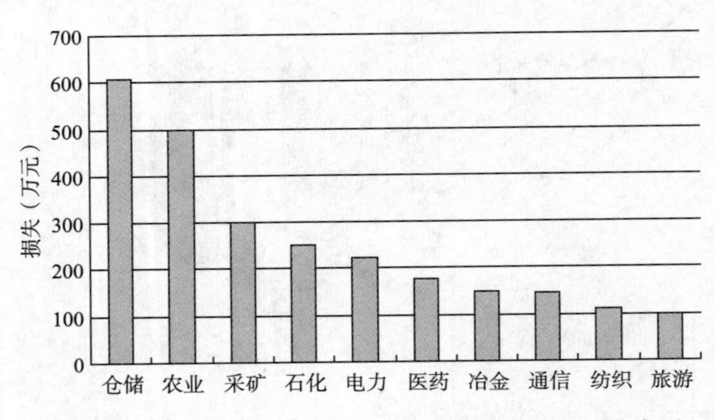

图 6.11 单次重大雷电灾害直接接经济损失值行业分布图

7. 雷电灾害风险评估模块

$$R=N\times P\times D$$

其中 R 是雷灾风险，N 是雷击次数，P 是雷灾概率，D 是雷灾损失。R 包括经济雷灾风险 R_E 和人身雷灾风险 R_L，R_E 和 R_L 需要分开单独处理。相应的，P 包括经济雷灾概率 P_E 和人身雷灾概率 P_L，D 包括经济雷灾损失 D_E 和人身雷灾损失 D_L。

雷灾风险 R 可以初步用以下 2 个公式来表示：

$$R_E=N\times P_E\times D_E$$

$$R_L=N\times P_L\times D_L$$

进一步，引入前瞻性风险理论，考虑评估主体的风险态度对雷灾损失的影响，雷灾风险 R 可以使用矩阵表示为：

$$\begin{cases} R_E=N\times P_E\times \begin{bmatrix} D_{E1} \\ D_{E2} \\ D_{E3} \end{bmatrix} =N\times P_E\times [D_{E1}\,D_{E2}\,D_{E3}]^T=[R_{E1}\,R_{E2}\,R_{E3}]^T \\ R_L=N\times P_L\times \begin{bmatrix} D_{L1} \\ D_{L2} \\ D_{L3} \end{bmatrix} = N\times P_L\times [D_{L1}\,D_{L2}\,D_{L3}]^T=[R_{L1}\,R_{L2}\,R_{L3}]^T \end{cases}$$

将经济雷灾风险 R_E 和人身雷灾风险 R_L 合并表示，得到雷灾风险 R 的矩阵表达式：

$$R=\begin{bmatrix} R_{L1} & R_{E1} \\ R_{L2} & R_{E2} \\ R_{L3} & R_{E3} \end{bmatrix}$$

然后引入校正系数评估模块的地区因子和行业因子，得到校正后的雷灾风险 R 的矩阵表达式：

$$R=K_P\times K_V\times\begin{bmatrix} R_{L1} & R_{E1} \\ R_{L2} & R_{E2} \\ R_{L3} & R_{E3} \end{bmatrix}$$

最后引入风险权重因子 ω，得到风险态度加权后的雷灾风险 R 的矩阵表达式：

$$R=K_P\times K_V\times[\omega_1\ \omega_2\ \omega_3]\times\begin{bmatrix} R_{L1} & R_{E1} \\ R_{L2} & R_{E2} \\ R_{L3} & R_{E3} \end{bmatrix}$$

现在，将 $R_E=N\times P_E\times D_E$ 和 $R_L=N\times P_L\times D_L$ 代入上式，得到完整的雷灾风险 R 的矩阵表达式：

$$R=K_P\times K_V\times[\omega_1\ \omega_2\ \omega_3]\times\begin{bmatrix} N\times P_L\times D_{L1} & N\times P_E\times D_{E1} \\ N\times P_L\times D_{L2} & N\times P_E\times D_{E2} \\ N\times P_L\times D_{L3} & N\times P_E\times D_{E3} \end{bmatrix}$$

这个完整的雷灾风险 R 的矩阵表达式就是雷电灾害风险评估的核心模型。

为了便于表示，使用简化的雷灾风险 R 的矩阵表达式：

$$R=[R_L R_E]$$

其中：

$$R_L=K_P\times K_V\times(\omega_1\times N\times P_L\times D_{L1}+\omega_2\times N\times P_L\times D_{L2}+\omega_3\times N\times P_L\times D_{L3})$$

$$R_E=K_P\times K_V\times(\omega_1\times N\times P_E\times D_{E1}+\omega_2\times N\times P_E\times D_{E2}+\omega_3\times N\times P_E\times D_{E3})$$

上述风险评估矩阵中，下标 1 表示风险喜好者对应的高风险，下标 2 表示风险中庸者对应的中风险，下标 3 表示风险逃避者对应的低风险。在此强调指出，雷电灾害风险评估中的风险（灾害风险）不同于经济投资中的风险（投资风险），因为灾害风险只会产生灾害损失，而投资风险可以产生投资收益。也就是说，高灾害风险表明灾害风险主体认为灾害将会产生相当大的灾害损失，并愿意付出高代价来进行风险处理。

8. 雷电防护级别与效率分析模块

（1）防护级别

可以使用 2 种方法进行防护级别的划分。在划分时，人身雷灾防护和经济雷灾防护分开处理，把较高的防护级别作为最终的防护级别。在防护级别中，A

级最高，D 级最低。

①根据防护效率 E 将防护级别划分为 A、B 、C、D 四级。

$$\begin{cases} E \geqslant 0.98, & \text{A 级} \\ 0.98 > E \geqslant 0.95, & \text{B 级} \\ 0.95 > E \geqslant 0.80, & \text{C 级} \\ E < 0.80, & \text{D 级} \end{cases}$$

②直接使用雷灾风险 R 与允许风险 R_A 的关系将防护级别划分为 A、B 、C、D 四级。

$$\begin{cases} R \geqslant 50 \times R_A, & \text{A 级} \\ 50 \times R_A > R \geqslant 10 \times R_A, & \text{B 级} \\ 10 \times R_A > R \geqslant 2 \times R_A, & \text{C 级} \\ R < 2 \times R_A, & \text{D 级} \end{cases}$$

(2)防护效率 E

$$E = 1 - R_A / R$$

其中 R 是雷灾风险，R_A 是雷灾允许风险。

(3)雷电防护经济效率 E_E

$$E_E = 1 - C / V_{TE}$$

其中 E 是雷电防护经济效率，E 越大则雷电防护效果越好，V_{TE} 是经济总值，单位：万元，C 是雷电防护成本，单位：万元。

6.6 雷电灾害风险评估模型的应用及其效果分析

雷电灾害风险评估的参数研究与模型设计的目的是为了对雷灾对象的雷灾风险进行准确的评估，进而为雷电防护提供设计依据和工程指导。雷电灾害风险评估模型的应用及其效果分析是检验和提高模型评估水平的手段。以某教学楼为评估实例，以 IEC 61662 和 IEC 62305 的评估模型的评估结果作为基准；再使用本章的评估模型代入相同的数据，得出评估结果，并与基准进行比较和分析。由于风险评估应用存在一定的局限性，部分数据是估计值。

在与 IEC 61662 和 IEC 62305 的评估模型具有相同的雷击次数 N 的基础上，使用校正系数 $K_V = 0.917$，$K_P = 0.992$，$\omega = [0.25, 0.50, 0.25]$，将雷电灾害风险评估模型对该教学楼进行应用，得到雷电灾害风险评估模型评估某教学楼的评估结果：

1. 雷击次数 N

$$N = 2.939$$

2. 雷灾概率 P

$$P = [P_L, P_E] = [0.021, 0.251]$$

其中人身雷灾概率 $P_L=0.021$，经济雷灾概率 $P_E=0.251$。

3. 雷灾损失 D

$$D=[D_L, D_E]=[0.0053, 0.065]$$

其中人身雷灾损失 $D_L=0.0053$，经济雷灾损失 $D_E=0.065$ 。

4. 雷灾风险 R

$$R=[R_L, R_E]=[0.00030, 0.044]$$

其中人身雷灾风险 $R_L=0.00030$，经济雷灾风险 $R_E=0.044$ 。

5. 防护效率 E

分别采用人身雷灾允许风险 $R_{AL}=0.00001$，经济雷灾允许风险 $R_{AE}=0.001$，得到 $E=0.966$ 和 $E=0.977$，使用较大值 $E=0.977$ 为最终的评估结果。因此，防护级别为 B 级。

按 B 级核算防护成本，教学楼的防护成本 $C=20$ 万元，经济总值 $V_{TE}=500$ 万元，计算得到雷电防护经济效率 $E_E=0.96$ 。

雷电灾害风险评估模型与 IEC 61662 和 IEC 62305 的评估模型的评估结果的对比情况见表 6.21，汇总后的对比情况见图 6.12。可以看出，两者的评估结果基本吻合，都处在同一个数量级。IEC 61662 和 IEC 62305 的评估模型的防护效率 $E=0.996$，对应的防护级别是 A 级，而雷电灾害风险评估模型的防护效率 $E=0.977$，对应的防护级别是 B 级。雷电灾害风险评估模型的防护级别更准确，这是因为采用了人身雷灾风险和经济雷灾风险的分类方法来代替 IEC 61662 和 IEC 62305 的评估模型的直接雷灾风险和间接雷灾风险的分类方法。IEC 61662 和 IEC 62305 的评估模型存在的最根本的问题就在于雷灾风险按照雷灾来源进行分类，这样就产生了 2 个主要问题：首先，雷灾来源是很难准确划分的；其次，雷灾风险和雷灾允许风险之间存在不统一性。而雷电灾害风险评估模型按照雷灾损失来划分雷灾风险，同时引入风险态度和模糊理论，并进行系数校正，使得评估结果更接近现实，从而具有更高的评估精度，并提高了雷电灾害风险评估的可信度，特别是优化了评估体系，进而改善了评估模型的操作性。

雷电灾害风险评估模型设计了雷电防护经济效率 E_E 来衡量雷电防护的经济效率，这将防护成本纳入评估范畴，有利于通过降低防护成本来提高防护水平。

表 6.21　某教学楼雷电灾害风险评估结果对比表

评估结果	IEC 61662 和 IEC 62305 评估模型	雷灾风险评估模型
雷击次数 N	2.939	2.939
雷灾概率 P	0.302	
直接雷灾概率 P_d	0.202	
间接雷灾概率 P_i	0.100	
人身雷灾概率 P_L		0.021

（续表）

评估结果	IEC 61662 和 IEC 62305 评估模型	雷灾风险评估模型
经济雷灾概率 P_E		0.251
雷灾损失 D	0.051	
人身雷灾损失 D_L	0.00114	0.0053
经济雷灾损失 D_E	0.050	0.065
雷灾风险 R	0.016	
直接雷灾风险 R_d	0.0026	
间接雷灾风险 R_i	0.0137	
人身雷灾风险 R_L		0.00030
经济雷灾风险 R_E		0.044
防护效率 E	0.996	0.977
防护级别	A级	B级

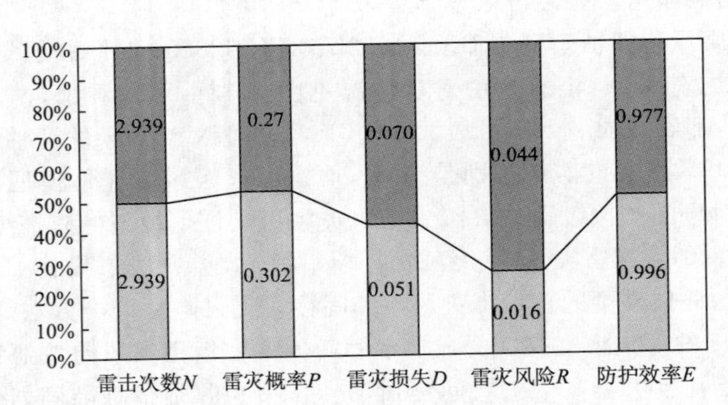

图 6.12 某教学楼雷电灾害风险评估结果对比图
（上部是雷电灾害风险评估模型的结果，下部是 IEC 61662 和 IEC 62305 模型的结果）

6.7 存在的问题与发展的方向

雷电灾害风险评估模型存在的主要问题包括：

1. 基础研究相对落后。目前缺乏大量的评估依据，这需要系统的基础试验来提供评估数据。在雷电灾害机制、风险评估方法和评估体系等方面的研究还很薄弱。

2. 评估参数的定量化水平偏低。提高风险评估的一个重要途径是评估参数的定量化。雷击次数、雷灾概率、雷电承受能力等参数需要具有实验依据的定量研究，而且制约评估水平的关键参数有待确定。

3. 评估模型的体系和公式有待完善。模型的评估体系和评估公式要不断改进，使得模型更具有针对性和操作性。

雷电灾害是一种典型的自然灾害，应用自然灾害的风险评估标准和评估方法对雷电灾害风险评估必然具有借鉴意义和指导作用。今后对雷电灾害风险评估标准的更新与发展和细化与改进都应该在横向上从其他自然灾害风险评估中寻找并发现理论和方法。同时，在纵向上应该依据本国雷电灾害的具体情况，着重雷电灾害风险评估经验的积累，把评估理论的发展与评估实践结合起来，尊重市场化和产业化的发展要求。自然灾害是一个政策问题和社会问题，应该以预防为主，防治结合，做到防患于未然，不能单独从经济角度来对待自然灾害。雷电灾害是一种典型的自然灾害，需要作为社会问题而不是单纯的经济问题来对待，因此，雷电防护标准有一定的强制性，应该把提高服务与加强管理结合起来。标准化是行业发展的一种趋势和潮流，但标准及其规范的统一并不是一件轻松的事情，而是一个纷争不断的过程。这对于目前国内常见的雷电灾害风险评估标准来说，更是如此，借鉴、修改和创新是解决问题和提高水平的重要手段与方法。

因此，雷电灾害风险评估模型今后的发展方向将集中在对雷电灾害概率评估模块和雷电灾害允许风险评估模块进行定量化并进行评估模型的模块化改进，发展一套雷灾概率 P 的计算公式和一套雷灾允许风险 R_A 的取值体系。

附录1　雷电防护标准与规范概况

所谓标准，其实就是一种"基准"，它给人们提供一个事物判别的准则、质量检测的依据和兼容及互联的保障。标准的目的在于帮助和服务于社会，帮助人们享受和利用环境而不破坏环境；帮助人们塑造生活而不是把生活搞得没有头绪；帮助人们安全地生活而不致遇到危险；帮助人们掌握先进科学的方法而不落后于社会；帮助人们学会用法律来保护自己的合法权益而不被轻易损害。

标准来自实践和科学研究，是千百万科技工作者智慧的结晶。随着技术的进步，标准也在不断地修改和更新。

一、国际防雷标准概况

IEC/TC 81(第81技术委员会——防雷)是从1980年开始工作的，其主要技术内容是防雷。1990年发布第一项标准《建筑物防雷》之后，陆续出版了如下系列防雷标准(或草案)。

1. IEC 61024系列(直击雷防护)，目前已颁布的61024-1、2、3和1-1、1-2都是外部防雷标准，但均与内部防雷关联。IEC 61024-2对高于60 m的建筑物提出了防雷的附加条件，IEC 61024-3对易燃易爆场所提出了附加条件。

2. IEC 61312系列(雷电电磁脉冲防护系列)。

3. TC 81还出版(或以草案形式出版)了关于通信线路防雷标准(IEC 61663)，雷击损害危险度确定的标准(IEC 61662)和模拟防雷装置各部件效应的测量参数(IEC 61819)等。

由于IEC内部的分工和配合在IEC/TC 37、TC 64和TC 77同期出版了相关的标准，形成对TC 81标准的补充和完善。

4. IEC 60364系列(建筑物电气设施)。

5. 2005年IEC公布了以"雷电防护"为总标题的IEC 62305防雷标准，它包括五部分：第一部分　总则，第二部分　风险管理，第三部分　建筑物的有形损害和生命损害，第四部分　建筑物内的电气系统电子系统，第五部分　服务设施。

此外，国外有些国家也制定了一些相应的标准，如美国防火协会(NFPA

780:1992)的《雷电防护规程》;英国标准(BS 6651:1992)的《构筑物避雷的实用规程》;日本工业标准 JIS(A 4201—1992)《建筑物等的避雷设备(避雷针)》。

上述防雷标准也同样地对船舶、风力发电站、体育场、大帐篷、树木、桥梁、停泊的飞机、储罐、海滨游乐场、码头乃至露天家畜养殖场的外部防雷做出了规定。

特别要提出的是,一些标准对岩石山地的接地装置在很难达到规定的低阻值时做出这样的规定:在地面平铺环型扁钢,并与被保护物的引下线在四个方向连接,环型地的半径不应小于 5 m,这种等电位连接方式同样能起作用。

二、国内防雷标准概况

我国的建筑物防雷标准最早为 GBJ 57—83。1994 年 11 月参照 IEC 61024 直击雷防护系列规范进行了修订,即《建筑物防雷设计规范》GB 50057—94。这个标准是目前我国防雷技术标准中最具权威性的标准,它结合我国的地理环境、气象条件、经济发展水平并考虑到过去长期使用的标准的延续性,1995 年 IEC 61312 发布了雷电电磁脉冲的防护系列规范,2000 年在我国 GB 50057—94《建筑物防雷设计规范》中也增加了第六章部分雷电电磁脉冲的防护的内容。规范适用范围为新建建筑物的防雷设计,不适于天线塔、共用天线电视接收系统、油罐、化工户外装置的防雷设计。

到目前为止,我国已颁布了一系列有关防雷及涉及防雷(部分条文)的相关标准和规范:

《电子计算机场地通用规范》GB/T 2887—200;

《通信设备过电压保护用气体放电管通用技术条件》GB/T 9043—1999;

《系统接地的型式及安全技术要求》GB 14050—93;

《建筑物电气装置 第 5 部分:电气设备的选择与安装 第 53 章:开关设备和控制设备》GB 16895.4—1997/IEC 60364-5-53:1994;

《建筑物电气装置 第 4 部分:安全防护 第 43 章:过电流保护》GB 16895.5—2000/IEC 60364-4-43:1997;

《建筑物电气装置 第 7 部分:特殊装置或场所的要求 第 707 节 数据处理设备用电气装置的接地要求》GB 16895.9—2000/IEC 60364-7-707:1984;

《建筑物电气装置 第 4 部分:安全防护 第 44 章:过电压保护 第 443 节:大气过电压或操作过电压保护》GB 16895.12—2001/IEC 60364-4-443:1995

《建筑物电气装置 第 4 部分:安全防护 第 44 章:过电压保护 第 444 节:建筑物电气装置电磁干扰(EMI)防护》GB 16895.16—2002/IEC 60364-4-444:1996;

《建筑物电气装置 第 5 部分:电气设备的选择与安装 第 548 节:信息技术装置的接地配置和等电位联结》GB 16895.17—2002/IEC 60364-5-548:1996;

《建筑物电气装置　第5—53部分：电气设备的选择与安装　隔离、开关和控制设备　第534节：过电压保护电器》GB 16895.22—2004/IEC 60364-5-53：2001 A1：2002；

《建筑物电气装置　第5—54部分：电气设备的选择与安装　接地装置、保护导体和保护联结导体》GB 16895.3—2004/IEC 60364-5-54：2002；

《低压系统内设备的绝缘配合　第1部分：原理\要求和试验》GB/T 16935.1—1997；

《电磁兼容试验和测量技术　浪涌（冲击）抗扰度试验》GB/T 17626.5—1999/IEC 61000-4-5：1995；

《接地系统的土壤电阻率、接地阻抗和地面电位测量导则　第1部分：常规测量》GB/T 17949.1—2000；

《电能质量　暂时过电压和瞬感态过电压》GB/T 18481—2001；

《低压配电系统的电涌保护器（SPD）第1部分：性能要求和测试方法》GB 18802.1—2002/IEC 61643-1：1998；

《低压配电系统的电涌保护器（SPD）第12部分：选择和使用导则》GB 18802.12—2006/IEC 61643-12：2002；

《雷击电磁脉冲的防护　第1部分：通则》GB/T 19271.1—2003/IEC 61362-1：1995；

《城镇燃气设计规范》GB 50028—93(2002年版)(摘录)；

《低压电气设计规范》GB 50054—95；

《建筑物防雷设计规范》GB 50057—94(2000年版)；

《爆炸和火灾危险环境电力装置设计规范》GB 50058—92(摘录)；

《小型水力发电站设计规范》GB 50028—92(摘录)；

《石油库设计规范》GB 50074—2002(摘录)；

《民用爆破器材工厂设计安全规范》GB 50089—98(摘录)；

《住宅设计规范》GB 50096—1999(2003年版)(摘录)；

《汽车加油加气站设计与施工规范》GB 50156—2002(摘录)；

《石油化工企业设计防火规范》GB 50160—92(1999年版)(摘录)；

《古建筑木结构维护与加固技术规范》GB 50165—92(摘录)；

《电气装置安装工程　接地装置施工及验收规范》GB 50169—92(摘录)；

《电子计算机机房设计安全规范》GB 50174—93(摘录)；

《建设工程施工现场供用电安全规范》GB 50194—93(摘录)；

《民用闭路监视电视系统工程技术规范》GB 50198—94(摘录)；

《有线电视系统工程技术规范》GB 50200—94(摘录)；

《煤炭工业矿井设计规范》GB 50215—94(摘录)；

《输气管道工程设计规范》GB 50251—2003(摘录)；

《输油管道工程设计规范》GB 50253—2003(摘录)；

《电气装置安装工程　爆炸和火灾危险环境电气装置施工及验收规范》GB 50257—96(摘录)；

《飞机库设计放防火规范》GB 50284—98(摘录)；

《建筑电气工程施工质量验收规范》GB 50303—2002(摘录)；

《建筑与建筑群综合布线系统工程设计规范》GB/T 50311—2000(摘录)；

《消防通信指挥系统设计规范》GB/T 50313—2000(摘录)；

《智能建筑设计标准》GB/T 50314—2000(摘录)；

《粮食平房仓设计规范》GB/T 50320—2001(摘录)；

《粮食钢板筒仓设计规范》GB/T 50322—2001(摘录)；

《建筑物电子信息系统防雷技术规范》GB 50343—2004；

《架空索道工程技术规范》GBJ 127—89(摘录)；

《小型火力发电厂设计规范》GBJ 49—83(摘录)；

《计算机信息系统实体安全技术要求　第1部分:局域计算环境》GA 371—2001；

《新一代天气雷达站防雷技术规范》QX 2—2000；

《气象信息系统雷击电磁脉冲的防护规范》QX 3—2000；

《气象台(站)防雷技术规范》QX 4—2000；

《电涌保护器　第1部分:性能要求和试验方法》QX 10.1—2002；

《电涌保护器　第2部分:在低压电气系统中的选择和使用原则》QX 10.2—2003；

《电涌保护器　第3部分:在电子系统信号网络中的选择和使用原则》QX 10.3—2007；

《雷电灾害调查技术规范》QX/T 103—2009；

《接地降阻剂》QX/T 104—2009；

《防雷装置施工质量监督与验收规范》QX/T 105—2009；

《防雷装置设计技术评价规范》QX/T 106—2009；

《电涌保护器测试方法》QX/T 108—2009；

《城镇燃气防雷技术规范》QX/T 109—2009；

《爆炸和火灾危险环境防雷装置检测技术规范》QX/T 110—2009；

《接地装置工频特性参数的测量导则》DL 475—92；

《微波站防雷与接地设计规范》YD 2011—93；

《移动通信基站防雷与接地设计规范》YD 5068—98；

《通信局(站)低压配电系统用电涌保护器技术要求》YD/T 1235.1—2002；

《通信局(站)低压配电系统用电涌保护器测试方法》YD/T 1235.2—2002;

《通信局(站)雷电过电压保护工程设计规范》YD/T 5098—2001;

《市话通信系统过电压过电流防护技术要求》YD/T 695—93;

《用户终端设备耐过电压和过电流能力要求和测试方法》YD/T 870—1996;

《通信电源设备的防雷技术要求和测试方法》YD/T 944—1998;

《电信交换设备耐过电压过电流防护技术要求及试验方法》YD/T 950—1998;

《点心终端设备防雷技术要求和试验方法》YD/T 993—1998;

《铁路电子设备用防雷保安器》TB/T 2311—2002;

《铁道信号设备雷击电磁脉冲防护技术条件》TB/T 3074—2003;

《水文自动测报系统规范》SL 61—94(摘录);

《户外广告设施钢结构技术规范》CECS 148:2003(摘录);

《档案馆建筑设计规范》JGJ 25—2000(摘录);

《剧场建筑设计规范》JGJ 57—2000(摘录);

《玻璃幕墙工程技术规范》JGJ 102—96(摘录);

《棉麻仓库建设标准》(摘录);

《建筑物防雷装置检测技术规范》GB/T 21431—2008;

《雷电防护　第1部分　总则》GB/T 21714.1—2008/IEC 62305—1:2006;

《雷电防护　第2部分　风险管理》GB/T 21714.2—2008/IEC 62305—1:2006;

《雷电防护　第3部分　建筑物的有形损害和生命损害,》GB/T 21714.3—2008/IEC 62305—1:2006;

《雷电防护　第4部分　建筑物内的电气系统电子系统》GB/T 21714.4—2008/IEC 62305—1:2006;

三、防雷常用的标准图集标准

1. 国家建筑标准设计《防雷与接地安装》GJBT 516

①99D562《建筑物、构筑物防雷设施安装》;

②86D563《接地装置安装》;

③D565《独立避雷针》第1分册,钢筋结构独立避雷针;

第2分册,钢筋混凝土环形独立避雷针;

④86SD566《利用建筑物金属体做防雷及接地装置安装》;

⑤97SD567《等电位联结安装》。

2. 建筑安装工程施工图集《电气工程》:第13节　防雷及接地装置安装。

3. 建筑设备设计施工图集《电气工程》:第17节　防雷装置。

附录2　名词和术语

本附录收集了目前国内在雷电物理、雷电监测和预警研究；建筑物、信息系统雷电防护工程设计、防护工程审核；雷电防护产品的生产和使用；防雷工程的检测和验收中常用到的一些基本概念、名词和术语，将其按照基本名词、术语，描述雷电、外部防雷、接地与等电位连接、屏蔽、电磁兼容、浪涌保护、SPD的测试的有关名词、术语等几部分进行分类。

一、常用基本名词术语

1. 电气设备(electrical equipment)：发电、变电、配电或用电系统中具有完成某项功能的单元，诸如电机、电器、测量仪表、保护电器、布线系统的设备和电气用具。

2. 电气装置(electrical installation)：为实现一个或若干个特定目的的具有互相协调特性的电气设备组合。

3. 低压电气和电子设备(low-voltage electrical and electronic equipment)：输入直流电压小于1500 V或交流电压均方根值小于1000 V的电气和电子设备。

4. 外围设备(peripheral equipment)：受某一台特定的计算机控制，并能与之进行通信的任一设备。

5. 外部可导电部分(extraneous conductive part)：不是电气装置组成部分的可导电部分。

6. 外露导电部分(exposed conductive part)：平时不带电压，但故障情况下能带电压的电气装置的容易触及的导电部分。

7. 外部导线(external conductor)：在设备外部进行电气连接的绝缘线或裸线。可能是电源引接线，或是设备的各分离部件间的连线，也可能是固定布线的一部分。

8. 可触及部分和同时可触及部分(accessible parts and simultaneously accessible parts)可触及部分是指人能触及的导体或导电部分，或在某些场所中动物能触及的导体或导电部分；同时可触及部分是指人能同时触及的导体或导电部分,或在某些场所中动物能同时触及的导体或导电部分。可触及部分和同时可触及部分可以是:(1)带电部分;(2)外露可导电部分;(3)外部可导电部分;(4)保护导体;(5)接地极。

9. 外绝缘(external insulation):空气间隙及电力设备固体绝缘的外露表面。它承受电压并受大气、污秽、潮湿、动物等外界条件的影响。

10. 接口(interface):两个功能部件之间的共用界面。该界面是由各种功能特性、公共的物理、互联特性、信号特性及其他适当特性规定的。

11. 暴露(exposure):产品处于确定的自然或模拟环境因素的直接影响之下的状态。自然暴露是指产品经受正常工作条件的作用。加速暴露则是指产品经受更严酷的条件的作用。

12. 故障(fault):任何破坏正常工作的不希望出现的变化。

13. 馈电线(馈线)(feeder):功率传送系统中的传输线。

14. 冲击(impulse)一种无明显振荡的单极性的电压或电流波,它迅速上升到最大值,然后缓慢下降到零,即使带有反极性振荡,其幅值也较小。定义冲击电流和冲击电压的参数是:极性、峰值、波前时间和波尾半峰值时间。

15. 过电压(over-voltage)超过最高额定电压的电压。

16. 暂态过电压[temporary over-voltage(TOV)]:在一个特定时段内,系统中出现的超过最大持续运行电压的均方根值直流最大值的电压。

17. 浪涌电压(surge voltage):沿线路或电路传播的瞬态电压波。其特征是电压快速上升后缓慢下降。也称电涌电压。

18. 浪涌电流(surge current):加在电气设备上持续短暂的高于额定值的瞬态电流。也称电涌电流。

19. 过电流(over-current):超过最高额定电流的电流。

20. 泄漏电流(leakage current):由于绝缘不良而在不应通电的路径中流过的传导电流,反映了绝缘性能的好坏。

21. 信号(signal):用来表示数据的一种物理量的变化(形式)。

22. 噪声(noise):影响信号并可能使信号携带的信息产生畸变的一种干扰。

23. 信噪比(signal-noise ratio):在特定条件下有用信号电平和电磁噪声电平的比值。

24. 信息(information):关于客体(如事实、事件、实物、过程或思想,包括概念)的指示,在一定的场合中具有特定的意义。

25. 信号传输线(信号线)(signal transmission line):信号传输系统中的传输线。

26. 信号传输系统(signal transmission system):信号发送设备与信号接收设备之间的传输连接网络。

27. 信号传输系统始端(head-end signal transmission system):(1)当信号采用音频传输时,信号传输系统的始端为发送设备的输出端;(2)当信号采用载波或其他方式传输时,信号传输系统的始端为调制设备的输入端。

28. 信号传输系统终端(terminal of signal transmission system):(1)当信号采用音频传输时,信号传输系统的终端为接收设备的输入端;(2)当信号采用载波或其他方式传输时,信号传输系统的终端为接收端调制设备的输出端。

29. 数据(data):信息的可再解释的数字形式化表示,可适用于通信、解释或处理。

30. 数据通信(data communication):数据信息从一处通过通信手段供给别处可接收的传送。

31. 信息系统(information system):具有相关组织资源(如人力资源、技术资源和金融资源)的一种信息处理系统,提供并分配信息,如计算机、监控、通信系统等,都属于信息系统。

32. 信息技术设备[information technology equipment(ITE)]:用于以下目的的设备:(1)接收来自外部源的数据(例如通过键盘或数据线输入);(2)对接收到的数据进行某些处理(如计算、数据转换、记录、建档、分类、存储和传送);(3)提供数据输出(或送至另一设备或再现数据与图像)。

33. 计算机系统(computer system):执行数据处理的一台或多台计算机、外围设备或软件。

34. 终端(terminal):系统或通信网络中的功能单元,可用来录入或取出数据。

35. 用户终端(user terminal):一种使用户能和计算机进行通信的终端。

36. 计算机网络(computer network):为实现数据通信目的而将数据处理结点互联起来的一种网络。

37. 网关(gateway):互连具有不同网络体系的两个计算机网络的一种功能部件。

38. 网络(network):节点和互连分支的一种安排或布设。

39. 保护(protection):阻止过强的干扰电能量传播进入而设计的接口、元器件等技术方法和手段的应用。

40. 过电压保护(overvoltage protection):为抑制过高的电压或电流而设计的接口、元器件等技术方法和手段的应用。

41. 输入保护(input protection):模拟输入通道任何两个输入端之间的过流和过压保护,或者任何输入端与地之间的过压保护。

42. 抑制(suppression):控制或消除不期望出现的电磁骚扰的措施。

二、描述雷电的名词术语

1. 雷暴(thunderstorm):是指伴有由积雨云产生的具有闪电和雷声并伴有阵性降雨的天气现象。

2. 雷暴日(thunderstorm day):一天中可听到一次以上的雷声则称为一个雷暴日。

3. 雷暴小时(thunderstorm hours):在一小时期间可听到一次以上的雷声称为一雷暴小时。

4. 雷电活动水平(keraunic level):指定地区平均年雷暴日数或雷暴小时数。有两种形式(1)雷电活动日水平,称为雷暴日;(2)雷电活动小时水平称为雷暴小时。

5. 可接受的雷闪频度(accepted lightning flash frequency):可以接受的导致建筑物损坏的雷击闪络年平均最大频度。

6. 建筑物雷闪频度(lightning flash frequency to the structure):建筑物直接和间接雷击的期望次数。

7. 建筑物损坏的可接受频度(accepted frequency of damage to the structure):建筑物可承受的损坏期望频度的最大值。

8. 雷电(lightning flash):雷电是雷暴天气的重要组成部分,是雷暴天气的一种表现,雷电就是人们常说的闪电,俗称雷电,是自然大气中超强、超长放电现象。对地闪电的峰值电流一般为几万安培,亦可超过10万安培。闪电放电一般长几千米,也可见到长数十千米,甚至有400 km长的云放电。闪电放电是一种瞬时放电过程。整个完整过程持续一般不到1秒钟。闪电放电的可见部分(云外)一般呈现多分叉的现象,还可能呈现线状或球状体。闪电放电一般产自雷雨云(即雷暴、雷暴云或积雨云)。闪电还呈现明显的发光闪烁性。另外,闪电的出现时间与地点呈现出随机性。

9. 雷声(thunder):雷闪时由于放电路径上空气突然膨胀产生的冲击波退化后衰减为声波时发出的响声。

10. 雷击:(lightning stroke):雷云直接与大地及地面物体之间的放电现象。

11. 首次雷击(lightning first stroke):从梯级先导到回击阶段的放电过程称第一闪击,也称首次雷击。

12. 直击雷(direct lightning flash):直接击在建筑物或防雷装置上的闪电。

13. 直击雷频度(direct lightning flash frequency):建筑物每年遭受直接雷闪的期望次数。

14. 非直击雷(indirect lightning flash):击在建筑物附近的大地、其他物体或与建筑物相连的引入设备,通过雷电感应、雷电反击、传导等形式在雷击点附近的大地、建筑物以及建筑物内部物体上产生的闪电。

15. 非直击雷频度(indirect lightning flash frequency):每年间接雷击的期望次数。

16. 雷击点(lightning striking point):雷击大地及地面物体的接触点。

17. 雷击距(lightning striking distance):当雷云的放电先导与被击物体之间最大大气间隙的电位超过耐击穿性能时最大跃过长度,此长度与第一次主放电的幅值有关。

18. 雷击持续时间(flash duration):雷电流在雷击点流过的时间。

19. 短时雷击(short stroke):脉冲电流的半峰值时间短于 2 ms 的雷击。

20. 长时间雷击(long stroke):电流持续时间(从波头 10%幅值起至波尾 10%幅值止的时间)长于 2ms 且短于 1s 的雷击。

21. 梯级先导(stepped leader):静电荷由一雷云传播进入空气中的放电过程。与最终的雷击电流相比,梯级先导电流幅值小(100 A 量级)。梯级先导随机地以每级 10～80 m 的步长传播,速度约为 0.05%的光速(150000 m/s),直到梯级先导到达被击点击距范围内,梯级先导才定向指向被击点。

22. 上行雷(upward flash):开始于一地面物体向雷云发展的向上先导。一向上闪击至少有一次或者无叠加多次短时雷击的首次长时间雷击,其后可能有多次短时雷击并可能含有一次或多次长时间雷击。

23. 下行雷(downward flash):开始于雷云向大地产生的向下先导。一向下闪击至少有一次短时雷击,其后可能有多次后续短时雷击并可能含有一次或多次长时间雷击。

24. 闪络(flashover):通过物体(固体或液体)周围空气或流经物体绝缘表面的击穿放电现象。

25. 雷电波侵入(lightning surge on incoming services):由于雷电对架空线路或金属管道的作用,可能沿着这些管线侵入屋内,危及人身或损坏设备雷电波。

26. 雷电电磁感应(electromagnetic induction of lightning):闪电放电时,雷电流迅速变化在其周围空间产生瞬变的强电磁场,使附近导体上感应出很高的电动势。包括静电感应和电磁感应,它可能使金属部件之间产生火花。

27. 雷击电磁脉冲:[lightning electromagnetic pulse(LEMP)]:与雷电放电相联系的电磁辐射,所产生的电场和磁场能耦合到电气或电子系统中,从而产生破坏性的冲击电流或电压。

28. 雷电过电压(lightning overvoltage):因特定的雷电放电,在系统中一定位置上出现的瞬态过电压。

29. 雷电静电感应(electrostatic induction of lightning):由于雷云的作用,

使附近导体上感应出与雷云符号相反的电荷,雷云主放电时,先导通道中的电荷迅速中和,在导体上的感应电荷得到释放,如不能就近泄入地,就会产生很高的的电位。

30. 雷电浪涌(lightning surge):由雷电放电引起的对电气或电子电路的瞬态电磁干扰。

31. 雷电流(lightning current):流过雷击点的雷电流。

32. 雷电流的平均陡度(average steepness of lightning current):在指定的时间间隔的起点和终点雷电流的差值被指定的时间间隔除的数值。

33. 雷电流峰值(peak value of lightning current):在一次闪络中雷电流的最大值。

34. 雷电流总电荷(total charge of lightning current):雷电流在整个雷击闪络持续时间内的时间积分。

35. 地面落雷密度[ground flash density(GFD)]:在局部地区单位时间内单位面积雷击地面平均次数。

36. 防雷区[lightning protection zone(LPZ)]:需要规定和控制雷击电磁环境的区域。(GB 50343:建筑物电子信息系统防雷技术规范)

37. 少雷区(less thunderstorm region):平均雷暴日不超过 20 的地区。(GB 50343:建筑物电子信息系统防雷技术规范)

38. 多雷区(more thunderstorm region):平均雷暴日数超过 20 但不超过 40 的地区。(GB 50343:建筑物电子信息系统防雷技术规范)

39. 高雷区(high thunderstorm region):平均雷暴日数超过 40 但不超过 60 的地区。(GB 50343:建筑物电子信息系统防雷技术规范)

40. 强雷区(strong thunderstorm region):平均雷暴日数超过 60 的地区。(GB-50343:建筑物电子信息系统防雷技术规范)

41. 雷电损害风险(lightning damaging risk):由于雷击造成的某建筑物或设备可能出现的年平均损失。

42. 雷击风险评估(evaluation of lightning strike risk):根据雷击大地导致人员、财产损害程度确定防护等级、类别的一种综合计、分析方法。

43. 雷电损害概率(lightning damaging probability):导致建筑物或设备损害的雷击概率。

44. 雷电保护系统的效率(efficiency of lightning protection system):不造成建筑物或设备损害的直接雷击次数与建筑物或设备遭到直接雷击次数之比。

45. 损坏概率(probability of damage):雷击建筑物造成损害的概率。

46. 允许故障频度(tolerable frequency of damage):雷直击和非直击某设备而不要求增加保护措施情况下允许的预期年平均故障频度的最大值。

47. 故障频度(frequency of damage)：雷击引起的预期故障的年平均次数。

48. 雷击跳闸 (lightning outage)：为清除雷击线路闪络形成的故障电流而导致的开关断开。

49. 单位能量(specific energy)：一闪击时间内雷电流的平方对时间的积分。它代表雷电流在一个单位电阻中所产生的能量。

三、描述外部防雷的名词术语

1. 接闪器(air-terminal system)：直接截受雷击的避雷针、避雷带(线)、避雷网，以及用作接闪的金属屋面和金属构件等。

2. 避雷针(lightning rod, lightning conductor)：由接闪器、引下线和接地装置组成。接闪器是用于拦截雷击使不落在避雷针保护范围内的物体上的金属导体，引下线是将雷电流从接闪器引到接地装置的金属导体，接地装置是埋在土壤中、将雷电流流散到土壤中去的金属导体。

3. 引下线(down-conductor system)：连接接闪器与接地装置的金属导体。

4. 接地导体(earthing conductor)：指构成地的导体，该导体将设备、电气器件、布线系统或其他导体(通常指中性线)与接地极连接。

5. 避雷线 shield wire (overhead power line or substation)：悬于建筑物、变电站设备或线路的相导线之上，其目的是使雷击该线而不击建筑物、变电站设备或相导线。

6. 外部防雷装置(external lightning protection system)：由接闪器、引下线、接地装置组成，主要用于防护直击雷的防护装置。

7. 直击雷保护[direct (lightning) stroke protection]：防止雷闪直接击在建筑物、构筑物、电气网络或电气装置上。

8. 保护角(shielding angle)：有避雷线对导线的保护角和避雷针保护角之分。(1)避雷线对导线的保护角由通过避雷线对水平面所作下垂线和避雷线与被保护导线连线形成的夹角。选择保护角对导线提供一个保护区，使几乎所有雷直击于避雷线而不击于导线。(2)避雷针的保护角由通过避雷针顶部的垂线和另一由避雷针顶到大地与垂线成所选角度的直线相交形成，此直线沿避雷针顶部的垂线旋转一周形成一锥形保护区，使物体位于此保护区内，选择此角度使雷击于避雷针而不击于位于所形成保护区内的物体。

9. 正保护角(positive shielding angle)：当避雷线位于输电线路最外侧导线或建筑物最外部的内侧形成的保护角。

10. 负保护角(negative shielding angle)：当避雷线位于输电线路最外侧导线的外部或建筑物最外部的外侧时形成的保护角。

11. 电气几何模型理论(electrogeometric model theory)：描述电气几何模型

与相关的定量分析，包括对模型的不同元件的击距与第一次主放电幅值关系的理论。

12. 电气几何模型[electrogeometric model(EGM)]：对一个设施采用适当的解析表达式将其尺寸与雷电流相关联，能预测雷是否会击在屏蔽系统、大地或被保护设施构件上的几何模型。

13. 综合防雷技术(synthetical lightning protection technology)：对一个需要进行雷电防护的建筑物电子信息系统，从外部和内部对该建筑物采用直击雷防护技术、等电位连接技术、屏蔽技术、完善合理的综合布线技术、共用接地技术和安装各类 SPD 技术进行雷电防护的措施。

14. 滚球法(rolling sphere method)：电气几何理论应用在建筑物防雷分析中的一种简化分析方法。滚球法涉及沿被保护物体表面滚动一规定半径的假想球，此球在避雷针、避雷线、围栏和其他接地的金属体支持下，上下滚动以供计算雷电保护范围用。一个设备若在球滚动所形成的保护曲面之下，它受到保护，触及球或穿入其表面的设备得不到保护。

15. 环状导体(ring conductor)：围绕建筑物形成一个回路的导体，它与建筑物雷电引下导体间互相连接并且使雷电流在各引下导体间分布比较均匀。

四、描述接地与等电位连接的名词术语

1. 地(earth, ground)：(1)导电性的土壤，具有等电位，且任意点的电位可以看成零电位。(2)导电体，如土壤或钢船的外壳，作为电路的返回通道，或作为零电位参考点。(3)电路中相对于地具有零电位的位置或部分。

2. 远方大地(remote earth, remote ground)：接地极与大地表面远处点的距离的增加将测不到接地极与新的远处点间阻抗的变化，则该地表远处点为远方大地。

3. 接地(名词)(earth, ground)：一种有意或非有意的导电连接，由于这种连接，可使电路或电气设备接到大地或接到代替大地的、某种较大的导电体。注：接地的目的是：(a)使连接到地的导体具有等于或近似于大地(或代替大地的导电体)的电位；(b)引导入地电流流入和流出大地(或代替大地的导电体)。

4. 接地(动词)(grounding, earthing)：指将有关系统、电路或设备与地连接。

5. 接地(参考)平面[earth(reference)plane]：一块导电平面，其电位用作公共参考电位。

6. 接地连接(earthing connection)：用来构成地的连接，系由接地导体、接地极和围绕接地极的大地(土壤)或代替大地的导电体组成。

7. 保护接地(protective earthing, protective grounding)：为了电气安全的

目的,将系统、装置或设备的一点或多点接地。

8. 防雷接地(lightning protection ground):避雷针的接闪器、避雷线及避雷器等雷电防护设备与接地装置的连接。

9. 单点接地(single-point ground):单点接地指网络中只有一点被定义为接地点,其他需要接地的点都直接接在该点上。

10. 多点接地(multi-point ground):每个子系统的"地"都直接接到距它最近的基准面上。通常基准面是指贯通整个系统的粗铜线或铜带,它们和机柜与地网相连,基准面也可以是设备的底板、构架等,这种接地方式的接地引线长度最短。

11. 浮点接地(floating ground):将整个网络完全与大地隔离,使电位悬浮。要求整个网络与地之间的绝缘电阻在 50 MΩ 以上,绝缘下降后会出现干扰。通常采用机壳接地,其余的电路浮地。

12. 接地极(earthing electrode):为达到与地连接的目的,一根或一组与土壤(大地)密切接触并提供与土壤(大地)之间的电气连接的导体。

13. 垂直接地电极(vertical earth electrode)垂直安装在土壤中的接地电极。

14. 水平接地电极(horizontal earth electrode)水平安装在土壤中的接地电极。

15. 自然接地极(natural earthing electrode):具有兼作接地功能的但不是为此目的而专门设置的各种金属构件、钢筋混凝土中的钢筋、埋地金属管道和设备等统称为自然接地极。

16. 基础接地体(foundation earthing electrode):构筑物混凝土基础中的接地极。

17. 集中接地装置(concentrated earthing connection):为加强对雷电流的散流作用、降低对地电位而敷设的附加接地装置,一般设 3～5 根垂直接地板。在土壤电阻率较高的地区,则敷设 3～5 根放射形水平接地极。

18. 接地汇流排(main earthing conductor):在建筑物、控制室、配电总接地端子板内设置的公共接地母线。可以敷设成环形或条形,所有接地线均由接地汇流排引出。

19. 接地装置(earth-termination system):接地线和接地极的总和。

20. 接地网(ground grid):由埋在地中的互相连接的裸导体构成的一组接地极,用以为电气设备或金属结构提供共同的地。注:为降低接地电阻,接地网可连以辅助接地极。

21. 接地系统(earthing system):在规定区域内由所有互相连接的多个接地连接组成的系统。(注:包括埋在地中的接地极、接地线、与接地极相连的电缆屏蔽层、及与接地极相连的设备外壳或裸露金属部分、建筑物钢筋、构架在内的复杂系统)

22. 设备接地系统(facility earthing system):电气连接在一起的导体或导电性部件构成的系统,能够提供多条电流入地的途径。设备接地系统包括接地极子系统、雷电保护子系统、信号参考子系统、故障保护子系统。建筑物钢筋结构、设备外壳、金属管道等任何导电部件都可以作为设备接地系统。

23. 接地基准点[earthing reference point(ERP)]:共用接地系统与系统的等电位连接网络之间的唯一连接点。

24. 总接地端子(main earthing terminal):将保护导体,包括等电位连接导体和工作接地的导体(如果有的话)与接地装置连接的端子或接地排。

25. 总接地端子板(main earth-terminal board):将多个接地端子连接在一起的金属板。

26. 共用接地系统(common earthing system):将各部分防雷装置、建筑物金属构件、低压配电保护线(PE 线)、设备保护地、屏蔽体接地、防静电接地和信息设备逻辑地等连接在一起的接地装置。

27. 接地均压网(earthing mat):位于地面或地下、连接到地或接地网的一组裸导体,用以防范危险的接触电压。注:接地均压网的通常形状是适当面积的接地极和接地栅格。

28. 接地装置对地电位(potential of earthing connection):电流经接地装置的接地极流入大地时,接地装置与大地零电位点之间的电位差。

29. 接地极有效冲击长度(effective impulse length of ground electrode):特定幅值及波形的雷电冲击电流在某电阻率土壤中的接地极上流动,雷电流衰减到小于某百分数(如 1%)时所对应的长度。

30. 接地系统检查(earthing system check):按照相关标准的规定,对设备、建筑物或电力系统的发、变电站接地系统或输电线路杆塔接地装置可靠性进行检查,测量接地电阻。

31. 冲击接地阻抗(impulse earthing impedance):冲击电流流过接地装置时,接地装置对地电压的峰值与通过接地极流入地中电流的峰值的比值。

32. 工频接地电阻(power frequency ground resistance):工频电流流过接地装置时,接地极与远方大地之间的电阻。其数值等于接地装置相对远方大地的电压与通过接地极流入地中电流的比值。

33. 保护线(PE 线)(protective earthing conductor):为防电击用来与下列任一部分作电气连接的导线:外露可导电部分、装置外可导电部分、总接地线或总等电位连接端子、接地极、电源接地点或人工中性点。

34. 保护中性线(PEN conductor):具有中性线和保护线双重功能的导体。

35. 地电流(earth current,telluric current):在大地或接地极中流过的电流。

36. 地回电路(ground-return circuit):利用大地形成回路的电路。

37. 接触电压(touch voltage):接地的金属结构和地面上相隔一定距离处一点间的电位差。此距离通常等于最大的水平伸臂距离,约为 1 m。

38. 搭接(bonding):将设备、装置或系统的外露可导电部分或外部可导电部分连接在一起以减小雷电流流过时它们之间的电位差,也称连接、联结。

39. 等电位连接(equipotential bonding):将分开的装置、诸导电物体用等电位连接导体或电涌保护器连接起来,以减小雷电流在它们之间产生的电位差。

40. 等电位连接带[equipotential bonding bar(EBB)]:其电位用来作为共同参考点的一个导电带,需要接地的金属装置、导电物体、电力和通信线路以及其他物体可与之连接。

41. 等电位连接导体(equipotential bonding conductor):将分开的装置的各部分互相连接以减小雷电流流过时的它们之间的电位差的导体。

42. 等电位连接网络(bonding network):将一个系统的诸外露可导电部分做等电位连接的导体所组成的网络。

43. 跨步电压(step voltage):地面一步距离的两点间的电位差,此距离取最大电位梯度方向上 1 m 的长度。注:当工作人员站立在大地或某物之上,而有电流流过该大地或该物时,此电位差可能是危险的,在故障状态时尤其如此。

44. 土壤电阻率(earth resistivity):表征土壤导电性能的参数,它的值等于单位立方体土壤相对两面间测得的电阻,通常用的单位是 Ω · m。

45. 信号地(signal ground):电路中各信号的公共参考点,即电气及电子设备、装置及系统工作时信号的参考点。

五、描述屏蔽的名词术语

1. 屏蔽(shielding):一个外壳、屏障或其他物体(通常具有导电性),能够削弱一侧的电、磁场对另一侧的装置或电路的作用。

2. 屏蔽板(shielding panel):隔离、减弱电场、磁场或电磁场影响的构件。

3. 屏蔽盒(shielding box):隔离、减弱电场、磁场或电磁场的一种封闭构件。

4. 屏蔽连接器(shielded connector):具有防止电磁辐射干扰进入或泄漏能力的连接器。

5. 屏蔽网(shielding net):隔离、减弱电场、磁场或电磁场影响的网状构件。

6. 屏蔽系数(shielding factor):在有屏蔽体时被屏蔽空间内某点的场强与没有屏蔽时该点场强的比值,以 db 为单位。

7. 静电屏蔽(electrostatic shielding):一个由金属箔、密孔金属网或导电涂层构成的防护罩,用以保护所包围的空间免受外界的静电影响。

8. 电磁屏蔽(electromagnetic shielding):用导电材料减少交变电磁场向指定区域穿透的屏蔽。

9. 建筑物屏蔽(building shielding):将建筑物用一个金属网络罩起来就是建筑物屏蔽,实际上这是很难做到的。现代高层建筑物多采用钢筋混凝土结构,其板、柱、梁和基础内有大量的钢筋,将它们连接起来,在整体上构成一个法拉第笼式屏蔽网。

10. 设备屏蔽(equipment shielding):采用连续完整的金属将它们对脉冲电磁干扰敏感的电子设备,特别是那些含有大规模集成电路的微电子设备,封闭起来,进出设备的信号线和电源线屏蔽层在其进出口处应与设备的金属外壳保持良好的电气接触。

11. 建筑物屏蔽(shielding):对于没有屏蔽的线路,设置金属管道,让线路从管道中穿过,在进入建筑物的入口处,金属管壁应与建筑物的钢筋引下线或接地线作电气连接。

六、描述电磁兼容的名词术语

1. 电磁兼容性(electromagnetic compatibility,EMC):设备或系统在其电磁环境中能正常工作且不对该环境中任何事物构成不能承受的电磁骚扰的能力。(GB/T4365-1995 1.7)

2. 电磁骚扰(electromagnetic disturbance):任何可能引起装置、设备或系统性能降低或者对有生命或无生命物质产生损害作用的电磁现象。

3. 电磁噪声(electromagnetic noise):一种明显不传送信息的时变电磁现象,它可能与有用信号叠加或组合。

4. 电磁兼容电平(electromagnetic compatibility level):预期加在工作于指定条件的装置、设备或系统上的规定的最大电磁骚扰电平。

5. 电磁兼容裕度(electromagnetic compatibility margin):装置、设备或系统的抗扰性限值与电磁兼容电平之间的差值。

6. 电磁辐射(electromagnetic radiation):能量以电磁波形式由源发射到空间的现象;或者能量以电磁波形式在空间传播。

7. 电磁辐射危害[electromagnetic radiation hazard(EMRADHAZ)]:电磁辐射对电气设备或系统的危害。

8. 电磁干扰[electromagnetic interference(EMI)]:电磁骚扰引起的设备、传输通道或系统性能的下降。

9. 电磁环境(electromagnetic environment):存在于一个给定场所的电磁现象的总和。

10. 电磁环境效应[electromagnetic environment effects(EEE)]:电磁环境对电子或电气系统、设备或装置的工作性能的影响。

11. 耦合(coupling):在两个或两个以上电路或系统间,可进行一电路(系统)到另一电路(系统)功率或信号转换的效应。

12. 电感耦合(inductive coupling):两个或两个以上电路间借助电路间互感而形成的耦合。注:电感耦合这一术语通常指互感所形成的耦合,而直接电感耦合这一术语指各电路共同的自感所形成的耦合。

13. 电容耦合(capacitive coupling):在两个或两个以上电路间借助电路间电容的耦合。

14. 电阻耦合(resistive coupling):在两个或两个以上电路间借助电路间电阻的耦合。

15. 直接耦合(direct coupling):在两个或两个以上电路间借助电路共同的自感、电容、电阻或三者集合而形成的耦合。

16. 辐射干扰(radiated interference):通过空间以电磁波形式传播的电磁干扰。

17. 干扰(interference):由于一种或多种发射、辐射、感应或其组合所产生的无用能量对电子设备的接收产生的影响,其表现为性能下降,误动或信息丢失,严重时出现设备损坏,如不存在这种无用能量则此后果可以避免。

18. 传导干扰(conducted disturbance):能量沿导体传播的不希望出现的电磁骚扰。

19. 干扰电流(interference current):由干扰电磁产生的电流。

20. 干扰电压(interference voltage):由干扰电磁产生的电压。

21. 干扰限值(允许值)(limit of interference):使装置、设备或系统最大允许的性能降低对应的电磁骚扰。

22. 干扰抑制(interference suppression)削弱或消除电磁干扰的措施。

23. 干扰抑制器(interference suppressor):抑制某干扰源产生的电磁干扰所必需的一整套部件。

24. 近端串扰(near-end crosstalk):串扰在被干扰的通道中传输,其方向与该通道中电流传输的方向相反。被干扰通道的端部基本上靠近产生干扰的通道的激励端,或与之重合。

25. 骚扰限值(允许值)(limit of disturbance):对应规定的测量方法的最大电磁骚扰允许水平。

26. 损坏(damage):电磁干扰作用导致系统的永久性的功能失调或衰变,影响其工作效率或适用性,除非进行操作性复位或修理,才能恢复性能。

27. 误码率(bit error ratio):在给定时间内,误码数与所传递的总码数之比。

七、描述电涌保护的名词术语

1. 内部防雷装置(internal lightning protection system):除外部防雷装置外,所有其他附加设施均为内部防雷装置,主要用于减小和防护雷电流在需防护空间内所产生的电磁效应。

2. 避雷器(surge arrester):通过分流冲击电流来限制出现在设备上的冲击电压、且能返回到初始性能的保护装置,该装置的功能具有可重复性。

3. 内部引下线(internal down-conductor):位于被防雷保护的建筑物内部的引下线。

4. 保护器(protector):防止设备或人身受到高压或强电流危害的装置。

5. 保护导体(protective conductor):提供安全目的(如防触电)的导体。

6. 保护电路(protective circuit):以保护为目的的一种辅助电路或部分控制电路。

7. 保护模式(mode of protection):SPD的保护器件可能按接在相线与相线、PE线与PE线、相线与中性线、中性线与PE线或者以上的组合等方式接入,这些接入方式被称为防护模式。

8. 过载故障模式(overstressed fault mode):模式1—在这种情况中,SPD的限压部分已断开。限压功能不再存在,但是线路仍可运行;模式2—在这种情况中,SPD的限压部分已被SPD内部的一个很小的阻抗短路。线路不可运行,但是设备仍被短路保护;模式3—在这种情况中,SPD的限压部分网络侧内部开路。线路不运行,但是设备仍然受到开路线的保护。

9. 电涌保护器[surge protection device(SPD)]:用于限制暂态过电压和分流浪涌电流的装置,它至少应包含一个非线性电压限制元件。也称电涌保护器。

10. 信号电涌保护器(signal surge protecting device):用于模拟信号、数字信号、控制信号等信息网络通道的防雷装置。

11. 保护电容器(capacitor for voltage protection):接于电源线与地之间,用以抑制浪涌电压的电容器。

12. 保护系统和装置(protection system and device):用于防止在有过电流(由于过负载引起),故障电流和接地故障电流的情况下,危及人、畜和损坏设备的系统和装置。

13. 电压开关型电涌保护器(voltage switching type SPD):在无电涌时呈现高阻抗,当出现电压浪涌时其突变为极低的阻抗,通常采用放电间隙,气体放电管,晶闸管和三端双向可控硅元件作这类SPD的组件。有时称这类SPD为“短路开关型”SPD。

14. 多级电涌保护器(multi-stage SPD):具有不只一个限压元件的SPD。这些限压元件可以是被一系列元件在电气上分离开,也可以不是。这些限压元件可以是开关型的,也可以是限压型的。

15. 限压型电涌保护器(voltage-clamping-type SPD):这种电涌保护器在无浪涌时呈现高阻抗,但随浪涌电流和电压的增加其阻抗会不断减小。用作这类非线性装置的常见器件有压敏电阻和钳位二极管。这类电涌保护器有时也称为“钳位型”。

16. 组合型电涌保护器(combination-type SPD):由电压开关型组件和限压型组件组合而成,可以显示为电压开关型或限压型或这两者都有的特性,这决定于所加电压的特性。

17. 一端口电涌保护器(one-port SPD):与保护电路并联连接的电涌保护器,一个单端口电涌保护器可以有单独的输入输出端口,但它们之间并无专门的串联阻抗。

18. 二端口电涌保护器(two-port SPD):具有独立的输入输出端口的电涌保护器。在这些端口之间插入有一个专门的串联阻抗。

19. 雷电保护系统[lightning protection system(LPS)]:用以对某一空间进行雷电效应防护的整套装置,它由外部防雷装置和内部防雷装置两部分组成。在特定情况下,雷电保护系统可以仅由外部防雷装置或内部防雷装置组成,也称防雷装置。

20. 非线性金属氧化物电阻片(压敏电阻)(nonlinear metal oxide varistor):避雷器的主要工作部件。由于其具有非线性伏安特性,在暂态电压作用时呈低电阻,从而限制避雷器端子间的电压,而在正常运行时呈现高电阻。

21. 过电流保护(over-current protection):电源装置和所连接的设备为防护过大的输出电流(包括短路电流)而施加的一种保护。

22. 过电流保护器(over-current protector):与保护对象串联,用来防止其过电流的一种保护器。

23. 额定电流(rated current):一个限流 SPD 在不引起限流元件动作特性产生变化的持续流过的最大电流。

24. 额定负载电流(rated load current):可以供给接到 SPD 输出端负载的最大连续额定均方根或直流电流。

25. 标称放电电流(nominal discharge current):8/20 ms 冲击电流波流过 SPD 的电流峰值。用于对 SPD 做 II 级分类试验,也用于对 SPD 做 I 级和 II 级分类试验的预试验。

26. 不可恢复的限流(non-resettable current limiting):SPD 的只能限流一次的功能。

27. 可恢复限流(resettable current limiting):SPD 在动作后可人为复原的限流功能。

28. 残流(residual current):SPD 按制造厂家的说明连接,不带负载,施加最大持续工作电压时流过保护接线端子的电流。

29. 交流耐受能力(a. c. durability):表征 SPD 容许通过规定幅值的交流电

流，并耐受规定次数的特性。

30. 连续工作电流(continuous operating current)：SPD每一种防护方式在最大连续工作电压作用下分别流过的电流，相当于流过SPD防护器件的电流和流过SPD中与防护器件并联的所有内部电路的电流之和。

31. 电流恢复时间(current reset time)：一个自恢复限流器恢复到正常和静止状态所需要的时间。

32. 电流响应时间(current response time)：在特定的电流和特定的温度下限流元件动作所要求的时间。

33. 限流(current limiting)：至少包含有一个非线性限流元件的SPD降低所有超过预定电流值的一种功能。

34. 最大放电电流(maximal discharge current)：允许通过SPD的电流峰值，该电流具有根据II类工作状态试验的测试程序所规定的波形(8/20 ms)及幅值。

35. 限流电压(current-limiting voltage)：加在规定输出端之间，输出电流开始被限制时的电压值。

36. 续流(follow current)：当SPD通过放电电流脉冲后，随后而至的由电源系统提供的电流，与连续工作电流完全不同。

37. 自恢复限流(self-resettable current limiting)：在干扰电流消失后，SPD能自动恢复限流的功能。

38. 冲击耐受能力(impulse durability)：表征SPD容许通过规定的波形和峰值的冲击电流，并耐受规定次数的特性。

39. 过电压保护(over-voltage protection)：电源装置和所连接的设备为防止电源故障以至于产生过高的输出电压(包括开路电压)而施加的一种保护。

40. 残压(residual voltage)：在放电电流通过时，在SPD端子间呈现的电压峰值。

41. 限压(voltage limiting)：SPD降低所有超过预定电压值的一种功能。

42. 持续工作电压(continuous operating voltage)：连续施加在SPD端子间不会引起SPD传输特性衰变的直流或交流(有效值)电压。

43. 电压保护水平(voltage protection level)：表征一个SPD限制其两端电压的特性参数。这个电压数值不小于浪涌电压限制的最大实测值，是由生产商确定的。

44. 实测限制电压(measured limiting voltage)：在规定波形和幅值作用下在SPD端子间测量到的电压最大值。

45. 最大持续运行电压(maximum continuous operating voltage)：可连续施加在SPD端子上，且不致引起SPD传输性能降低的最大电压(直流或均方根值)。

46. 最大中断电压(maximum interrupting voltage)：可施加在SPD限流元

件上，且不致引起SPD传输性能降低的最大电压(直流或有效值)。这个电压可等于SPD的最大持续运行电压，或根据SPD内部限流元件的配置可高于SPD的最大持续运行电压。

47. 双端口电涌保护器负载侧冲击耐受能力(load-side surge withstand capability for a two-port SPD)：双端口SPD输出端耐受来自负载侧冲击的能力。

48. 插入损耗(insertion loss)：由于在传输系统中插入一个SPD所引起的损耗。它是在SPD插入前后面的系统部分的功率与SPD插入后传递到同一部分的功率之比。这个插入损耗通常用分贝表示。

49. 绝缘电阻(insulation resistance)：SPD指定的端子之间施加最大持续运行电压时呈现的电阻。

50. 劣化(degradation)：SPD由于浪涌或不利环境引起的原始性能参数的变坏。

51. 盲点(blind spot)：高于最大持续运行电压，但可引起SPD不完全动作的工作点。所谓SPD的不完全动作是指一个多级SPD在冲击试验时不是所有各级都能动作。这可造成SPD中的一些元件遭受过载。

52. 热崩溃(thermal runaway)：SPD持续的热损耗超过了外壳及连线的散热能力，导致内部元件温度逐步增加直至损坏，这样一种状态又称为热失控。

53. 热稳定(thermal stability)：在工作状态测试引起温度升高，在特定环境温度和最大连续工作电压作用下，SPD温度随着时间而下降至稳定温度，这样称SPD是热稳定的。

八、描述SPD测试的名词术语

1. 8/20电流脉冲(8/20 current wave)：视在波前时间为8 ms，半峰值时间为20 ms的电流脉冲。

2. 冲击电流(impulse current)：规定了幅值电流 I_{peak} 和电荷 Q 的持续时间很短的非周期瞬时电流。

3. 冲击电流耐受能力(current impulse withstand discharge capacity)：在规定的波形(方波、雷电和线路放电等)情况下，压敏电阻耐受通过电流的能力，以电流的幅值和次数表示。亦称冲击电流通流容量。

4. 冲击电压发生器(impulse voltage generator)：产生雷电冲击电压波或操作冲击电压波的高电压试验设备。

5. 冲击电压试验(impulse voltage test)：在绝缘件上施加一个非周期性瞬变电压的试验。试验电压的极性、幅值及波形均需符合预先的规定。

6. 额定冲击耐压(rated impulse withstand)：在规定的试验条件下，设备能承受而不被击穿的一定波形和极性的冲击电压的峰值。

7. 击穿电压(breakdown voltage):在规定的试验条件下绝缘体或试验发生击穿时的电压。

8. 1. 2/50 电压脉冲(1. 2/50 voltage impulse):视在波前时间为 1. 2 ms 半峰值时间为 50 ms 的电压脉冲。

9. Ⅰ级分类试验(class I tests):用标称放电电流 I_n、1. 2/50 ms 冲击电压和最大冲击电流 I_{imp} 做的试验。最大冲击电流在 10 ms 内通过的电荷 Q 等于电流幅值 I_{peak}(kA)的二分之一,即 Q(As)=0. 5 I_{peak}(kA)。

10. Ⅱ级分类试验(class II tests):用标称放电电流 I_n、1. 2/50 ms 冲击电压和最大放电电流 I_{max} 做的试验。

11. Ⅲ级分类试验(class III tests):用组合波(1. 2/50 ms 冲击电压和 8/20 ms 冲击电流)做的试验。

12. Ⅱ级分类试验的最大放电电流(maximum discharge current I_{max} for class II tests):流过 SPD 的 8/20 ms 电流波的电流峰值 I_{max}。用于Ⅱ级分类试验,它大于标称电流。

13. 组合波发生器(combination wave generator):发生器产生加于开路电路的 1. 2/50 ms 冲击电压和加于短路电路的 8/20 ms 冲击电流。

复习思考题

1. 防雷装置安全检查的主要内容有哪些？

2. 易燃、易爆、特殊环境建筑物的测试应注意哪些事项？

3. 防雷检测的基本程序是什么？

4. 独立避雷针的接地装置冲击接地电阻是多少欧姆才符合要求？

5. 建筑物引下线敷设原则是什么？

6. 信息系统(场地)防雷检测有哪些内容？

7. 建筑物防雷检测收费执行哪个文件标准？

8. 计算机信息场地防雷检测内容有哪些？

9. 建筑物防雷检测的基本程序是什么？

10. 图示或表述土壤电阻率的测试方法(以 ZC-8 接地电阻测试仪为例)。

11. 简述计算机网络机房的屏蔽接地技术方法和对接地电阻要求。

12. 勘察计算机网络场地时，应考虑哪几个方面？

13. 工频接地电阻和冲击接地阻的含义及其换算关系是什么？

14. 请简述检测汽车加油站的防雷、防静电设施应采用的规范或标准，需检测的项目(不含气体浓度)以及每个项目应采用的标准值。并简述其中一个检测项目的检测方法。

15. 计算机电磁干扰测试结论是什么？

16. 勘测一个综合防雷工程需要了解哪些基本情况？设计方案包括哪些基本内容？

17. 勘察计算机网络场地时，应考虑哪八个方面？

18. 什么是雷电灾害？什么是风险？灾害风险评估？

19. 什么是雷击灾害风险？

20. 什么是雷击灾害风险评估？

21. 现阶段开展雷击灾害风险评估的意义是什么？

22. 分析我国雷电灾害风险评估的研究现状。

23. 雷击灾害风险有哪些特征？

24. 风险有哪几种分类方式？

25. 一般雷电灾害风险按照什么原则划分？有哪些风险？

26. 雷击灾害风险的来源有哪些？

27. 当前使用的风险识别方法有哪几种？

28. 什么是风险态度？你认为一个风险主体应有的风险态度是什么？

29. 什么是风险意识？提高公众的风险意识的意义是什么？

30. 简述雷击灾害风险评估的基本原则。

31. 陈述雷击灾害风险评估的工作流程和并绘制其概念模型图。

32. 目前开展灾害风险评估可使用的规范和标准有哪些?

33. 写出雷击灾害风险评估使用的基本方程,并说明方程中字母表示的意义。

34. 在雷电灾害风险评估中使用的主要评估参数有哪些?

35. 什么是物理损害?

36. 雷击灾害风险评估中的概率因子主要包括哪些方面的概率?

37. 雷击灾害中人身雷灾损失有哪些?

38. 雷击灾害中直接经济灾害损失有哪些?

39. 雷击灾害中间接经济灾害损失有哪些?

40. 试分析目前雷击灾害风险评估中存在的问题,并提出改进意见。

参考文献

蔡锁章 . 2000. 数学建摸原理与方法 . 北京:海洋出版社 .

陈秀万 . 1999. 洪水灾害损失评估系统 . 北京:中国水利水电出版社 .

黄崇福 . 2001. 自然灾害风险分析[M]. 北京:北京师范大学出版社 .

ITU. ITU-T k. 39 标准(建议). 1996. 通信局站雷电损坏危险的评估 .

刘丽,王建中 . 2003. 四川省泥石流灾害保险的风险分析与区划[J]. 自然灾害学报,**12**(1):103-108.

陆雍森 . 1999. 环境评价(第二版)[M]. 上海:同济大学出版社 .

罗恩・顿波,安德鲁・弗里曼(黄向阳,孙涛,译). 2000. 风险规则[M]. 北京:中国人民大学出版社 .

Malkiel(骆玉鼎,译). 2002. 漫步华尔街[M]. 上海财经大学出版社,227-232.

邱菀华 . 2003. 现代项目风险管理方法与实践[M]. 北京:科学出版社 .

尚金城,包存宽 . 2003. 战略环境评价导论[M]. 北京:科学出版社 .

苏桂武,高庆华 . 2003. 自然灾害风险的行为主体特性与时间尺度问题[J]. 自然灾害学报,**12**(1):9-16.

王润,等 . 2000. 20 世纪重大自然灾害评析[J]. 自然灾害学报,(4):10.

William J P, Arthur A A(向立云,等译). 1993. 自然灾害风险评估与减灾政策[M]. 北京:地震出版社 .

袭祝香,马树庆 . 2003. 东北区低温冷害风险评估及区划[J]. 自然灾害学报,**12**(2):98-102.

谢季坚,等 . 2000. 模糊数学方法及其应用[M]. 武汉:华中科技大学出版社 .

邢文训,等 . 1999. 现代优化计算方法[M]. 北京:清华大学出版社 .

徐海量,陈亚宁 . 2003. 塔里木盆地风沙灾害危险性评价[J]. 自然灾害学报,**12**(2):35-39.

薛昌颖,霍治国 . 2003. 华北北部冬小麦干旱和产量灾损的风险评估[J]. 自然灾害学报,**12**(1):131-139.

杨仲江 . 2004. 防雷工程检测审核与验收 . 北京:气象出版社 .

易丹辉 . 2001. 统计预测——方法与应用[M]. 北京:中国统计出版社 .

曾维华,等 . 2000. 环境灾害学引论[M]. 北京:中国环境科学出版社 .

张春山,吴满路 . 2003. 地质灾害风险评估方法及展望[J]. 自然灾害学报,**12**(1):96-102.

张学霞,薄立群 . 2003. 基于 RS 和 GIS 的长白山火山灾害风险评估研究[J]. 自然灾害学报,**12**(1):47-54.

中国气象局 . 2000. QX3-2000 气象信息系统雷击电磁脉冲防护规范 .

中华人民共和国国家标准,《建筑物防雷装置检测技术规范》GB/T 21431-2008;

《雷电防护　第 1 部分　总则》GB/T 21714. 1-2008/IEC 62305-1:2006;

《雷电防护　第 2 部分　风险管理》GB/T 21714. 2-2008/IEC 62305-1:2006;

《雷电防护　第 3 部分　建筑物的有形损害和生命损害,》GB/T 21714. 3-2008/IEC 62305-1:2006;

《雷电防护　第 4 部分　建筑物内的电气系统电子系统》GB/T 21714.4-2008/IEC 62305-1:2006；

钟万强，肖稳安，等. 2003. 建筑物雷电灾害风险评估的标准、体系和方法[J]. 防雷，11-12.

钟万强，肖稳安. 2003. 中国重大和典型雷电灾害的分析与预测[J]. 雷电防护与标准化，(2).

周石峤，谢自楚. 2003. 雪崩危险度评价的类型、特征和方法[J]. 自然灾害学报，**12**(2)：45-49.

Edwin Kessler. 1983. The Thunderstorm in Human Affairs[M]. USA：University of Oklahoma Press，Norman.

Edwin Kessler. 1985. Thunderstorm Morphology and Dynamics[M]. USA：University of Oklahoma Press，Norman.

Kirk S，Robert B Gibson. 2001. Strategic environmental assessment as a means of pursuing sustainability：Ten advantages and ten challenges. *Journal of Environmental Assessment Policy and Management*，3(3).

Thomas B Fischer. 2002. Strategic environmental assessment performance criteria—The same requirement for every assessment? [J]. *Journal of Environmental Assessment Policy and Management*，4(1).